"十四五"高等职业教育机电类专业规划教材

电机与电气控制技术

张明金　张旭涛◎主　编

侯　春　包西平◎副主编

肖亚杰◎主　审

U0250894

中国铁道出版社有限公司

CHINA RAILWAY PUBLISHING HOUSE CO., LTD.

内 容 简 介

本书共分6章,包括变压器、交流电动机、直流电动机、控制电机、三相交流异步电动机继电器 – 接触器控制电路和电气控制系统分析与检修。

本书根据高职高专人才培养的目标,本着精选内容、打好基础、培养能力为宗旨,力求讲清基本概念,精选有助于建立概念、巩固知识、掌握方法、联系实际应用的例题和练习题。从应用者角度介绍内容,概念清楚,行文流畅,注重实际应用。

根据"电机与电气控制技术"课程的特点,本书将技能训练的内容放在相应知识点后面,以便实践环节使用;突出了理论与实践相结合的特点,使学生掌握必要的基本理论知识,并使学生的实践能力、职业技能、分析问题和解决问题的能力不断提高。

本书适合作为高职高专院校、成人高校电气类、机电类专业的教材,也可供工程技术人员参考。

图书在版编目(CIP)数据

电机与电气控制技术/张明金,张旭涛主编. —北京:
中国铁道出版社有限公司,2021.11
"十四五"高等职业教育机电类专业规划教材
ISBN 978-7-113-27905-9

Ⅰ.①电… Ⅱ.①张…②张… Ⅲ.①电机学-高等职业
教育-教材②电气控制-高等职业教育-教材 Ⅳ.①TM3
②TM921.5

中国版本图书馆 CIP 数据核字(2021)第 199804 号

书　　名:电机与电气控制技术
作　　者:张明金　张旭涛

策　　划:王春霞　　　　　　　　　　编辑部电话:(010)63551006
责任编辑:王春霞　绳　超
封面设计:付　巍
封面制作:刘　颖
责任校对:焦桂荣
责任印制:樊启鹏

出版发行:中国铁道出版社有限公司(100054,北京市西城区右安门西街8号)
网　　址:http://www.tdpress.com/51eds/
印　　刷:北京铭成印刷有限公司
版　　次:2021 年 11 月第 1 版　2021 年 11 月第 1 次印刷
开　　本:787 mm×1092 mm 1/16　印张:15　字数:381 千
书　　号:ISBN 978-7-113-27905-9
定　　价:42.00 元

前 言

本书根据高职高专院校人才培养的目标和特点，兼顾目前高职高专院校学生的基础，本着"淡化理论，拓展知识，培养技能，重在应用"的原则编写。

本书内容充分体现了实用性和技术的先进性，基本概念清楚，分析准确，减少数理论证，坚持理论够用为度，注重于实际应用。在内容叙述上力求做到深入浅出，通俗易懂。将技能训练的内容放在了相应知识点的后面，突出了理论与实践相结合的特点。每节内容后面都设置了针对本节知识点的思考题，每章后面都有习题，有利于学生巩固基本的理论知识，不断提高实践能力、职业技能、分析问题和解决问题的能力。

本书内容包括变压器、交流电动机、直流电动机、控制电机、三相交流异步电动机继电器－接触器控制电路和电气控制系统分析与检修。

本书内容凝聚了编者多年来对高职高专教学实践研究和教学改革的经验和体会，理论和实践内容各有侧重又互相联系，使对学生的能力的培养贯穿于整个教学过程，可操作性和适用性较强。

本书总学时约 70 学时，适合作为高职高专院校、成人高校电气类、机电类专业的教材，也可供工程技术人员参考。

本书由徐州工业职业技术学院张明金、江苏安全技术职业学院张旭涛任主编，江苏安全技术职业学院侯春、徐州工业职业技术学院包西平任副主编。其中，第 1、5 章由张明金编写，第 2 章由张旭涛编写，第 3 章由侯春编写，第 4、6 章由包西平编写，全书由张明金统稿。

本书由徐州工业职业技术学院肖亚杰主审，他对全部的书稿进行了认真的审阅，提出了诸多宝贵的修改意见，在此表示衷心的感谢。

本书在编写过程中，得到了编者所在学校各级领导和同事的大力支持与帮助，在此表示衷心的感谢！同时对书后所列参考文献的各位作者表示深深的感谢！

由于编者水平所限，书中不妥之处在所难免，在取材新颖和实用性等方面也难免有不足之处，敬请各位读者提出宝贵意见。

编 者
2021 年 5 月

目 录

第1章

变 压 器

内容提要

变压器在电力线路中用于电能的传输,在电子电路中用于信号的变换,是电工、电子电路中的重要设备和器件。本章首先介绍了单相变压器用途、基本结构与分类、空载运行和负载运行、运行特性及小型变压器的检测,然后介绍了三相变压器的磁路和电路系统、结构、铭牌数据、使用与检修,最后简单介绍了其他用途变压器的结构、工作原理及使用方法。

1.1 单相变压器

变压器是根据电磁感应原理制成的,它将一种等级的交流电压和电流变换成频率相同的另一种或几种等级的电压和电流的静止的电气设备。本节介绍单相变压器的用途、基本结构与分类,空载运行和负载运行、运行特性及小型变压器的检测。

1.1.1 变压器的用途、基本结构与分类

1. 变压器的用途

变压器广泛用于各种交流电路中,与人们的生产、生活密切相关。小型变压器应用于机床的安全照明和控制电路、各种电子产品的电源适配器、电子线路中的阻抗匹配等。大型电力变压器是电力系统中的重要设备,起着高压输电、低压供电的重要作用。变压器的作用是在交流电路中变换电压、变换电流、变换阻抗及电气隔离。

图1-1是电力系统示意图。发电机的输出电压一般有 3.15 kV、6.3 kV、10.5 kV、15.75 kV 等几种。在电能输送过程中,为了减少线路损耗,通常要把电压升高至 110~500 kV;而我们日常使用的交流电的电压为 220 V、三相电动机的线电压为 380 V,这又需要用变压器将电网的高压交流电降低到 380 V/220 V,所以,在输电和用电的过程中都需要经变压器升高或降低电压。因此,变

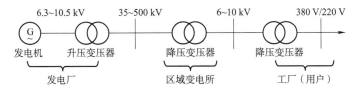

图1-1 电力系统示意图

压器是电力系统中的重要设备。

除了电力系统中，用变压器进行升压、降压外，在做电气实验时要用调压变压器；电镀电解行业需要用变压器来产生低压大电流；焊接金属器件常用交流电焊机；在广播扩音电路中，为了使扬声器得到最大功率，可用变压器实现阻抗匹配；为了测量高电压和大电流要用到电压互感器和电流互感器；有的电气设备为了使用安全要用变压器进行电气隔离；人们平时常用的稳压电源盒充电器中也包含着变压器。

2. 变压器的基本结构

变压器的基本结构主要由铁芯和绕组两部分组成。为改善散热条件，大、中型的电力变压器的铁芯和绕组浸在盛满变压器油的封闭油箱中，各绕组的端线由绝缘套管引出。

（1）铁芯

铁芯是变压器的主磁路，它又是绕组的支撑骨架。铁芯由铁芯柱和铁轭两部分构成，铁芯柱上装有绕组，铁轭连接铁芯柱构成闭合的磁路。为了提高铁芯的导磁性、减小磁滞损耗和涡流损耗，采用厚度为 0.35～0.5 mm，材料表面涂有绝缘漆的热轧（或冷轧）硅钢片，冲压成型并叠合组装成一个整体的铁芯。

铁芯的基本结构形式有心式和壳式两种，如图 1-2 所示。心式结构的特点是绕组包围铁芯，结构比较简单，绕组的装配及绕组的绝缘也比较容易，如图 1-2(a) 所示，它适用于容量大、电压高的变压器，如电力变压器均采用心式结构。壳式结构的特点是铁芯包围绕组，机械强度较好，铁芯容易散热，但外层绕组的铜线用量较多，制造工艺又复杂，铁芯材料消耗多，如图 1-2(b) 所示。一般多用于小型干式变压器，如电炉变压器、收音机、电视机中用的小型特种变压器。

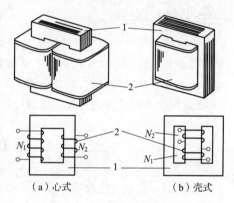

图 1-2　铁芯的基本结构形式
1—铁芯；2—绕组

（a）心式　　（b）壳式

各种变压器的铁芯，先将硅钢片冲压成条形，然后将条形硅钢片交错地叠合组装成"口"字形或"日"字形，如图 1-3 所示。交错叠片的目的是使各层接缝互相错开，以免接缝处的间隙集中，从而减小磁路的磁阻和励磁电流。

铁轭的截面有矩形、外 T 形、内 T 形和多级阶梯形，如图 1-4 所示。铁芯柱的截面在小型变压器中常为方形或矩形，但大型变压器为了充分利用线圈内圆空间而常用阶梯截面，有的还设有冷却油道。近年来，出现了渐开线形铁芯的变压器，它的铁轭由同一宽度的硅钢带卷制成型，铁芯柱用硅钢片在专用成型机上轧制，按三角形方式布置使磁路完全对称，该变压器的主要优点在于节省硅钢片、绕组耗铜材少、便于机械化生产和减少装配工时，其铁芯柱的截面如图 1-5 所示。

（2）绕组

变压器绕组的作用是构成电路，它一般用绝缘漆包铜线或铝线绕制而成。通常把接于电源的绕组称为一次绕组（或称为原绕组、初级绕组），接于负载的绕组称为二次绕组（或称为副绕组、次级绕组）；或者把电压高的线圈称为高压绕组，电压低的线圈称为低压绕组。

根据高、低绕组在铁芯柱上排列的方式不同，变压器的绕组可分为同心式和交叠式两种。同心式的高、低压绕组同心套在铁芯柱上，通常低压绕组靠近铁芯层，高压绕组放在外面层，二者之间用绝缘纸筒隔开。当低压绕组放在靠近铁芯柱时，因为低压绕组与铁芯柱所需的绝缘距离比较小，所以线圈的尺寸也就可以缩小，整个变压器的体积也就减小了。同心式绕组结构简单、制造方便,国产电力变压器均采用这种线圈,其基本结构如图1-6所示。

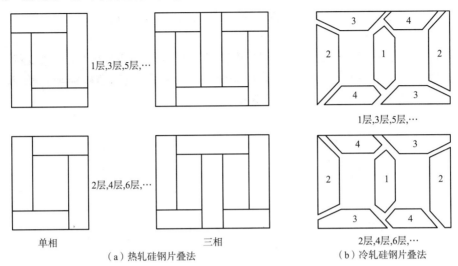

1层,3层,5层,…

2层,4层,6层,…

单相　　　　　三相

（a）热轧硅钢片叠法

1层,3层,5层,…

2层,4层,6层,…

（b）冷轧硅钢片叠法

图1-3　叠片式铁芯交错叠装的方法

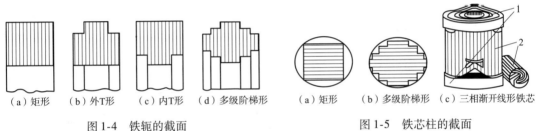

（a）矩形　（b）外T形　（c）内T形　（d）多级阶梯形

图1-4　铁轭的截面

（a）矩形　（b）多级阶梯形　（c）三相渐开线形铁芯

图1-5　铁芯柱的截面

1—铁轭;2—铁芯柱

　　交叠式绕组的高、低压绕组交替地套在铁芯柱上,一般以低压绕组靠近铁轭侧,绕组都做成饼式,高、低压绕组之间用绝缘材料隔开,绕组漏电抗小,引线方便,机械强度高。但交叠式高、低压绕组之间的间隙较多,绝缘比较复杂,主要用在电炉和电焊等特种变压器中,三相交叠式绕组如图1-7所示。

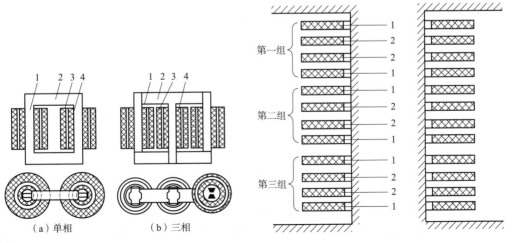

（a）单相　　　（b）三相

图1-6　同心式绕组

1—铁芯柱;2—铁轭;3—高压绕组;4—低压绕组

第一组

第二组

第三组

图1-7　三相交叠式绕组

1—低压绕组;2—高压绕组

3. 变压器的分类

变压器的种类很多,可以按用途、结构、相数、冷却方式等来进行分类。

按用途分为电力变压器(主要用在输、配电系统中,又分为升压变压器、降压变压器和配电变压器)和特殊变压器(如试验用变压器、仪用变压器、电炉变压器、电焊变压器和整流变压器等)。

按绕组数目分为单绕组(自耦)变压器、双绕组变压器、三绕组变压器和多绕组变压器等。

按相数分为单相变压器、三相变压器和多相变压器。

按铁芯结构分为心式变压器和壳式变压器。

按调压方式分为无励磁调压变压器和有载调压变压器。

按冷却介质和冷却方式分为空气自冷式(又称干式)变压器、油浸式变压器(包括油浸自冷式、油浸风冷式、强迫油循环水冷却式和强迫油循环风冷却式)和充气式冷却变压器。

电力变压器按容量大小通常分为小型变压器(容量为 $10 \sim 630$ kV·A)、中型变压器(容量为 $800 \sim 6\,300$ kV·A)、大型变压器(容量为 $8\,000 \sim 63\,000$ kV·A)和特大型变压器(容量在 $90\,000$ kV·A 及以上)。

图 1-8　单相变压器的表示符号

单相变压器的表示符号如图 1-8 所示。

1.1.2　变压器的运行

1. 单相变压器的工作原理

变压器是利用电磁感应原理进行工作的。一次绕组的匝数为 N_1;二次绕组的匝数为 N_2。当一次绕组外加电压为 u_1 交流电源时,一次绕组中流过交流电流,产生交变磁通势,使铁芯中产生交变磁通 ϕ,并交链于一、二次绕组,使一、二次绕组中产生交流电动势 e_1 和 e_2。单相变压器的工作原理如图 1-9 所示。

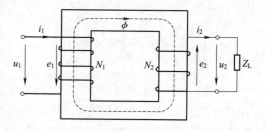

图 1-9　单相变压器的工作原理图

根据电磁感应定律,交变的主磁通 ϕ 在一、二次绕组中分别感应出电动势 e_1 与 e_2 有

$$\begin{cases} e_1 = -N_1 \dfrac{\mathrm{d}\phi}{\mathrm{d}t} \\ e_2 = -N_2 \dfrac{\mathrm{d}\phi}{\mathrm{d}t} \end{cases} \tag{1-1}$$

忽略绕组中的漏电抗压降,不考虑绕组中的电阻压降,一、二次绕组的端电压可表示为

$$\begin{cases} u_1 \approx e_1 = -N_1 \dfrac{\mathrm{d}\phi}{\mathrm{d}t} \\ u_2 \approx e_2 = -N_2 \dfrac{\mathrm{d}\phi}{\mathrm{d}t} \end{cases} \tag{1-2}$$

若二次绕组开路(不接负载),这种运行方式称为变压器的空载运行。若二次绕组接负载,则这种运行方式称为变压器的负载运行。其中,N_1 和 N_2 分别为一、二次绕组的匝数。

$$\frac{U_1}{U_2} = \frac{E_1}{E_2} = \frac{N_1}{N_2} \tag{1-3}$$

从式(1-3)中可知,变压器的一、二次绕组感应电动势之比与电压之比都等于一、二次绕组的匝数之比。在磁通势一定的条件之下,只需改变一、二次绕组的匝数之比,就可实现改变二次绕组输出电压大小的目的。

2. 变压器的空载运行

变压器空载运行是指变压器的一次绕组接在额定频率、额定电压的交流电源上,而二次绕组开路时的运行状态如图 1-10 所示。图中一次绕组两端加上交流电压 u_1 时,便有交变电流 i_0 通过一次绕组,i_0 称为空载电流。大、中型变压器的空载电流约为一次侧额定电流的 3% ~ 8%。变压器空载时一次绕组近似为纯电感电路,故 i_0 较 u_1 滞后 90°,此时一次绕组的交变磁动势为 $i_0 N_1$,它产生交变磁通,因为铁芯的磁导率比空气(或油)大得多,绝大部分磁通通过铁芯磁路交链着一、二次绕组,称为主磁通或工作磁通,记为 ϕ;还有少量磁通穿出铁芯沿着一次绕组外侧通过空气或油而闭合,这些磁通只与一次绕组交链,称为漏磁通,记为 $\phi_{1\sigma}$,漏磁通一般都很小,为了使问题简化,可以略去不计。

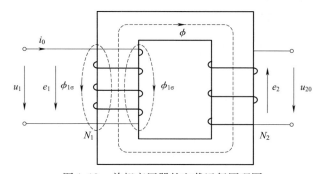

图 1-10 单相变压器的空载运行原理图

若外加电压 u_1 按正弦变化,则 i_0 与 ϕ 也都按正弦变化。设 ϕ 的初相为零,即 $\phi = \Phi_{\mathrm{m}} \sin \omega t$,其中,$\Phi_{\mathrm{m}}$ 为主磁通的幅值。将 $\phi = \Phi_{\mathrm{m}} \sin \omega t$ 代入式(1-1)中,得

$$
\begin{cases}
e_1 = -N_1 \dfrac{\mathrm{d}\phi}{\mathrm{d}t} = -N_1 \dfrac{\mathrm{d}\Phi_{\mathrm{m}} \sin \omega t}{\mathrm{d}t} = -N_1 \Phi_{\mathrm{m}} \omega \cos \omega t = E_{1\mathrm{m}} \sin\left(\omega t - \dfrac{\pi}{2}\right) \\
e_2 = -N_2 \dfrac{\mathrm{d}\phi}{\mathrm{d}t} = -N_2 \dfrac{\mathrm{d}\Phi_{\mathrm{m}} \sin \omega t}{\mathrm{d}t} = -N_2 \Phi_{\mathrm{m}} \omega \cos \omega t = E_{2\mathrm{m}} \sin\left(\omega t - \dfrac{\pi}{2}\right)
\end{cases}
\tag{1-4}
$$

可见 e_1 与 e_2 的相位都比 ϕ 滞后 $\dfrac{\pi}{2}$;因为 i_0 与产生的磁通 ϕ 是同相的,而 i_0 滞后外加电压 u_1 $\dfrac{\pi}{2}$,所以 e_1 与 e_2 都与外加电压 u_1 反相。

由式(1-4)求得 e_1 与 e_2 的有效值分别为

$$
\begin{cases}
E_1 = \dfrac{1}{\sqrt{2}} E_{1\mathrm{m}} = \dfrac{1}{\sqrt{2}} N_1 \Phi_{\mathrm{m}} \omega = 4.44 f N_1 \Phi_{\mathrm{m}} \\
E_2 = \dfrac{1}{\sqrt{2}} E_{2\mathrm{m}} = \dfrac{1}{\sqrt{2}} N_2 \Phi_{\mathrm{m}} \omega = 4.44 f N_2 \Phi_{\mathrm{m}}
\end{cases}
\tag{1-5}
$$

式中,$N_1 \Phi_{\mathrm{m}} \omega = 2\pi f N_1 \Phi_{\mathrm{m}} = E_{1\mathrm{m}}$;$N_2 \Phi_{\mathrm{m}} \omega = 2\pi f N_2 \Phi_{\mathrm{m}} = E_{2\mathrm{m}}$。

将式(1-5)中的上、下两式相比得

$$
\frac{E_1}{E_2} = \frac{4.44 f N_1 \Phi_{\mathrm{m}}}{4.44 f N_2 \Phi_{\mathrm{m}}} = \frac{N_1}{N_2}
\tag{1-6}
$$

即一、二次绕组中的感应电动势之比等于一、二次绕组匝数之比。

由于变压器的空载电流 I_0 很小,一次绕组中的电压降可略去不计,故一次绕组的感应电动势 E_1 近似地与外加电压 U_1 相平衡,即 $U_1 \approx E_1$。而二次绕组是开路的,其端电压 U_{20} 就等于感应电动势 E_2,即 $U_{20} = E_2$。于是有

$$\frac{U_1}{U_{20}} \approx \frac{E_1}{E_2} = \frac{N_1}{N_2} = k \tag{1-7}$$

式(1-7)说明,变压器空载时,一、二次绕组端电压之比近似等于电动势之比(即匝数之比),这个比值 k 称为变压比,简称变比。

式(1-7)可写成 $U_1 \approx kU_{20}$。若 $k > 1$,则 $U_{20} < U_1$,是降压变压器;若 $k < 1$,则 $U_{20} > U_1$,是升压变压器。

一般地,变压器的高压绕组总有几个抽头,以便在运行中随着负载的变动或外加电压 U_1 稍有变动时,用来改变高压绕组匝数,从而调整低压绕组的输出电压。通常调整范围为额定电压的 ±5%。

例 1-1　某台单相降压变压器的一次绕组接到 6 600 V 的交流电源上,二次绕组电压为 220 V,试求其变比。若一次绕组匝数 $N_1 = 3\ 300$,试求二次绕组匝数 N_2。若电源电压减小到 6 000 V,为使二次绕组电压保持不变,试问一次绕组匝数应调整到多少?

解　变比为

$$k = \frac{N_1}{N_2} \approx \frac{U_1}{U_{20}} = \frac{6\ 600}{220} = 30$$

二次绕组匝数为

$$N_2 = \frac{N_1}{k} = \frac{3\ 300}{30} = 110$$

若 $U_1' = 6\ 000$ V,U_{20} 不变,则一次绕组匝数应调整为 $N_1' = N_2 \dfrac{U_1'}{U_{20}} = 110 \times \dfrac{6\ 000}{220} = 3\ 000$

3. 变压器的负载运行

变压器的负载运行是指一次绕组加额定电压,二次绕组与负载相接通时的运行状态,如图 1-11 所示。这时二次侧电路中有了电流 i_2,它的大小由二次绕组电动势 E_2 和二次侧电路的总的等效阻抗来决定。

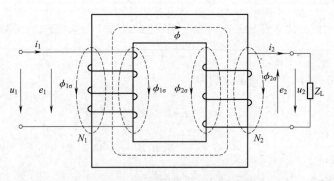

图 1-11　变压器的负载运行原理图

因为变压器一次绕组的电阻很小,它的电阻电压降可忽略不计。实际上,即使变压器满载,一次绕组的电压降也只有额定电压 U_{1N} 的 2% 左右,所以变压器负载时仍可近似地认为 U_1 等于 E_1。由式(1-5)可得 $U_1 \approx 4.44fN_1\Phi_{\mathrm{m}}$,此式是反映变压器基本原理的重要公式,它说明不论是空载还是

负载运行,只要加在变压器一次绕组的电压 U_1 及其频率 f 都保持一定,铁芯中工作磁通的幅值 Φ_m 就基本上保持不变,那么,根据磁路欧姆定律,铁芯磁路中的磁动势也应基本不变。

空载时,铁芯磁路中的磁通是由一次侧磁动势 $i_0 N_1$ 产生和决定的。设负载时一、二次侧电流分别为 i_1 与 i_2,则此时铁芯中的磁通是由一、二次侧的磁动势共同产生和决定的。它们都是正弦量,可用相量表示。前面说过,铁芯磁路中的磁动势基本不变,所以负载时的合成磁动势应近似等于空载时的磁动势,即

$$\dot{I}_1 N_1 + \dot{I}_2 N_2 = \dot{I}_0 N_1 \tag{1-8}$$

式(1-8)称为变压器负载运行时的磁动势平衡方程,此式也可写成

$$\dot{I}_1 N_1 = \dot{I}_0 N_1 + (-\dot{I}_2 N_2)$$

上式表明,负载时一次绕组的电流建立的磁动势 $\dot{I}_1 N_1$ 可分为两部分:其一是 $\dot{I}_0 N_1$,用来产生主磁通 Φ_m;其二是 $-\dot{I}_2 N_2$,用来抵偿二次绕组电流所建立的磁动势 $\dot{I}_2 N_2$,从而保持 Φ_m 基本不变。

当变压器接近满载时,$I_0 N_1$ 远小于 $I_1 N_1$,即可认为 $I_0 N_1 \approx 0$,于是有 $\dot{I}_1 N_1 \approx -\dot{I}_2 N_2$。此式表明,$\dot{I}_1 N_1$ 与 $\dot{I}_2 N_2$ 近似相等而且反相。量值关系为 $I_1 N_1 \approx I_2 N_2$,则

$$\frac{I_1}{I_2} = \frac{N_2}{N_1} = \frac{1}{k} \tag{1-9}$$

式(1-9)表明,变压器接近满载时,一、二次绕组的电流近似地与绕组匝数成反比,这就是变压器的变流作用。

注意:式(1-9)只适用于满载或重载的运行状态,而不适用于轻载的运行状态。

由以上分析可知,变压器负载加大(即 I_2 增加)时,一次电流 I_1 必然相应增加,电流能量经过铁芯中磁通的媒介作用,从一次侧电路传递到二次侧电路。

变压器除了有变压作用和变流作用之外,还能实现阻抗变换。设在变压器的二次侧接入阻抗为 Z_L,由图 1-12 可求得从一次绕组输入端看进去的输入阻抗值 $|Z_L'|$ 为

$$|Z_L'| = \frac{U_1}{I_1} = \frac{kU_2}{k^{-1}I_2} = k^2 |Z_L| \tag{1-10}$$

式(1-10)表明,变压器二次侧的负载阻抗值 $|Z_L|$ 反映到一次侧的阻抗值 $|Z_L'|$ 近似为 $|Z_L|$ 的 k^2 倍,起到了阻抗变换作用。图 1-12 是表示这种变换作用的等效电路图。

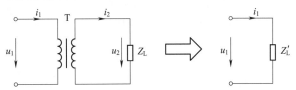

图 1-12 变压器阻抗变换等效电路图

例如,把一个 8 Ω 的负载电阻接到 $k=3$ 的变压器二次侧,折算到一次侧就是 $R' \approx 3^2 \times 8\ \Omega = 72\ \Omega$。可见,选用不同的变比,就可把负载阻抗变换成为等效二端网络所需要的阻抗值,使负载获得最大功率,这种做法称为阻抗匹配。在广播设备中常用到,该变压器称为输出变压器。

例 1-2 某台降压变压器的一次绕组的电压为 220 V,二次绕组的电压为 110 V,一次绕组为 2 200 匝,若二次绕组接入阻抗为 10 Ω 的阻抗,问变压器的变比;二次绕组匝数及一、二次绕组中电流。

解　变压器变比为

$$k = \frac{U_1}{U_2} = \frac{220}{110} = 2$$

二次绕组匝数为

$$N_2 = \frac{N_1 U_2}{U_1} = \frac{2\ 200 \times 110}{220} = 1\ 100$$

二次绕组电流为

$$I_2 = \frac{U_2}{|Z_L|} = \frac{110}{10}\ \mathrm{A} = 11\ \mathrm{A}$$

一次绕组电流为

$$I_1 = \frac{N_2}{N_1} I_2 = \frac{1\ 100}{2\ 200} \times 11\ \mathrm{A} = 5.5\ \mathrm{A}$$

4. 变压器的运行特性

对于用户来说,变压器相当于一个电源。对电源有两点要求:一是电源电压应稳定;二是变压器能量传递中损耗要小。因此衡量变压器运行性能的重要标志是外特性和效率特性。

(1)变压器的外特性

变压器的外特性是指电源电压 U_1 和负载的功率因数 $\cos\varphi_2$ 为常数时,二次电压 U_2 随负载电流 I_2 变化的规律,即 $U_2 = f(I_2)$。

变压器在负载运行时,由于变压器内部存在电阻和漏抗,故当负载电流流过时,变压器内部将产生阻抗压降,使二次侧端电压随负载电流的变化而变化。不同负载性质时,变压器的外特性曲线如图 1-13 所示。在电阻性负载($\cos\varphi_2 = 1$)和电感性负载($\cos\varphi_2 = 0.8$)时,外特性曲线是下降的;而电容性负载[$\cos(-\varphi_2) = 0.8$]时,外特性曲线是上翘的。

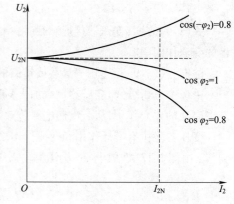

图 1-13　变压器的外特性曲线

(2)变压器的电压变化率(电压调整率)

电压变化率是指变压器一次绕组接入额定频率、额定电压的交流电源时,二次绕组的空载电压 U_{20} 和带负载后在某一功率因数下二次绕组电压 U_2 之差与二次绕组额定电压 U_{2N} 的百分比,用 $\Delta U\%$ 表示,即

$$\Delta U\% = \frac{\Delta U_2}{U_{2N}} \times 100\% = \frac{U_{20} - U_2}{U_{2N}} \times 100\% = \frac{U_{2N} - U_2}{U_{2N}} \times 100\% \tag{1-11}$$

电压变化率反映了变压器供电电压的稳定性与电能的质量,所以它是表征变压器运行性能的重要数据之一。

(3)变压器的损耗

变压器实际输出的有功功率 P_2 不仅决定于二次侧的实际电压 U_2 与实际电流 I_2,而且还与负载的功率因数 $\cos\varphi_2$ 有关,即

$$P_2 = U_2 I_2 \cos\varphi_2 \tag{1-12}$$

式中,φ_2 为 u_2 与 i_2 的相位差。

变压器输入功率决定于它的输出功率。输入的有功功率为

$$P_1 = U_1 I_1 \cos \varphi_1 \tag{1-13}$$

式中，φ_1 为 u_1 与 i_1 的相位差。

变压器输入功率与输出功率之差（$P_1 - P_2$）是变压器本身消耗的功率，称为变压器的功率损耗，简称损耗，它包括以下两部分。

①铜损耗 P_{Cu}。变压器的铜损耗也分为基本铜损耗和附加铜损耗两部分。基本铜损耗是电流在一、二次绕组电阻上的损耗，而附加铜损耗包括由趋肤效应引起导线等效截面积变小而增加的损耗以及漏磁场在结构部件中引起的涡流损耗等。附加铜损耗大约为基本铜损耗的 0.5% ~ 20%。变压器铜损耗的大小与负载电流的二次方成正比，所以把铜损耗称为可变损耗。

②铁损耗 P_{Fe}。变压器的铁损耗包括基本铁损耗和附加铁损耗两部分。基本铁损耗为铁芯中涡流和磁滞损耗，它取决于铁芯中磁通密度大小、磁通交变的频率和硅钢片的质量。铁损耗中的附加铁损耗，包括由铁芯叠片间绝缘损伤引起的局部涡流损耗、主磁通在结构部件中引起的涡流损耗等，一般为基本铁损耗的 15% ~ 20%。

变压器的铁损耗还与一次侧外加电源电压的大小有关，而与负载大小无关。当电源电压一定时，其铁损耗就基本不变。铁损耗又称不变损耗。

（4）变压器的效率和效率特性

变压器的效率是指变压器的输出功率与输入功率之比，用百分数表示，即

$$\eta = \frac{P_2}{P_1} \times 100\% = \left(1 - \frac{P_{Fe} + P_{Cu}}{P_2 + P_{Fe} + P_{Cu}}\right) \times 100\% \tag{1-14}$$

变压器效率的大小反映了变压器运行的经济性能的好坏，是表征变压器运行性能的重要指标之一。由于变压器没有转动部分，也就没有机械摩擦损耗，因此它的效率很高，一般中、小型电力变压器效率在 95% 以上，大容量电力变压器最高效率为 98% ~ 99%，甚至更高。

在计算效率时，可采用下列几个假定。

①以额定电压下的空载损耗 P_0 作为铁损耗 P_{Fe}，并认为铁损耗不随负载而变化，即 $P_0 = P_{Fe} =$ 常数。

②以额定电流时的短路损耗 P_k 作为额定电流时的铜损耗 P_{CuN}，且认为铜损耗与负载电流的二次方成正比，即 $P_{Cu} = \left(\dfrac{I_2}{I_{2N}}\right)^2 P_k = \beta^2 P_k = \beta^2 P_{CuN}$。

③由于变压器的电压变化率很小，负载时 U_2 的变化可不予考虑，即认为 $U_2 = U_{2N}$。故输出功率为

$$P_2 = U_{2N} I_2 \cos \varphi_2 = U_{2N} \beta I_{2N} \cos \varphi_2 = \beta U_{2N} I_{2N} \cos \varphi_2 = \beta S_N \cos \varphi_2 \tag{1-15}$$

式中，β 为负载系数，$\beta = I_2 / I_{2N}$。

由此可得

$$\eta = \left(1 - \frac{P_0 + \beta^2 P_k}{\beta S_N \cos \varphi_2 + P_0 + \beta^2 P_k}\right) \times 100\% \tag{1-16}$$

对于已制成的变压器，P_0 和 P_k 是一定的，所以效率与负载大小及功率因数有关。在功率因数一定时，变压器效率与负载系数之间的关系 $\eta = f(\beta)$ 称为变压器的效率特性曲线，如图 1-14 所示。

从图中可以看出，空载时，$\beta = 0$，$P_2 = 0$，$\eta = 0$；当负载增大时，效率增加很快；当负载达到某一数值时，效率最大，然后又开始降低。这是因为随负载功率 P_2 的增大，铜损耗 P_{Cu} 按 β 的二次方成正比增大，超过某一负载之后，效率随 β 的增大反而变小了，其间出了一个最高效率 η_{max}。通过数学分析，可求出最高效率的条件是：铜损耗 P_{Cu} 等于铁损耗 P_{Fe}（即可变损耗等于不变损耗），即

$P_{Cu} = \beta_m^2 P_k = P_0 = P_{Fe}$。

则

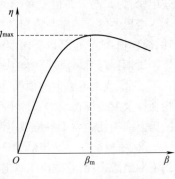

$$\beta_m = \sqrt{\frac{P_0}{P_k}} \qquad (1\text{-}17)$$

式中，β_m 为最大效率时的负载系数。

将式（1-17）代入式（1-16）中，可得出最高效率为

$$\eta_{max} = \left(1 - \frac{2P_0}{\beta_m S_N \cos \varphi_2 + 2P_0}\right) \times 100\% \qquad (1\text{-}18)$$

由于电力变压器长期接在电网上运行，总有铁损耗，而铜损耗却随负载而变化，一般变压器不可能总在额定负载下运行。因此，为提高变压器的运行效率，设计时使铁损耗相对比较小一些，一般取 $\beta_m = 0.5 \sim 0.6$。变压器的效率特性曲线如图1-14所示。

图 1-14　变压器的效率特性曲线

1.1.3　小型变压器的检测

在使用变压器或者其他有磁耦合的互感线圈时，必须将线圈正确的连接，否则，有可能使得线圈中的电流过大，烧坏线圈。

1. 变压器绕组的同极性端与测定

（1）绕组的极性与正确接法

分析线圈的自感电压和电流方向关系时，只要选择自感电压与电流为关联参考方向，就满足 $u_L = L \dfrac{di}{dt}$ 关系，不必考虑线圈的实际绕向问题。当线圈电流增加时 $\left(\dfrac{di}{dt} > 0\right)$，自感电压的实际方向与电流实际方向一致；当线圈电流减少时 $\left(\dfrac{di}{dt} < 0\right)$，自感电压的实际方向与电流实际方向相反。

分析线圈互感电压和电流方向关系时，仅仅规定电流的参考方向是不够的，还需要知道线圈各自的绕向以及两个线圈的相对位置。那么能否像确定自感电压那样，在选定了电流的参考方向后，就可直接运用公式计算互感电压，而无须每次都考虑线圈的绕向及相对位置？解决这个问题就要引入同极性端的概念。

若两个线圈的电流分别从端钮1和端钮2流入时，每个线圈的磁通的方向一致，即磁通是加强的，则端钮1、端钮2就称为同极性端（或称同名端）；否则若两个线圈的磁通方向相反，即磁通减弱，则端钮1、端钮2称为异极性端（或称异名端）。图1-15所示的两线圈1、2，i_1、i_2 分别从端钮 a、c 流入，线圈1和线圈2的磁通的方向一致，是加强的，则线圈1的端钮 a 和线圈2的端钮 c 为同极性端。显然端钮 b 和端钮 d 也是同极性端，而端钮 a、d 及端钮 b、c 则是异极性端。

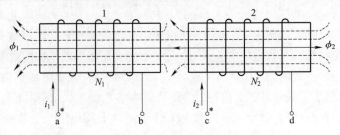

图 1-15　绕组的极性端

同极性端用符号"＊"、"△"或"·"标记。为了便于区别,仅在两个线圈的一对同极性端用标记标出,另一对同极性端不需要标注,如图 1-15 所示。

注意:同极性端上电压的实际极性总是相同的。用同极性端来反映磁耦合线圈的相对绕向,从而在分析互感电压时不需要考虑线圈的实际绕向及相对位置。

有些变压器的一、二次绕组有多个绕组,通过多绕组的不同连接可以适应不同的电源电压和获得不同的输出电压,使用这种变压器时,首先必须确定绕组的同极性端。

如图 1-16(a)所示,变压器的一次绕组有两个绕向和匝数相同的绕组,每个绕组的额定电压为 110 V,可见 1 端和 3 端,2 端和 4 端互为同极性端。当电源电压为 220 V 时,这两个绕组必须串联,正确串联的方法是把两个绕组的异极性端(如 2 端和 3 端)连在一起,而将剩下的两个端(如 1 端和 4 端)接入电源,如图 1-16(b)所示。当电源电压为 110 V 时,两个绕组应并联,正确并联的方法是把两个绕组的同极性端分别连在一起,如 1 端和 3 端,2 端和 4 端相连,然后接入电源,如图 1-16(c)所示。

应当注意,当变压器的绕组进行串联或并联时,必须根据同极性端进行正确的连接,否则将会损坏变压器。如图 1-16(d)所示的两个绕组串联,若 2 端和 3 端相连,1 端和 4 端接入电源,则两绕组的电流在磁路中产生的磁通互相抵消,绕组中没有感应电动势,这时只有绕组的内阻压降与电源电压相平衡,绕组中将引起很大的电流而把变压器烧坏。

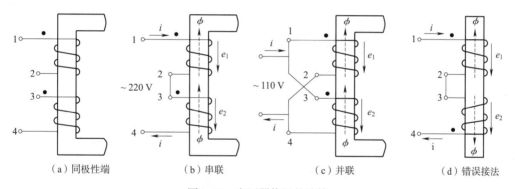

图 1-16　变压器绕组的连接

(2)同极性端的测定

如果已知磁耦合线圈的绕向及相对位置,同极性端便很容易利用其概念进行判定。但是,实际的耦合线圈的绕向一般是无法确定的,因而同极性端就很难判别,这就要用实验法进行同极性端的测定。

实验法测定同极性端有直流法和交流法两种。

①直流法。如图 1-17(a)所示,是用直流法来测定线圈的同极性端,图中 1、2 为一个线圈,用 A 表示,3、4 为另一个线圈,用 B 表示,把线圈 A 通过开关 S 与电源连接,线圈 B 与直流电压表(或直流电流表)连接。当开关 S 迅速闭合时,就有随时间逐渐增大的电流 i 从电源的正极流入线圈 A 的 1 端,若此时电压表(或电流表)的指针正向偏转,则线圈 A 的 1 端和线圈 B 的 3 端(即线圈 B 与电压表"＋"端相接的一端)为同极性端。这是因为当电流刚流进线圈 A 的 1 端时,1 端的感应电动势为"＋",而电压表正向偏转,说明 3 端此时也为"＋",所以 1、3 端为同极性端。若电压表反向偏转,则 1、3 端为异极性端。

②交流法。如图 1-17(b)所示,是用交流法来测定线圈的同极性端。把两个线圈的任意两个

接线端连在一起,例如 2 和 4,并在其中一个线圈(例如 A),加上一个较低的交流电压。用交流电压表分别测量 U_{12}、U_{13}、U_{34},若测得

$$U_{13} = U_{12} - U_{34}$$

则 1 端和 3 端为同极性端。这是因为只有 1 端和 3 端同时为"+"或同时为"-"时,才可能使 U_{13} 等于 U_{12} 与 U_{34} 之差,所以 1 端和 3 端为同极性端。

若测得

$$U_{13} = U_{12} + U_{34}$$

则 1 端和 3 端为异极性端。

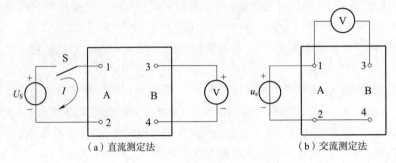

(a)直流测定法　　　　　　　　(b)交流测定法

图 1-17　同极性端的测定

2. 小型变压器的常见故障及检修方法

(1)引出线端头断裂

如果一次回路有电压而无电流,一般是一次线圈的端头断裂;若一次回路有较小的电流而二次回路既无电流也无电压,一般是二次线圈端头断裂。通常是由于线头折弯次数过多,或线头遇到猛拉,或焊接处霉断(焊剂残留过多),或引出线过细等原因所造成的。

如果断裂线头处在线圈的最外层,可掀开绝缘层,挑出线圈上的断头,焊上新的引出线,包好绝缘层即可;若断裂线端头处在线圈内层,一般无法修复,需要拆开重绕。

(2)线圈的匝间短路

存在匝间短路,短路处的温度会剧烈上升。如果短路发生在同层排列左右两匝或多匝之间,过热现象稍轻;若发生在上下层之间的两匝或多匝之间,过热现象就很严重。通常是由于线圈遭受外撞击,或漆包线绝缘老化等原因所造成的。

如果短路发生在线圈的最外层,可掀去绝缘层后,在短路处局部加热(指对浸过漆的线圈,可用电吹风加热),待漆膜软化后,用薄竹片轻轻挑起绝缘已破坏的导线,若线芯没有损伤,可插入绝缘纸,裹住后撚平;若线芯已损伤,应剪断,去除已短路的一匝或多匝导线,两端焊接后垫妥绝缘纸,撚平。用以上两种方法修复后均应涂上绝缘漆,吹干,再包上外层绝缘。如果故障发生在无骨架线圈两边沿口的上下层之间,一般也可按上述方法修复。若故障发生在线圈内部,一般无法修理,需拆开重绕。

(3)线圈对铁芯短路

存在这一故障,铁芯就会带电,这种故障在有骨架的线圈上较少出现,但在线圈的最外层会出现这一故障;对于无骨架的线圈,这种故障多数发生在线圈两边的沿口处,但在线圈最内层的四角处比较常出现,在最外层也会出现。其原因通常是由于线圈外形尺寸过大而铁芯窗口容纳不下,

或因绝缘裹垫得不佳或遭到剧烈跌碰等所造成的。

修理方法可参照线圈的匝间短路的有关内容。

（4）铁芯噪声过大

铁芯噪声有电磁噪声和机械噪声两种。电磁噪声通常是由于设计时铁芯磁通密度选得过高，或变压器过载，或存在漏电故障等原因所造成的；机械噪声通常是由于铁芯没有压紧，在运行时硅钢片发生机械振动所造成的。

如果是电磁噪声，属于设计原因的，可换用质量较佳的同规格硅钢片；属于其他原因的应减轻负载或排除漏电故障。如果是机械噪声，应压紧铁芯。

（5）线圈漏电

线圈漏电的基本特征是铁芯带电和线圈温升增高，通常是由于线圈受潮或绝缘老化所引起的。若是受潮，只要烘干后故障即可排除；若是绝缘老化，严重的一般较难排除，轻度的可拆去外层包缠的绝缘层，烘干后重新浸漆。

（6）线圈过热

线圈过热通常是由于过载或漏电所引起的，或因设计不佳所致；若是局部过热，则是由于匝间短路所造成的。

（7）铁芯过热

铁芯过热通常是由于过载、设计不佳、硅钢片质量不佳或重新装配硅钢片时插入片数少等原因所造成的。

（8）输出侧电压下降

输出侧电压下降通常是由于一次侧输入的电源电压不足（未达到额定值）、二次绕组存在匝间短路、对铁芯短路或漏电或过载等原因所造成的。

【技能训练】——小型变压器的测试

1. 技能训练的内容

小型变压器的变压、变流和阻抗变换作用的测试；变压器的空载试验和短路试验；小型变压器的检测。

2. 技能训练的要求

①正确使用电工仪表。

②正确测量电压及电流等相关数据，并进行数据分析。

3. 设备器材

①电机与电气控制实验台（1 台）。

②小型变压器（127 V/220 V，1 台）。

③交流调压器（0～250 V，1 台）。

④交流电压表（500 V，2 块）。

⑤交流电流表（500 mA，2 块）。

⑥功率表（250 V/1 A，1 块）。

⑦万用表（1 块）。

⑧灯泡（220 V/25 W，3 只）。

4. 技能训练的步骤

（1）小型变压器变换电压、电流和阻抗试验

连接图 1-18 所示电路,调节调压器使单相变压器空载时的输出为 220 V,然后分别在变压器的二次侧接入一只、两只、三只 220 V/25 W 的灯泡,测量单相变压器的输入电压和输出电压、输入电流和输出电流,将测量数据填入表 1-1 中。

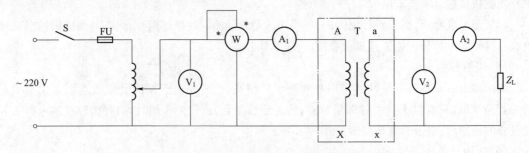

图 1-18　小型变压器变换电压、电流和阻抗的电路图

根据表 1-1 中的数据计算 $|Z_L|$、$|Z'_L|$ 值,分析变压器的阻抗变换作用。

表 1-1　变压器电压变换、电流变换和阻抗变换作用

灯泡数	一次侧			二次侧		
	电压 U_1/V	电流 I_1/A	阻抗 $|Z'_L|$/Ω	电压 U_2/V	电流 I_2/A	阻抗 $|Z_L|$/Ω
0						
1						
2						
3						

（2）变压器的空载试验

①断开交流电源,将图 1-18 中所示的单相变压器的低压线圈 a、x 接电源,高压线圈 A、X 开路。

注意:空载试验在高压侧或低压侧进行都可以,但为了试验安全,通常在低压侧进行,而将高压侧空载。由于变压器空载运行时的空载电流很小,功率因数很低,因此所用的功率表应为低功率因数表,并将电压表接在功率表的前面,以减小测量误差。

②将调压器旋钮向逆时针方向旋转到底,即将其调到输出电压为零的位置。合上交流电源开关,调节调压器的旋钮,使变压器空载电压 $U_0 = 1.2U_N$,然后逐次降低电源电压,在 $(1.2 \sim 0.2)U_N$ 的范围内,测取变压器的 U_0、I_0、P_0。

③测取数据时,$U_0 = U_N$ 点必须测,并在该点附近测的点较密,共测取数据 7~8 组,将所测的数据填入表 1-2 中。

④为了计算变压器的变比,在 U_N 以下测取一次侧电压的同时测出二次侧电压数据填入表 1-2 中。

表 1-2　变压器空载试验数据

序号	试验数据				计算数据	
	U_0/V	I_0/A	P_0/W	U_1/V	$I_0\% = \dfrac{I_0}{I_N} \times 100\%$	$\cos \varphi_0 = \dfrac{P_0}{U_0 I_0}$

⑤空载试验数据分析。由变压器空载试验测得的一、二次侧电压的数据,计算出变比,然后取其平均值作为变压器的变比。绘出空载特性曲线:$U_0 = f(I_0)$,$p_0 = f(U_0)$,$\cos \varphi_0 = f(U_0)$。

(3)变压器的短路试验

将变压器的高压线圈接电源,低压线圈直接短路。

①断开交流电源,将图 1-18 中所示的单相变压器的高压线圈 A、X 接电源,低压线圈 a、x 直接短路。

注意:变压器的短路试验也可以在变压器的任何一侧进行,但为了试验安全,通常在高压侧进行;短路试验操作要快,否则线圈发热会引起电阻变化。由于变压器短路时的电流很大,因此将电压表接在功率表的后面。

②将调压器旋钮逆时针方向旋转到底,即将其调到输出电压为零的位置。合上交流电源开关,调节调压器的旋钮,逐渐缓慢增加输入电压,直到短路电流等于 $1.1I_N$ 为止,在 $(0.2 \sim 1.1)I_N$ 的范围内,测取变压器的 U_k、I_k、P_k。

③测取数据时,$I_k = I_N$ 点必须测,共测取数据 6 ~ 7 组,填入表 1-3 中。试验时记下周围环境温度。

表 1-3　变压器短路试验数据　　　　　　　　　　　　　室温____℃

序号	试验数据			计算数据
	U_k/V	I_k/A	P_k/W	$\cos \varphi_k = \dfrac{P_k}{U_k I_k}$

④短路试验数据分析。绘出短路特性曲线：$U_k = f(I_k)$，$P_k = f(I_k)$，$\cos \varphi_k = f(U_k)$。

（4）小型变压器的检测

①变压器外观的检查。变压器外观检查包括能够看得见摸得到的项目，如线圈引线是否断线、脱焊，绝缘材料是否烧焦，机械是否损伤和表面破损等。

②变压器绕组同极性端的测定：

a. 直流测定法。依据同极性端的定义及互感电动势参考方向标注原则来判定。测试电路如图 1-17（a）所示，两个耦合线圈的绕向未知时，如果合上 S，电压表正偏，则 1、3 端为同极性端；如果合上 S，电压表反偏，则 1、3 端为异极性端。将测试结果填入表 1-4 中。

表 1-4　同极性端直流测定法记录表

测试项目	电压表偏转情况	同极性端
S 闭合		

b. 交流测定法。测试电路如图 1-17（b）所示。把两个线圈的任意两个接线端连在一起，例如 2 和 4，并在其中一个线圈（如线圈 A），加上一个较低的交流电压，用交流电压表分别测量 U_{12}、U_{13}、U_{34}，若测得 $U_{13} = U_{12} - U_{34}$，则 1、3 端为同极性端；若测得 $U_{13} = U_{12} + U_{34}$，则 1、3 端为异极性端。将测试结果填入表 1-5 中。

表 1-5　同极性端交流测定法记录表

U_{13}	U_{12}	U_{34}	同极性端

③检测变压器绝缘电阻。变压器绝缘电阻的检测包括一、二次侧之间，线圈与铁芯之间，线圈匝间三方面的绝缘检测。用绝缘电阻表测绝缘电阻，其值应大于几十兆欧。

④测直流电阻。用万用表的欧姆挡测变压器的一、二次绕组的直流电阻值，可判断绕组有无断路或短路现象。

a. 检查变压器的绕组是否有开路。一般中、高频变压器的线圈匝数不多，其直流电阻应很小，在零点几欧到几欧。音频和电源变压器由于线圈匝数较多，直流电阻可达几百欧至几千欧以上。用万用表测变压器的直流电阻只能初步判断变压器是否正常，还必须进行短路检查。

b. 检查变压器的绕组是否有短路。由于变压器一、二次侧之间是交流耦合，直流是断路的，如果变压器两绕组之间发生短路，会造成直流电压直通，可用万用表检测出来。

⑤对变压器进行通电检查。

a. 开路检查。将变压器一次绕组与 220 V、50 Hz 正弦交流电源相连，用万用表测量变压器的输出电压，用交流电流表测一次电流是否正常，并记录数据，测变压器的变比是否正常。

b. 带额定负载检查。将变压器一次绕组与 220 V、50 Hz 正弦交流电源相连，二次绕组接额定负载，测量二次电流和电压，测量一次电流和电压，看是否正常。

⑥温升。让变压器在额定输出电流下工作一段时间，然后切断电源，用手摸变压器的外壳，即可判断温升情况。若感觉温热，则表明变压器的温升符合要求；若感觉非常烫手，则表明变压器温升指标不合要求。

将检测的有关数据，填入表 1-6 中。

表1-6　小型变压器检测的有关数据记录

铭牌内容	型号： 容量：		额定电压： 二次电压：		额定电流： 变压比：	
检查内容	绝缘电阻/MΩ			直流电阻/Ω		
	一、二次侧间	线圈与铁芯间	线圈匝间	一次绕组	二次绕组	一、二次侧间
	空载			额定负载		
	二次电压/V	一次电流/A	一次电流/A	一次电压/V	二次电流/A	二次电压/V

5. 注意事项

①测量时，要正确选择万用表、电压表、电流表的量程。

②确认接线正确后方可通电实验，否则会烧坏变压器。

【思考题】

①电力系统为什么采用高压输电？

②变压器的铁芯和绕组各起什么作用？变压器的铁芯改用木芯行不行？为什么铁芯要用硅钢片叠成？能否用整块铁芯？

③已知电压为220 V/110 V 的单相变压器，一次绕组400 匝，二次绕组200 匝，可否一次绕组只绕两匝、二次绕组只绕一匝？为什么？

④一台单相变压器，额定电压 $U_{1N}/U_{2N}=220$ V/110 V，如果不慎将低压边误接到220 V 的电源上，变压器会发生什么后果？为什么？

⑤将一台频率为50 Hz 的单相变压器一次侧误接在相同额定电压的直流电源上，会出现什么后果？为什么？

⑥变压器空载运行且一次绕组加额定电压时，为什么空载电流并不因为一次绕组电阻很小而很大？

⑦为什么变压器的空载损耗可以近似看成铁损耗？短路损耗可以近似看成铜损耗？与额定负载时的铜损耗有无差别？

⑧什么是变压器的电压调整率？变压器负载时引起二次侧输出电压变化的原因是什么？

⑨某台小型变压器共有三个绕组（220 V、280 V、5 V），现因各绕组接线端的标记不清无法接线，请问如何来鉴别它们各是何种电压的绕组？

⑩小型变压器有哪些常见故障？如何进行检修？

1.2　三相变压器

在电力系统中，输电、配电都采用三相制，三相变压器的应用最广泛。从运行原理来看，三相变压器在对称负载下运行时，各相电压、电流大小相等，相位上彼此相差120°。就其中一相来说与单相变压器没有什么区别，单相变压器的一些基本结论对三相变压器也是适用的，但三相变压器又有自身的特点。本节介绍三相变压器的磁路系统、电路系统、结构和铭牌数据、变压器的使用与检修等。

1.2.1　三相变压器的磁路系统

三相变压器在结构上可由三台单相变压器组成,称为三相变压器组或称为三相组式变压器。而多数三相变压器是把三相铁芯柱和磁轭连成一个整体,做成三相心式变压器。

1. 三相组式变压器的磁路系统

三相组式变压器是将三台完全相同的单相变压器的绕组按一定方式接成三相,如图 1-19 所示。它的结构特点是三相之间只有电的联系而无磁的联系,它的磁路特点是三相磁通各有自己的单独磁路,互不关联。如果外加电压是三相对称的,则三相磁通也一定是对称的。如果三个铁芯的材料和尺寸相同,则三相磁路的磁阻相等,三相空载电流也是对称的。

三相组式变压器的铁芯材料用量较多,占地面积较大,效率也较低;但制造和运输方便,且每台变压器的备用容量仅为整个容量的 1/3,故只有在超高压、大容量的巨型变压器中,由于受运输条件限制或为减少备用容量时才采用三相组式变压器。

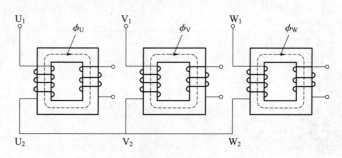

图 1-19　三相组式变压器的磁路系统

2. 三相心式变压器的磁路系统

三相心式变压器的每一相都有一个铁芯柱,三个铁芯柱用铁轭连接起来,构成三相铁芯,其磁路系统如图 1-20 所示。

（a）互成120°带中间铁芯柱　　（b）互成120°无中间铁芯柱　　（c）同一平面铁芯结构

图 1-20　三相心式变压器的磁路系统

三相心式变压器的特点是把三台单相变压器的铁芯合并成一体,三相磁路彼此关联,任何一相的主磁通都要将其他两相的磁路作为自己的闭合磁路。当一次侧外加三相对称电压时,三相主磁通也是对称的,故三相磁通之和等于零,即中间铁芯柱的磁通为零。由于中间铁芯柱无磁通通过,因此,可将中间铁芯柱省去,如图 1-20(b)所示。为制造方便和降低成本,可把铁芯柱置于同一平面,便得到三相心式变压器铁芯结构,如图 1-20(c)所示。在这种变压器中间 V 相磁路最短,两边 U、W 两相较长,三相磁路不对称。当一次侧外加三相对称电压时,三相空载电流便不对称,但由于空载电流较小,所以空载电流的不对称对三相变压器的负载运行的影响很小,可以不予考虑。在工程上取三相空载电流的平均值作为空载电流值,即在相同的额定容量下,三相心式变压器与三相组式变压器组相比,铁芯用量少、效率高、价格低、占地面积小、维护简便,因此中、小容量的电力变压器都采用三相心式变压器。

1.2.2 三相变压器的电路系统

1. 变压器三相绕组的联结方法

电力变压器高、低压绕组的首端和末端的标志规定见表1-7。

表1-7 电力变压器高、低压绕组的首端和末端标记

绕组名称	单相变压器		三相变压器		中性点
	首端	末端	首端	末端	
高压绕组	U_1	U_2	U_1、V_1、W_1	U_2、V_2、W_2	N
低压绕组	u_1	u_2	u_1、v_1、w_1	u_2、v_2、w_2	n
中压绕组	U_{1m}	U_{2m}	U_{1m}、V_{1m}、W_{1m}	U_{2m}、V_{2m}、W_{2m}	Nm

一般三相电力变压器中不论是高压绕组,还是低压绕组,均采用星形联结和三角形联结两种方式。在旧的国家标准中分别用Y和△表示。新的国家标准规定:高压绕组星形联结用 Y 表示,三角形联结用 D 表示,中性线用 N 表示;低压绕组星形联结用 y 表示,三角形联结用 d 表示,中性线用 n 表示。

星形联结是指把三相绕组的三个末端 U_2、V_2、W_2(或 u_2、v_2、w_2)联结在一起组成中性点,而把它们的首端 U_1、V_1、W_1(或 u_1、v_1、w_1)引出,用字母 Y 或 y 表示,如把中性点引出,用字母"N(或 n)"表示,即 Y_N 或 y_n 接法,Y_N、y_n 表示为三相四线制星形联结法,如图 1-21(a)所示。

三角形联结是指把一相绕组的末端和另一相绕组的首端连在一起,顺次联结成一闭合回路,然后从首端 U_1、V_1、W_1(或 u_1、v_1、w_1)引出,用字母 D 或 d 表示。其中三相绕组按 U_1—U_2W_1—W_2V_1—V_2U_1(或 u_1—u_2w_1—w_2v_1—v_2u_1)顺序联结的称为逆序(逆时针)三角形联结,如图 1-21(b)所示;三相绕组按 U_1—U_2V_1—V_2W_1—W_2U_1(或 u_1—u_2v_1—v_2w_1—w_2u_1)顺序联结的称为顺序(顺时针)三角形联结,如图 1-21(c)所示。现在新国标(GB 1094.1—2013)中只有顺序三角形联结。

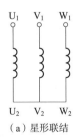 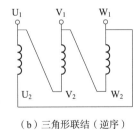 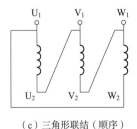

（a）星形联结　　　　　（b）三角形联结（逆序）　　　　　（c）三角形联结（顺序）

图 1-21 变压器三相绕组的联结方法

2. 三相变压器的联结组别

（1）三相变压器联结组别的概念

由于三相变压器的一次绕组、二次绕组可以采用不同的联结方式,使得高、低压绕组中的线电动势具有不同的相位差,因此按高、低压绕组线电动势的相位关系,把变压器绕组的联结分成不同

组合,称为三相变压器的联结组标号。不论联结方法如何配合,高、低压绕组线电动势的相位差总是30°的整数倍。而时钟上相邻两个钟点的夹角也是30°,因此三相变压器的联结组标号可以用时钟表示法。把高压绕组线电动势的相量作为分针,始终指向"0"点(或"12"点),以相应的低压绕组线电动势相量作为时针,时针指向哪个钟点就作为联结组标号。例如,Y,d7 中的 7 表示联结组的标号,该三相变压器的高压绕组为星形联结,低压绕组为三角形联结,低压绕组线电动势滞后于高压绕组线电动势210°。

(2)三相变压器联结组标号的确定

三相变压器的联结组标号不仅与绕组的同极性端或首末端有关,而且还与三相绕组的联结方法有关。确定三相变压器联结组标号的步骤如下:

①按绕组接线方式(Y 或 y、D 或 d)画出高、低压绕组接线图。

②在接线图上画出相电动势和线电动势的假定正方向。

③判断同一相的相电动势相位,并画出高、低压绕组三相对称电动势相量图。(注意,将 U_1 与 u_1 重合)

④根据高、低压绕组线电动势的相位差,确定联结组标号。

(3)举例说明

①Y,y0 联结组。如图 1-22(a)所示,变压器一、二次绕组都采用星形联结,且首端为同极性端,故一、二次绕组相互对应的相电动势之间相位相同,因此对应的线电动势之间的相位也相同,如图 1-22(b)所示,当一次绕组的线电动势 $\dot{E}_{UV}$(长针)指向时钟的"12"时,二次绕组的线电动势 $\dot{E}_{uv}$(短针)也指向时钟的"12",这种联结方式称为 Y,y0 联结组,如图 1-22(c)所示。

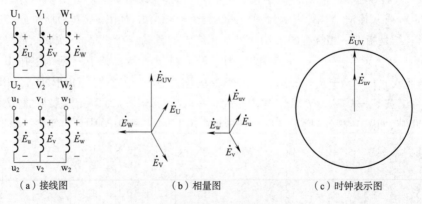

（a）接线图　　　　　　　　（b）相量图　　　　　　　　（c）时钟表示图

图 1-22　Y,y0 联结组

若在图 1-22 联结绕组中,变压器一、二次绕组的首端不是同极性端,而是异极性端,则一、二次绕组相互对应的电动势相量均反向,$\dot{E}_{UV}$ 指向时钟的"12"时,二次绕组的线电动势 $\dot{E}_{uv}$ 也指向时钟的"6",这种联结方式称为 Y,y6 联结组,如图 1-23(c)所示。

②Y,d11 联结组。如图 1-24 所示,变压器一次绕组采用星形联结,二次绕组采用三角形联结,且二次绕组 u 相的首端 u_1 与 v 相的末端 v_2 相连,如一、二次绕组的首端为同极性端,则对应的相量图如图 1-24(b)所示,其中 $\dot{E}_{uv} = -\dot{E}_v$,它超 $\dot{E}_{UV}$ 30°,指向时钟"11",故为 Y,d11 联结组,如图 1-24(c)所示。

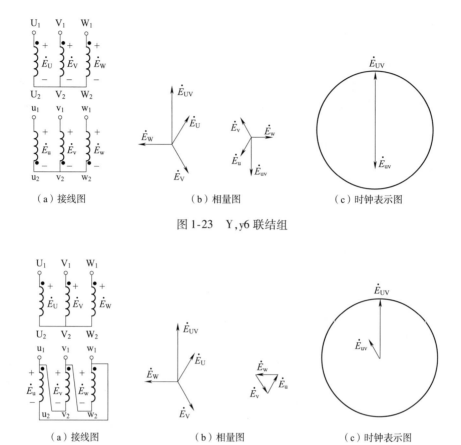

（a）接线图　　　　　　　（b）相量图　　　　　　（c）时钟表示图

图 1-23　Y,y6 联结组

（a）接线图　　　　　　　（b）相量图　　　　　　（c）时钟表示图

图 1-24　Y,d11 联结组

3. 三相变压器的标准联结组

为了制造和使用上的方便,国家规定三相双绕组电力变压器的标准联结组为:Y,y_n0;$Y_N,y0$;$Y,y0$;$Y,d11$;$Y_N,d11$。其中,Y,y_n0;$Y,d11$;$Y_N,d11$ 联结组最常用。

Y,y_n0 联结组用于低压侧电压为 400～230 V 的配电变压器中,供给动力与照明混合负载,变压器的容量可达 1 800 kV·A,高压侧的额定电压不超过 35 kV。

$Y_N,y0$ 联结组用于高压侧需要接地的场合。

$Y,y0$ 联结组只供三相动力负载。

$Y,d11$ 联结组主要用于高压侧额定电压为 35 kV 及以下,低压侧电压为 3 000 V 和 6 000 V 的大、中容量的配电变压器,最大容量为 31 500 kV·A,并且此联结组不能用于三相组式变压器,只能用于三相心式变压器。

$Y_N,d11$ 联结组主要用于高压侧需要中性点接地的大型和巨型变压器,高压侧的电压都在 110 kV 以上,主要用于高压输电。

注意: 利用单相变压器接成三相变压器组时,要注意绕组的极性。把三相心式变压器的一、二次侧的三相绕组接成星形或三角形时,其首端都应为同极性端。一、二次绕组相序要一致,否则三相电动势会不对称,幅值也不相等。

1.2.3 三相变压器的结构和铭牌数据

1. 三相变压器的结构

大中型变压器的主要结构包括器身、油箱、冷却装置、保护装置、出线装置和变压器油等。三相变压器的结构示意图如图1-25所示。变压器的器身又称心体，是变压器最重要的部件，其中包括铁芯、绕组、绝缘、引线、分接开关等部件。油箱上还设有放油阀门、蝶阀、油样阀门、接地螺栓、铭牌等零部件。冷却装置包括散热器。保护装置包括储油柜、吸湿器、净油器、防爆管、气体继电器、温度计、油位计等。出线装置包括高、中、低压套管等。

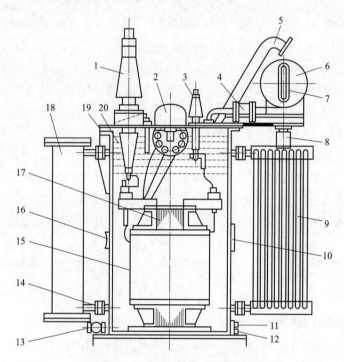

图1-25 三相变压器的结构示意图

1—高压套管；2—分接开关；3—低压套管；4—气体继电器；5—防爆管；6—储油柜；7—油位计；8—吸湿器；
9—散热器；10—铭牌；11—接地螺栓；12—油样阀门；13—放油阀门；14—蝶阀；15—绕组；
16—温度计；17—铁芯；18—净油器；19—油箱；20—变压器油

铁芯和绕组前面已叙述，本节中不再讲述，只对其他附件进行叙述。

（1）油箱与冷却装置

大、中型变压器的器身浸在充满变压器油的油箱里。变压器油既是绝缘介质，又是冷却介质，变压器油受热后形成对流，将铁芯和线圈的热量带到箱壁及冷却装置，再散发到周围空气中。变压器的冷却装置是将变压器在运行中产生的热量散发出去，以保证变压器安全运行。变压器的冷却介质有变压器油和空气，干式变压器直接由空气进行冷却，油浸变压器通过油的循环将变压器内部的热量带到冷却装置，再由冷却装置将热量散发到空气中。

（2）绝缘套管

变压器套管是将线圈的高、低压引线引到箱外的绝缘装置上，从而起到引线对地（外壳）绝缘和固定引线的作用。套管装于箱盖上,中间穿有导电杆,套管下端伸进油箱与线圈引线相连,套管上部露出箱外,与外电路连接。

（3）保护装置

变压器的保护装置包括:储油柜、吸湿器、净油器、防爆管、气体继电器、温度计、油位计等。

①储油柜。储油柜安装在变压器顶部,通过弯管及阀门等与变压器的油箱相连。储油柜侧面装有油位计,储油柜内油面高度随变压器的热胀冷缩而变动。储油柜的作用是保证变压器油箱内充满油,减少了油与空气的接触面积,适应绝缘油在温度升高或降低时体积的变化,防止绝缘油的受潮和氧化。

②吸湿器。吸湿器又称呼吸器,其作用是清除和干燥进入储油柜空气的杂质和潮气,吸湿器通过一根联管引入储油柜内高于油面的位置。柜内的空气随着变压器油位的变化通过吸湿器吸入或排除。吸湿器内装有硅胶,硅胶受潮后会变成红色,应及时更换或干燥。

③净油器。净油器内装活性氧化铝吸附剂,通过联管和阀门装在变压器油箱上,靠上、下层油的温差通过净油器进行环流,同时吸附剂将油中的水分、渣滓、酸和氧化物等进行吸附,使油保持清洁和延缓老化。

④防爆管（压力释放器）。防爆管的主体是一根长的钢质圆管,其端部管口装有 3 mm 厚玻璃片密封,当变压器内部发生故障时,温度急剧上升,使油剧烈分解产生大量气体,箱内压力剧增,玻璃片破碎,气体和油从管口喷出,流入储油柜。

⑤气体继电器。气体继电器安装在储油柜与变压器的联管中间。当变压器内发生故障产生气体或油箱漏油使油面降低时,气体继电器动作,发出信号,若事故严重,可使断路器自动跳闸,对变压器起保护作用。

⑥温度计。变压器的温度计直接监视着变压器的上层油温。

⑦油位计。油位计又称油标或油表,是用来监视变压器油箱油位变化的装置。变压器的油位计都装在储油柜上,为便于观察,在油管附近的油箱上标出相当于油温 $-30\ ^\circ\text{C}$、$+20\ ^\circ\text{C}$、$+40\ ^\circ\text{C}$ 的三个油面线标志。

（4）分接开关

为了使配电系统得到稳定的电压,必要时需要利用变压器调压。变压器调压的方法是在高压侧（中压侧）绕组上设置分接开关,用以改变线圈匝数,从而改变变压器的变压比,进行电压调整。抽出分接的这部分线圈电路称为调压电路,这种调压装置称为分接开关,或称调压开关,俗称“分接头”。

2. 三相变压器的铭牌

为了使变压器安全、经济、合理地运行,在每台变压器上都安装有一块铭牌,上面标明了变压器的型号及各种额定数据,作为正确使用变压器的依据。

三相电力变压器的铭牌如图 1-26 所示。

3. 变压器的型号

变压器的型号表示了变压器的结构特点、额定容量（kV·A）和高压侧的电压等级（kV）,电力变压器的全型号的表示和含义如下:

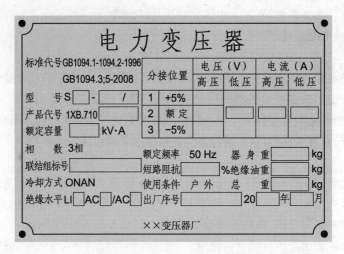

图 1-26　三相电力变压器的铭牌

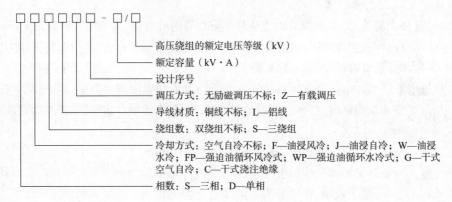

如 SFPSZ－250000/220：S—三相，FP—强迫油循环风冷式，S—三绕组铜线，额定容量为250 000 kV·A，高压侧的额定电压为 220 kV。

SFPL－63000/110：S—三相，FP—强迫油循环风冷式，L—双绕组铝线，额定容量为 63 000 kV·A，高压绕组额定电压为 110 kV 级的电力变压器。

SJL－1000/10：S—三相，J—油浸自冷，L—双绕组铝线，额定容量为 1 000 kV·A，高压绕组侧额定电压为 10 kV 级的电力变压器。

4. 变压器的技术参数

①额定容量 S_N(kV·A)。变压器的额定容量是指按变压器铭牌上规定的使用条件下，所能输出的视在功率。由于变压器的效率很高，规定一、二次侧的容量相等。

通常 800 kV·A 以下的电力变压器称为小型变压器；1 000~6 300 kV·A 的电力变压器称为中型变压器；8 000~63 000 kV·A 的电力变压器称为大型变压器；90 000 kV·A 及以上的电力变压器称为特大型变压器。

中小型变压器的容量等级为：10 kV·A、20 kV·A、30 kV·A、50 kV·A、63 kV·A、80 kV·A、100 kV·A、125 kV·A、160 kV·A、200 kV·A、250 kV·A、315 kV·A、400 kV·A、500 kV·A、630 kV·A、800 kV·A、1 000 kV·A、1 250 kV·A、1 600 kV·A、2 000 kV·A、2 500 kV·A、3 150 kV·A、4 000 kV·A、5 000 kV·A、6 300 kV·A。

②额定电压 U_N(kV 或 V)。变压器的额定电压指变压器长时间运行时根据绝缘强度和容许发热的条件下,所能承受的正常工作电压。

一次侧额定电压 U_{1N} 是指规定加到一次侧的电压;二次侧额定电压 U_{2N} 是指变压器一次侧加额定电压时,二次绕组空载时的端电压。在三相变压器中,额定电压指的是线电压。

③额定电流 I_N(kA 或 A)。变压器的额定电流是指在变压器规定的额定容量下,允许长时间流过的电流。在三相变压器中,额定电流指的是线电流。

额定容量、额定电压和额定电流之间关系如下:

单相变压器 $$S_N = U_{2N}I_{2N} = U_{1N}I_{1N}$$

三相变压器 $$S_N = \sqrt{3}\, U_{2N}I_{2N} = \sqrt{3}\, U_{1N}I_{1N}$$

④额定频率 f_N(Hz)。我国规定标准频率为 50 Hz。

⑤阻抗电压(又称短路电压)U_k。将变压器二次侧短路,一次侧施加电压并慢慢升高电压,直到二次侧产生的短路电流等于二次侧的额定电流 I_{2N} 时,一次侧所加的电压称为阻抗电压 U_k,用相对额定电压的百分比表示: $U_k\% = \dfrac{U_k}{U_{1N}} \times 100\%$。

⑥空载电流 $I_0\%$。当变压器二次侧开路,一次侧加额定电压 U_{1N} 时,流过一次绕组的电流为空载电流 I_0,用相对于额定电流的百分比表示: $I_0\% = \dfrac{I_0}{I_{1N}} \times 100\%$。

空载电流的大小主要取决于变压器的容量、磁路的结构、硅钢片质量等因素,它一般为额定电流的 3%~8%。

⑦空载损耗 P_0。指变压器二次侧开路,一次侧加额定电压 U_{1N} 时变压器的损耗,它近似等于变压器的铁损。空载损耗可以通过空载试验测得。

⑧短路损耗 P_k。指变压器一、二次绕组通过额定电流时,在绕组的电阻中所消耗的功率。短路损耗可以通过短路试验测得。

⑨变压器的效率。指变压器的输出功率与输入功率之比。变压器的功率损耗包括铁芯的铁损耗和绕组上的铜损耗两部分。由于变压器的功率损耗很小,所以变压器的效率一般都很高。对于大中型变压器,效率一般都在 95% 以上。

1.2.4 变压器的使用与检修

1. 变压器的正确使用

(1)变压器的使用要求

电力变压器的额定容量(铭牌容量)是指它在规定的环境温度条件下,户外安装时,在规定的使用年限(20 年)内所能连续输出的最大视在功率(kV·A)。

①温度要求。根据有关规定,电力变压器正常使用的环境温度条件为最高气温 +40 ℃,最高日平均气温 +30 ℃,最高年平均气温 +20 ℃,户外变压器最低气温 −30 ℃,户内变压器最低温度为 −5 ℃。油浸式变压器顶层油的温升,规定不得超过周围气温 55 ℃。如按规定的最高气温 +40 ℃,则变压器顶层油温不得超过 +95 ℃。

②变压器的使用年限。变压器的使用年限,主要取决于变压器绕组绝缘的老化速度,而绝缘的老化速度又取决于绕组最热点的温度。变压器的绕组导体和铁芯,一般可以长期经受较高的温

升而不致损坏,但绕组长期受热时,其绝缘的弹性和机械强度会逐渐减弱,这就是绝缘的老化现象。绝缘老化严重时,就会变脆、裂纹和脱落。试验表明,在规定的环境温度条件下,如果变压器绕组最热点的温度一直维持95 ℃,则变压器可持续安全运行20 年;但如果变压器绕组温度升高到120 ℃时,则变压器只能运行2 年。这说明其绕组温度对变压器的使用寿命有着极大的影响,而绕组的温度又与绕组通过的电流大小有直接的关系。

(2)变压器容量选择

变压器的容量如果选得过大,不仅造成电能浪费,而且影响电网电压;如果选得过小,造成用电设备电力不足,直至变压器烧毁。

①只装有一台主变压器的容量选择。主变压器的额定容量 S_{NT} 应满足全部用电设备总的计算负荷 S_{30} 的需要,即

$$S_{NT} \geqslant S_{30} \tag{1-19}$$

②装有两台主变压器的容量选择。每台主变压器的额定容量 S_{NT},应同时满足以下两个条件:

a. 任一台变压器单独运行时,应能满足不小于总计算负荷60%的需要,即

$$S_{NT} \geqslant (0.6 \sim 0.7)S_{30} \tag{1-20}$$

b. 任一台变压器单独运行时,应能满足全部一、二级负荷 $S_{30(I+II)}$ 的需要,即

$$S_{NT} \geqslant S_{30(I+II)} \tag{1-21}$$

③单台主变压器(低压为0.4 kV)的容量上限。低压为0.4 kV 的单台主变压器容量,一般不宜大于1 250 kV · A。这一方面是受现在通用的低压断路器的断流能力及短路稳定度要求的限制;另一方面也是考虑到可以使变压器更接近于负荷中心,以减少低压配电系统的电能损耗和电压损耗。

此外,主变压器容量的确定,应适当考虑负荷的发展,留有一定的容量。主变压器的台数和容量的最后确定,应结合变电所主接线方案的选择,择优而定。

2. 变压器的维护与检查

防止事故的有效办法,就是经常做好维护工作和检查工作,避免事故发生。下面以油浸式电力变压器为例,介绍变压器的维护与检查。

(1)变压器运行中应检查的项目

①变压器"嗡嗡"的声音是否加大,有无新的音调发生。

②有无漏油、渗油现象,油位表所示的油位和油色是否正常。

③变压器的温度。

④变压器套管是否清洁,有无破损、裂纹和放电痕迹。

⑤变压器外壳的接地情况是否良好。

⑥油枕的集泥器内有无水和脏污。

⑦各种标示牌和相色的涂漆是否清楚。

⑧各部分的螺栓有无松动,变压器的引线接头处有无松动或腐蚀,是否有导电不良等现象。

(2)雷雨季节之前的检修

①用1 000 V 绝缘电阻表测量绕组的绝缘电阻1 min 数值,应大于或等于60 MΩ。

②检查引出线接头及铜、铝接头情况是否合格,若有接触不良或腐蚀,应进行修理。

③检查套管有无裂痕和放电痕迹,并清扫积污。

④清扫油箱、散热管,必要时应除锈涂漆。

⑤检查接地线是否完整,应没有腐蚀并可靠地连接。

⑥检查油位表是否正常,变压器如缺油应及时补充。

⑦用万用表测量每一分接头绕组的直流电阻,以检查接触情况和回路的完整性。

3. 变压器大修

电力变压器正常情况下,一般每10年才需大修一次。

(1)变压器大修项目

①拆开变压器顶盖,取出心子。

②检修铁芯、绕组、引出线。

③检修顶盖、油枕、防爆管、散热管、油阀、套管。

④清扫外壳,必要时进行涂漆。

⑤滤油或换油。

⑥测量绕组绝缘电阻,必要时干燥绝缘。

⑦装配变压器。

⑧按照"电气设备交接和预防性试验规程"的规定,对变压器进行测量和试验。

(2)变压器大修后的试验

①变压器油的耐压试验。耐压试验就是确定变压器油的击穿电压,同时根据油样外貌检查有无机械混合物、水分和游离碳。凡经检修后的变压器,在出厂前必须做油压试验。要求在采用打泵压力试漏时,压力为0.5~0.8 MPa,持续时间为12 h,以不漏不渗为合格。在采用油柱压力试漏时,油柱高度不低于2.5 m,持续时间为24 h,也以不漏不渗为合格。若发现渗漏现象应进行修复,修复后,还必须做油压试验,直到不渗不漏为止。

②变压器油的检化试验。新油和运行中的变压器油都需要做试验。按变压器运行规程规定,运行中的变压器油一年至少需要取样试验一次,其中3~10 kV变压器的油只做耐压试验即可,20~35 kV变压器的油除做耐压试验外,还要做油的检化试验。

检化试验是确定变压器油的闪点、酸价、水分引起的反应和电气绝缘强度。同时根据油的外表确定油内有无机械混杂物、水分和游离碳。变压器油的检化试验比较复杂,一般由化验单位专业人员进行。油的耐压试验比较简单,一般电气技术人员均可掌握。

变压器油的检化试验就是提取油样进行化验变压器油的酸价、水分、闪点,并对变压器油的油质进行检查。

变压器油的颜色。普通新油是淡黄色,运行后呈浅红色。呈深暗色表明油质变坏不能使用。

透明度。将变压器油盛在直径30~40 mm的玻璃试管中看,应当是透明的(在-5 ℃以上时),如果透明度差,表示油中存在机械杂质和游离碳。

荧光。如果迎着光线看一个盛着新鲜变压器油的玻璃杯,在两侧呈现出乳绿或蓝紫反射光线,称之为荧光。使用过的变压器油,其荧光很微弱或完全没有荧光,表示油中有杂质或分解物。

气味。好变压器油应当没有气味,或只有一点煤油味,如油有焦味,表示油不干燥;如油有酸味,表示油已严重老化。

③变压器绝缘电阻的检测项目。绕组和铁芯夹紧螺栓的绝缘电阻(采用1 000 V的绝缘电阻表);测量变压比;对变压器主绝缘和瓷套管做交流耐压试验;空载时做绕组层间绝缘的耐压试验;测定绕组的直流电阻。

④变压器大修后通电试验。测量空载电流和损失;测量短路损失和短路电压;确定绕组接线的组别;变压器做定相试验。

（3）验收

变压器大修后,验收时须检查以下项目。

①实际检修项目和检修质量。

②大修后各项试验记录。

③大修技术报告书。

【思考题】

①三相组式变压器和三相心式变压器的磁路各有什么特点?

②变压器的额定值主要有哪些? 各有什么意义?

③在实际应用中,变压器联结组别的作用是什么? 国家标准规定使用的有哪些?

④变压器运行中的维护检查工作有哪些项目?

⑤变压器大修有哪些项目? 变压器大修后应做哪些试验?

⑥如何正确使用变压器? 如何选择变压器的容量?

1.3 其他用途的变压器

在实际应用中,除了用到一般用途的普通双绕组变压器外,还经常用到各种特殊的变压器。虽然特殊用途变压器的种类和规格很多,但是其基本工作原理与普通双绕组变压器相同或相似。本节主要介绍自耦变压器、电焊变压器、仪用互感器的作用及特点。

1.3.1 自耦变压器

普通双绕组变压器一、二次绕组之间仅有磁的耦合,并无电的直接联系。而自耦变压器只有一个绕组,二次绕组是一次绕组的一部分,因此,一、二次绕组之间不但有磁的耦合,还有电的直接联系。

1. 自耦变压器的特点

自耦变压器没有独立的二次绕组,它将一次绕组的一部分作为二次绕组,即一、二次绕组共用一部分绕组,所以自耦变压器一、二次绕组之间除有磁的耦合外,又有电的直接联系。图 1-27 为单相自耦变压器的工作原理图。

实质上自耦变压器就是利用一个绕组抽头的方法来改变电压的一种变压器。

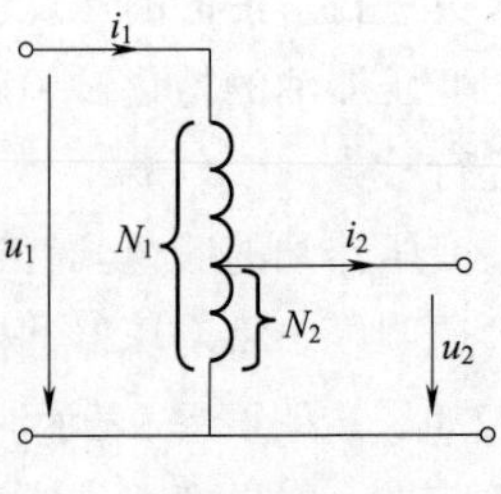

图 1-27 单相自耦变压器的
工作原理图

以图 1-27 所示的单相自耦变压器为例,将匝数为 N_1 的一次绕组与电源相接,其电压为 u_1;匝数为 N_2 的二次绕组(一次绕组的一部分)接通负载,其电压为 u_2。自耦变压器的绕组也是套在闭合铁芯的芯柱上,工作原理与普通变压器一样,一、二次电压、电流与匝数的关系仍为

$$\frac{U_1}{U_2} \approx \frac{N_1}{N_2} = k, \frac{I_1}{I_2} = \frac{N_2}{N_1} = \frac{1}{k}$$

可见适当选用匝数 N_2,二次侧就可得到所需的电压。

自耦变压器的中间出线端,如果做成能沿着整个线圈滑动的活动触点,如图1-28(a)、(b)所示,这种自耦变压器就称为自耦调压器,其二次电压 U_2 可在 0 到稍大于 U_1 的范围内变动。图1-28(a)所示是单相自耦调压器的外形。

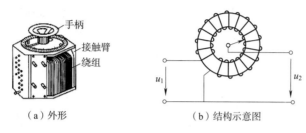

图1-28 单相自耦调压器

由于自耦变压器的结构尺寸小,硅钢片、铜线和结构材料(钢材)都较节省,降低了结构成本。有效材料的减少使得铜损耗和铁损耗也相应减少,故自耦变压器的效率较高,另外,自耦变压器的质量减小,故便于运输和安装,占地面积小。

2. 自耦变压器的用途

小型自耦变压器常用来起动交流笼型异步电动机;在实验室和小型仪器上常用作调压设备;也可用在照明装置上来调节亮度;电力系统中也应用大型自耦变压器作为电力变压器。

3. 使用自耦变压器应注意的事项

自耦变压器的应用较广泛,但由于自耦变压器的特殊结构,在使用时应注意以下事项。

①一、二次绕组间有电的直接联系,运行时一、二次侧都需装设避雷器,以防高压侧产生过电压时,引起低压绕组绝缘的损坏。为防止高压侧发生单相接地时,引起低压侧非接地端相对地电压升得较高,造成对地绝缘击穿,自耦变压器中性点必须可靠接地。

②由于自耦变压器的短路阻抗比普通变压器的小,产生的短路电流较大,应注意绕组的机械强度,必要时可适当增大短路阻抗以限制短路电流。

③使用三相自耦变压器时,由于一般采用 Y、y 连接,为了防止产生三次谐波磁通,通常增加一个三角形连接的附加绕组,用来抵消三次谐波。

④自耦变压器的变比不宜过大,通常选择变比 $k < 3$,而且不能用自耦变压器作为 36 V 以下安全电压的供电电源。

1.3.2 电焊变压器

交流弧焊机应用很广。电焊变压器是交流弧焊机的主要组成部分,它是利用变压器的外特性(二次侧可以短时间短路,见图1-29)的性能而工作的,实际上是一台降压变压器。

1. 电焊工艺对变压器的要求

要保证电焊的质量及电弧燃烧的稳定性,对电焊变压器有以下几点要求:

①空载时应有足够的引弧电压(60~75 V),以保证电极间产生电弧。但考虑操作者的安全,

空载起弧电压不超过 85 V。

②有载(即焊接)时,变压器应具有迅速降压的外特性,如图 1-29 所示。在额定负载时的输出电压约为 30 V。

③短路时(焊条与工件相碰瞬间),短路电流 I_{2k} 不能过大,以免损坏焊机。

④为了适应不同的焊件和不同规格的焊条,要求焊接电流的大小在一定范围内要均匀可调。

由变压器的工作原理可知,引起变压器二次侧电压下降的内因是二次侧内阻抗的存在,而普通变压器二次侧内阻抗很小,内阻抗压降很小,从空载到额定负载变化不大,不能满足电焊的要求。因此电焊变压器应具有较大的电抗,才能使二次侧的电压迅速下降,并且电抗还要可调。改变电抗的方法不同,可得不同类型的电焊变压器。

2. 电焊变压器的类型

(1)磁分路动铁芯(衔铁)电焊变压器

磁分路动铁芯电焊变压器的结构示意图,如图 1-30 所示。一、二次绕组分别装在两个铁芯柱上,在两个铁芯柱之间有一磁分路,即动铁芯。动铁芯通过一螺杆可以移动调节,以改变磁通的大小,从而改变电抗的大小。

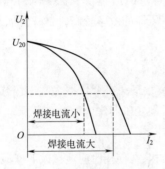

图 1-29　电焊变压器的外特性

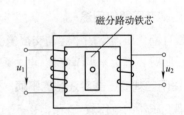

图 1-30　磁分路动铁芯电焊变压器的结构示意图

磁分路动铁芯电焊变压器的工作原理:

①当动铁芯移出时,一、二次绕组漏磁通减小,磁阻增大,磁导率减小,漏电抗 X_2 减小,阻抗压降减小,U_2 增高,焊接电流 I_2 增大。

②当动铁芯移入时,一、二次绕组漏磁通经过动铁芯形成闭合回路而增大,磁阻减小,磁导率增大,漏电抗 X_2 增大,阻抗压降增大,U_2 减小,焊接电流 I_2 减小。

③根据不同焊件和焊条,灵活地调节动铁芯位置来改变电抗的大小,达到输出电流可调的目的。

(2)串联可变电抗器的电焊变压器

如图 1-31 所示,在普通双绕组变压器的二次绕组中串联一可变电抗器。电抗器的气隙通过一螺杆调节其大小,这时焊钳与焊件之间的电压为

$$\dot{U} = \dot{E}_2 - \dot{I}_2 Z_2 - \mathrm{j}\,\dot{I}_2 X \tag{1-22}$$

式中,X 为可变电抗器的电抗。

①当电抗器的气隙调小时,磁阻减小,磁导率增大,可变电抗 X 增大,U 减小,焊接电流 I_2 减小。

②当电抗器的气隙调大时,磁阻增大,磁导率减小,可变电抗 X 减小,U 增大,焊接电流 I_2 增大。

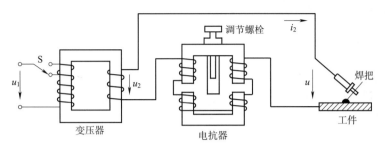

图 1-31 电焊变压器原理图

③根据焊件与焊条的不同,可灵活地调节电抗器的气隙的大小,达到输出电流可调的目的。

电焊变压器的一次绕组还备有抽头,可以调节起弧电压的大小。

1.3.3 仪用互感器

专供测量仪表、控制和保护设备用的变压器称为仪用互感器。仪用互感器有两种:电压互感器和电流互感器。利用互感器将待测的电压或电流按一定比率减小以便于测量;且将高压电路与测量仪表电路隔离,以保证安全。互感器实质上就是损耗低、变比精确的小型变压器。

1. 电压互感器

电压互感器的外形及原理图如图 1-32 所示。由图看到,高压电路与测量仪表电路只有磁的耦合而无电的直接连通。为防止互感器一、二次绕组之间绝缘损坏时造成危险,铁芯以及二次绕组的一端应当接地。

电压互感器的主要原理是根据变压器的变压作用,即

$$\frac{U_1}{U_2} = \frac{N_1}{N_2}$$

为降低电压,要求 $N_1 > N_2$,一般规定二次侧的额定电压为 100 V。

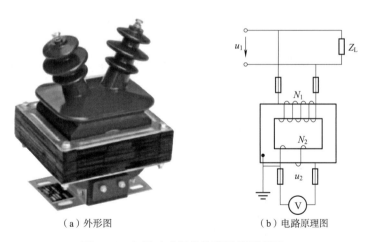

（a）外形图 　　　　　　（b）电路原理图

图 1-32 电压互感器的外形图及原理图

2. 电流互感器

电流互感器的原理图如图 1-33(b) 所示。电流互感器的主要原理是根据变压器的变流作用,即

$$\frac{I_1}{I_2} = \frac{N_2}{N_1}$$

为减小电流,要求 $N_1 < N_2$,一般规定二次侧的额定电流为 5 A。

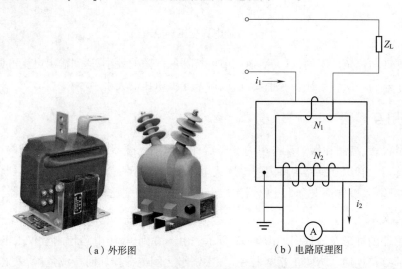

(a) 外形图   (b) 电路原理图

图 1-33   电流互感器的外形图及原理图

使用互感器时,必须注意:由于电压互感器的二次绕组电流很大,因此绝不允许短路;电流互感器的一次绕组匝数很少,而二次绕组匝数较多,这将在二次绕组中产生很高的感应电动势,因此电流互感器的二次绕组绝不允许开路。

便携式钳形电流表就是利用电流互感器原理制成的。图 1-34 是它的外形图和原理图,其二次绕组端接有电流表,铁芯由两块 U 形元件组成,用手柄能将铁芯张开与闭合。

测量电流时,不需断开待测电路,只需张开铁芯将待测的载流导线钳入[即图 1-34(a) 中的 A、B 端],这根导线就称为互感器的一次绕组,于是可从电流表直接读出待测电流值。

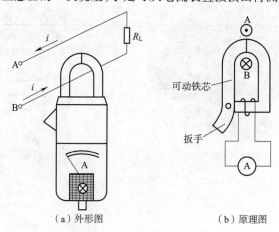

(a) 外形图   (b) 原理图

图 1-34   钳形电流表

【思考题】

　　①自耦变压器有什么特点？使用时应注意哪些问题？

　　②电压互感器和电流互感器的工作原理有什么不同？接线又有何区别？有什么主要特点？使用时各应注意什么？

　　③电弧焊工艺对电焊变压器有哪些要求？用哪些方法可以实现这些要求？

习　　题

一、填空题

　　1. 变压器是根据_____原理而制成的,它是将一种_____变换成_____相同的另一种或几种_____的_____。

　　2. 变压器具有_____、_____、_____和_____的作用。

　　3. 变压器的器身是变压器的_____组成部分,它主要由_____和_____构成,前者既是变压器的_____,又是变压器的_____;后者是变压器的_____。

　　4. 由于变压器运行时存在铁损耗,因此空载电流 I_0 严格地讲可分为_____电流和_____电流,但绝大部分是_____电流。

　　5. 变压器的主磁通 Φ 取决于_____、_____和_____三种因素。

　　6. 变压器的损耗有_____和_____两类,前者称为_____损耗,后者称为_____损耗。变压器的效率是_____与_____之比;发生最高效率的条件是_____=_____。

　　7. 引起变压器二次电压 U_2 变化的内因是_____,引起 U_2 变化的外因是_____和_____。

　　8. 变压器外特性的变化趋势是由_____决定的。在感性负载时,外特性曲线是_____;在容性负载时,外特性曲线是_____;一般情况变压器多为_____负载。

　　9. 自耦变压器的特点是一、二次绕组不仅_____,而且_____。自耦变压器若一次侧发生电气故障,直接波及_____,因此,应采用_____,且不能做_____使用。

　　10. 仪用互感器是电力系统中_____设备,它也是利用_____原理而工作的,主要可分为_____和_____两类。

　　11. 电流互感器一次侧的匝数 N_1_____,与被测线路_____;二次侧匝数_____与_____。它的实际工作情况相当于_____运行的_____变压器。

　　12. 电压互感器一次侧的匝数 N_1_____,与被测线路_____;二次侧匝数_____与_____。它的实际工作情况相当于_____运行的_____变压器。

　　13. 电流互感器在使用中,二次侧不得_____,否则_____将全部作为励磁电流,它使_____增加,_____加剧,在二次绕组中产生很高的_____,使绕组绝缘_____。

　　14. 电焊变压器为保证启弧容易,一般空载电压 U_{20} =_____,最高不超过_____V;额定焊接时电压 U_2 约为_____V;一般短路电流 I_{2k}_____。

　　15. 电焊变压器应具有_____的外特性,为实现这一外特性,常采用增加变压器本身_____和_____等方法。

　　16. 三相变压器根据磁路不同可分为_____和_____两类,前者三相磁路_____,后者三相磁路_____。

17. 根据变压器一、二次绕组_____的相位关系,把变压器绕组的接法分成不同的组合,称为绕组的_____。

18. 一台变压器的连接组的标号为 Y,d5,则高、低压绕组的_____电动势的相位差_____。

19. 三相变压器额定容量是指一次绕组加额定电压,温升不超过允许值时的_____功率,它等于二次绕组_____和_____乘积的_____倍。

20. 在同一瞬间,变压器一、二次绕组中,同时具有相同电势方向的两个线端,称为_____或_____。

21. 三相变压器的连接组标号有_____种,其中我国规定的标准连接组是_____、_____、_____、_____、_____共五种。

22. 变压器绕组制成后,一、二次绕组的同名端是_____的,而连接组别却是_____的。

二、选择题

1. 单相变压器的一次电压 $U_1 \approx 4.44 f N_1 \Phi_m$,这里的 Φ_m 是指( )。

    A. 主磁通   B. 漏磁通   C. 主磁通与漏磁通的合成

2. 三相变压器的额定容量 S_N = ( )。

    A. $3U_{1N}I_{1N} = 3U_{2N}I_{2N}$ B. $\sqrt{3} U_{2N}I_{2N} = \sqrt{3} U_{1N}I_{1N}$ C. $\sqrt{3} U_{1N}I_{1N}\cos \varphi_{1N}$

3. 当一台单相变压器二次侧外接一电容性负载时,其输出端电压 U_2 ( )。

    A. 比空载电压 U_{20} 低   B. 比空载电压 U_{20} 高   C. 与空载电压 U_{20} 相等

4. 变压器的效率取决于( )的大小。

    A. 铁损耗和铜损耗   B. 负载   C. 铁损耗、铜损耗和负载

5. 当单相变压器一次侧加额定电压 U_{1N} 时,其励磁电流 I_0 随着负载的增加而( )。

    A. 基本不变   B. 增加   C. 减小

6. 变压器铁芯采用相互绝缘的薄硅钢片叠成,主要目的是为了降低( )。

    A. 铜损耗   B. 涡流损耗   C. 磁滞损耗

7. 电力变压器的器身浸入盛满变压器油的油箱中,其主要目的是( )。

    A. 改善散热条件   B. 加强绝缘   C. 增大变压器容量

8. 影响变压器外特性的主要因素是( )。

    A. 负载的功率因数   B. 负载电流   C. 变压器一次绕组的输入电压

9. 变压器的负载系数是指( )。

    A. I_2/I_{2N} B. I_1/I_2 C. I_2/I_1

10. 变压器空载运行时,功率因数一般在( )。

    A. 0.8 ~ 1.0   B. 0.1 ~ 0.2   C. 0.3 ~ 0.6

11. 变压器空载运行时的空载电流 I_0 指的是( )。

    A. 直流电流   B. 交流有功电流   C. 交流无功电流

12. 电压互感器在使用中,不允许( )。

    A. 一次侧开路   B. 二次侧开路   C. 二次侧短路

13. 电流互感器在使用中,不允许( )。

    A. 一次侧开路   B. 二次侧开路   C. 二次侧短路

14. 设计电焊变压器时,应使其具有(　　)的外特性。
     A. 基本不变　　　　　　B. 急剧上升　　　　　　C. 急剧下降

15. 电焊变压器根据焊件和焊条要求,其焊接电流要求(　　)。
     A. 可调　　　　　　　　B. 不可调　　　　　　　C. 最大电流

16. 电焊变压器的短路阻抗(　　)。
     A. 很小　　　　　　　　B. 不变　　　　　　　　C. 很大

17. 三相变压器的一、二次绕组线电势的相位关系决定于(　　)。
     A. 绕组的绕向
     B. 绕组始末端的标定
     C. 绕组的绕向、始末端的标定和绕组的联结组

18. 三相变压器的铁芯若采用整块钢制成,其结果比采用硅钢片制成的变压器(　　)。
     A. 输出电压增大　　　　B. 输出电压降低　　　　C. 空载电流增加

19. 三相变压器工作时,主磁通 Φ_m 由(　　)决定。
     A. 一次侧电压大小　　　B. 负载大小　　　　　　C. 二次侧总电阻

20. 三相心式变压器的三相磁路之间是(　　)。
     A. 彼此独立　　　　　　B. 彼此相关　　　　　　C. 既独立又相关

21. 当三相变压器采用 Y,d 连接时,则联结组的标号一定是(　　)。
     A. 奇、偶数　　　　　　B. 偶数　　　　　　　　C. 奇数

三、判断题

1. 变压器顾名思义:当额定容量不变时,改变二次侧匝数只能改变二次电压。　　　　　(　　)

2. 当变压器一次侧加额定电压,二次侧功率因数 $\cos \varphi_2$ 为一定数时,$U_2 = f(I_2)$ 称为变压器的外特性。　　　　　(　　)

3. 三相变压器铭牌上所标注的 S_N 是指在额定电流时所对应的输出有功功率。　　　(　　)

4. 当电力变压器长期运行时,铜损耗较大,因此要设法降低铜损耗,对变压器运行才有利。
　　　　　(　　)

5. 变压器空载电流 I_0 只是为了建立主磁通 Φ,称为励磁电流。　　　　　(　　)

6. 变压器最高效率出现在额定工作情况下。　　　　　(　　)

7. 单相变压器从空载运行到额定负载运行时,二次电流 I_2 是从 $I_0 \nearrow \rightarrow I_{2N}$,因此,变压器一次电流 I_1 也是从 $I_0 \nearrow \rightarrow I_{1N}$。　　　　　(　　)

8. 变压器一次电压不变,当二次电流增大时,则铁芯中的主磁通 Φ_m 也随之增大。　　(　　)

9. 变压器额定电压为 $U_{1N}/U_{2N} = 440\ V/220\ V$,若作升压变压器使用,可在低压侧接 440 V 电压,高压侧电压达 880V。　　　　　(　　)

10. 一台进口变压器一次侧额定电压为 240 V,额定频率为 60 Hz,现将这台变压器接在我国工业频率为 50 Hz,240 V 的交流电网上运行,这时变压器磁路中的磁通将比原设计增大了。
　　　　　(　　)

11. 电流互感器在运行中,若需换接电流表,应先将电流表接线断开,然后接上新表。　(　　)

12. 自耦变压器可以作为安全变压器使用。　　　　　(　　)

13. 电流互感器相当于一台短路运行的升压变压器。　　　　　(　　)

14. 电流互感器的磁路一般设计得很饱和。 （　　）

15. 电焊变压器的电压变化率比普通变压器的电压变化率大很多。 （　　）

16. 可以利用相量图来判断三相变压器的联结组的标号。 （　　）

四、计算题

1. 接在 220 V 交流电源上的单相变压器，其二次绕组电压为 110 V，若二次绕组匝数 350，求（1）变比；（2）一次绕组匝数 N_1。

2. 已知单相变压器的容量是 1.5 kV·A，电压是 220 V/110 V。试求一、二次绕组的额定电流。如果二次绕组电流是 13 A，一次绕组电流约为多少？

3. 一台 D-50/10 型变压器，$U_{2N}=400$ V，求一、二次绕组的额定电流 I_{1N}、I_{2N}。

4. 一台 220 V/36 V 的行灯变压器，已知原绕组匝数 $N_1=1\,100$，试求二次绕组匝数？若在二次绕组接一盏 36 V、100 W 的白炽灯，问一次绕组电流为多少（忽略空载电流和漏阻抗压降）？

5. 一台单相变压器额定容量为 180 kV·A，一、二次绕组的额定电压分别为 6 000 V、220 V，求一、二次绕组的额定电流各为多大？这台变压器的二次绕组能否接入 150 kW、功率因数为 0.75 的感性负载？

6. 一台晶体管收音机的输出端要求最佳负载阻抗值为 450 Ω，即可输出最大功率。现负载是阻抗为 8 Ω 的扬声器，问：输出变压器应采用多大的变比？

7. 如图 1-35 所示，变压器二次绕组电路中的负载为 $R_L=8$ Ω 的扬声器，已知信号源电压 $U_s=15$ V，内阻 $R_0=100$ Ω，变压器一次绕组的匝数 $N_1=200$，二次绕组的匝数 $N_2=80$。（1）试求扬声器获得的功率和信号源发出的功率。（2）如要使扬声器获得最大功率，即达到阻抗匹配，试求变压器的变比及扬声器获得的功率。

8. 已知某收音机输出变压器的 $N_1=600$，$N_2=300$，原接阻抗为 20 Ω 的扬声器，现要改接成 5 Ω 的扬声器，求变压器的二次侧匝数 N_2。

9. 用变压比为 10 000/100 的电压互感器，变流比为 100/5 的电流互感器扩大量程，其电压表的读数为 90 V，电流表的读数为 2.5 A，试求被测电路的电压、电流各为多少？

10. 在一台容量为 15 kV·A 的自耦变压器中，已知 $U_1=220$ V，$N_1=330$，如果要使输出电压 $U_2=209$ V，那么应该在绕组的什么地方抽出线头？满负载时，I_1、I_2 各为多少安？绕组公共部分的电流为多少安？

11. 如图 1-36 所示，为二次侧有三个绕组的电源变压器，试问该变压器能输出几种电压？

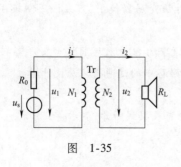

图 1-35

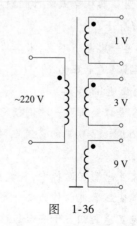

图 1-36

12. 变压器的铭牌上标明 220 V/36 V、300 V·A,电灯的规格有 36 V、500 W;36 V、60 W;12 V、60 W;220 V、25 W。问哪一种规格的电灯能接在此变压器的二次侧中使用? 为什么?

13. 一台变压器额定电压 U_{1N}/U_{2N} = 220 V/110 V,做极性实验如图 1-37 所示,将 X 与 x 连接在一起,在 A、X 端加 220 V 电压,用电压表测 A、a 的电压,如果 A、a 为同名端,则电压表读数为多少? 若为异名端,电压表读数又是多少?

14. 一台单相变压器 U_{1N}/U_{2N} = 220 V/110 V,但不知其线圈匝数。可在铁芯上临时绕 N = 100 的测量线圈,如图 1-38 所示。当高压侧加 50 Hz 的额定电压时,测得测量线圈电压为 11 V,试求:(1)高、低压线圈的匝数;(2)铁芯中的磁通 Φ_m 是多少?

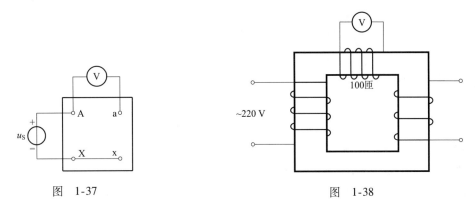

图　1-37　　　　　　　　　　　　图　1-38

15. 用电压互感器变比为 6 000/100,电流互感器变比为 100/5 扩大量程,其电压表的读数为 90 V,电流表的读数为 4 A。试求:(1)被测线路上电压 U_1 是多少? (2)被测线路上电流 I_1 是多少?

16. 有一台型号为 S9－630/10,接法为 Y,y0 的变压器,额定电压 U_{1N}/U_{2N} = 10 kV/0.4 kV,供照明用电。若接入白炽灯作负载(每盏 100 W、220 V),问三相总共可以接多少盏白炽灯而变压器不过载?

17. 一台 S0－5000/10 型变压器,U_{1N}/U_{2N} = 10.5 kV/6.3 kV,联结组标号为 Y,d11。求一、二次绕组的额定电流 I_{1N}/I_{2N}。

18. 一台 Y,d11 联结的三相变压器,各相电压的变比 k = 2,如一次侧线电压为 380 V,问二次侧线电压是多少? 又如二次侧线电流为 173 A 时,问一次侧线电流是多少?

19. 一台三相变压器,额定容量 S_N = 5 000 kV·A,一、二次侧的额定电压 U_{1N}/U_{2N} = 10 kV/6.3 kV,采用 Y_N,d11 联结。试求:(1)一、二次侧的额定电流;(2)一、二次侧的额定相电压和相电流。

20. 一台三相变压器,额定容量 S_N = 400 kV·A,一、二次侧的额定电压 U_{1N}/U_{2N} = 10 kV/0.4 kV,一次绕组为星形接法,二次绕组为三角形接法。试求:(1)一、二次侧的额定电流;(2)在额定工作情况下,一次绕组、二次绕组实际流过的电流。(3)已知一次侧每相绕组的匝数是 150,问二次侧每相绕组的匝数应为多少?

第②章

交流电动机

内容提要

电动机是根据电磁感应原理制成的,是实现电能转换为机械能的动力设备。现代各种生产机械都使用电动机来驱动。本章首先介绍了三相异步电动机的结构、类型和转动原理、运行特性,研究三相异步电动机的起动、反转、调速与制动的性能,三相交流异步电动机的使用、维护与检修。然后介绍了单相异步电动机的结构和运转原理,起动、反转及调速方法,维护与检修。最后介绍了三相同步电动机的结构与工作原理、工作特性,三相同步电动机的起动和调速方法。

2.1 三相异步电动机的结构和工作原理

由于电网普遍采用三相交流电,而三相异步电动机又比直流电动机有更好的性价比,在工矿企业的电气传动生产设备中,三相异步电动机是所有电动机中应用最广泛的一种。三相异步电动机与其他电动机相比较,具有结构简单、制造方便、运行可靠、价格低廉等一系列优点;还具有较高的运行效率和较好的工作特性,能满足各行各业大多数生产机械的传动要求。异步电动机还便于派生成各种专业特殊要求的形式,以适应不同生产条件的需要。本节介绍三相异步电动机的结构、主要参数、运转原理和三相异步电动机定子绕组首、末端的测定方法。

2.1.1 三相异步电动机的结构

三相异步电动机的结构主要由定子和转子两大部分组成。固定不动的部分称为定子;旋转的部分称为转子。转子装在定子腔内,定子与转子之间有一空气间隙,称为气隙。图 2-1 所示的是三相笼型异步电动机的外形及拆开后各个部件的形状。

1. 定子部分
定子主要由机座、定子铁芯和定子绕组三部分组成。

(1)机座

三相异步电动机的机座起固定和支撑定子铁芯和端盖、保护电动机的绕组和旋转部分的作用,一般用铸铁铸造而成。根据电动机防护方式、冷却方式和安装方式的不同,机座的形式也不同。风扇罩具有保护旋转风扇与外界物体的接触以及改变风扇的风向对电动机散热的作用。

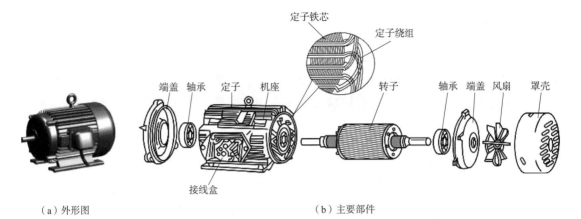

（a）外形图   （b）主要部件

图 2-1   三相笼型异步电动机的外形及拆开后各个部件的形状

（2）定子铁芯

定子铁芯是构成电动机磁路的一部分,用来固定定子绕组,一般由 0.5 mm 厚的导磁性能较好的硅钢片叠压而成,每层硅钢片之间都是绝缘的,以减小涡流。铁芯内圆有均匀分布与轴平行的定子槽,如图 2-2 所示,用以嵌放三相对称定子绕组。定子绕组是根据电动机的磁极对数和槽数按照一定规则排列与连接的。铁芯外圆周面固定在机座内,如图 2-3 所示。

图 2-2   定子的硅钢片

图 2-3   装有三相绕组的定子

（3）定子绕组

定子绕组是电动机的电路部分,随三相交流电流的变化产生一定磁极对数的旋转磁场。三相异步电动机的定子绕组是对称的,它由三个完全相同的绕组组成,每个绕组即为一相,三相绕组在铁芯内圆周面上相差 120°电角度布置,三相绕组的首端分别用 U_1、V_1、W_1 表示,末端分别用 U_2、V_2、W_2 表示。三相绕组的六个出线端引至机座上的接线盒内与六个接线柱相连。三相定子绕组根据需要接成星形(用 Y 表示)或三角形(用 △ 表示)。为了便于改变接线,盒中接线柱的布置如图 2-4 所示。图 2-4(a)为定子绕组的星形(Y)接法;图 2-4(b)为定子绕组的三角形(△)接法。

目前我国生产的三相异步电动机,功率在 4 kW 以下的定子绕组一般均采用星形接法;4 kW 以上的一般采用三角形接法,以便于采用 Y-△ 降压起动。

定子绕组一般由铜漆包线绕制而成,电流从绕组电阻上通过时会产生铜损耗。

2. 转子部分

转子是电动机的旋转部分,主要由转子铁芯、转子绕组和转轴等组成。

（1）转子铁芯

转子铁芯的作用和定子铁芯相同,一方面作为电动机磁路的一部分,另一方面用来放置转子绕组。转子铁芯在理论上可以用普通的硅钢制作，因为转子随定子绕组的旋转磁场同向旋转，转速略小于旋转磁场的转速，其内部磁通变化较小，由此引起的铁损耗较小，但一般中、小型异步电动机的转子铁芯也是用 0.5 mm 厚的硅钢片叠压而成，铁芯外圆有均匀分布与轴平行的槽，如图 2-5 所示，用来嵌放转子绕组。一般小型异步电动机转子铁芯直接压装在转轴上。在实际中，笼型转子槽总是沿轴向扭斜了一个角度，其目的是削减定子、转子齿槽引起的齿谐波，以改善电动机的起动性能，降低电磁噪声。

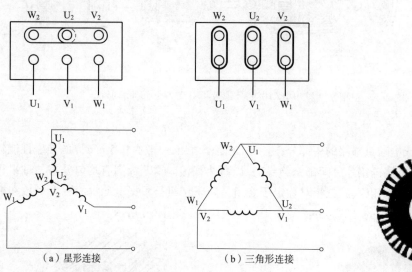

（a）星形连接　　　　　　　　　（b）三角形连接

图 2-4　三相异步电动机定子绕组的连接　　　　　图 2-5　转子的硅钢片

（2）转子绕组

三相异步电动机的转子绕组分为笼型和绕线型两种，根据转子绕组的不同，三相异步电动机分为笼型异步电动机与绕线型异步电动机。

①笼型转子绕组。笼型转子绕组是在转子铁芯的每一个槽中插入一根铜条，在铜条两端各用一个铜环（称为端环或短路环）把导条连接起来，如图 2-6 所示。因为它的形状像个松鼠笼子，所以称为笼型转子绕组。把具有笼型转子绕组的转子，称为笼型转子，如图 2-7 所示。

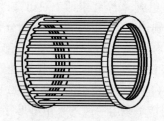

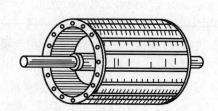

图 2-6　笼型转子绕组　　　　　　　图 2-7　笼型转子

目前 100 kW 以下的异步电动机，采用铸铝的方法，把转子导条和端环、内风扇叶片用铝液一次浇铸而成，称为铸铝转子，如图 2-8 所示。笼型绕组因结构简单、制造方便、运行可靠，所以得到广泛应用。

具有上述笼型转子的异步电动机称为笼型异步电动机，这类电动机之一的外形如图 2-1（a）所示。

②绕线型转子绕组。绕线型转子绕组是一个三相绕组,一般接成星形。三相转子绕组的引出线分别接到转轴上的三个与转轴绝缘的集电环(又称滑环)上,集电环与电刷摩擦接触,再由电刷装置与外电路相连。一般绕线型转子电路通过串联电阻来改善电动机的起动性能或用来调速,绕线型转子绕组与接线原理如图 2-9 所示。转子电路自行闭合,流过的电流为转子电路产生的感应电流,转子绕组中也会产生铜损耗。具有这种转子的异步电动机称为绕线型异步电动机。

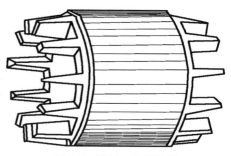

图 2-8　铸铝的笼型转子

（3）转轴

三相异步电动机的转轴用中碳钢制成,其两端由轴承支撑,用来输出机械转矩。

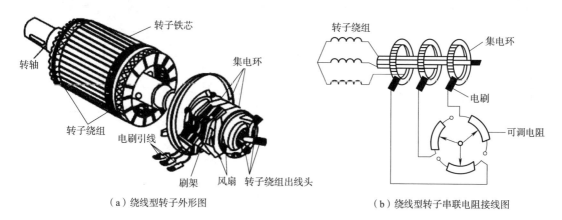

（a）绕线型转子外形图　　　　　　　　（b）绕线型转子串联电阻接线图

图 2-9　绕线型转子绕组与接线原理

3. 气隙

气隙是指异步电动机的定子铁芯内圆表面与转子铁芯外圆表面之间的间隙。

异步电动机的气隙是均匀的。气隙大小对电动机的运行性能和参数影响较大,由于励磁电流由电网供给,气隙越大,磁路磁阻越大,励磁电流越大,而励磁电流属于无功电流,电动机的功率因数越低,效率越低。因此,异步电动机的气隙大小往往为机械条件所能允许达到的最小气隙,气隙过小,装配困难,容易出现扫堂。中、小型异步电动机的气隙一般为 0.2～1.5 mm。

2.1.2　三相异步电动机的铭牌及主要技术参数

每台电动机的外壳上都附有一块铭牌,铭牌上主要标注了电动机的型号和主要技术数据,电动机在铭牌上规定的技术参数和工作条件下运行为额定运行。铭牌数据是正确选用和维修电动机的参数。三相异步电动机的铭牌如图 2-10 所示。

1. 型号

三相异步电动机的型号是为了便于各部门业务联系和简化技术文件对产品名称、规格、形式的叙述等而引用的一种代号,由汉语拼音字母、国际通用符号和阿拉伯数字三部分组成。如:Y132M－4 中的 Y 是产品代号,Y 代表三相异步电动机;132M－4 是规格代号,132 代表中心高

132 mm,M 代表中机座(短机座用 S 表示,长机座用 L 表示),4 代表 4 极。

三相异步电动机		
型号 Y132M－4	功率 7.5 kW	频率 50 Hz
电压 380 V	电流 15.4 A	接法 △
转速 1 440 r/min	绝缘等级　B	工作方式 连续
年　月　日	编号	××电机厂

图 2-10　三相异步电动机的铭牌

三相异步电动机产品代号见表 2-1。

表 2-1　三相异步电动机产品代号

产品名称	产品代号	代号汉字意义
异步电动机	Y	异
绕线型异步电动机	YR	异绕
高起动转矩异步电动机	YQ	异起
多速异步电动机	YD	异多
防爆型异步电动机	YB	异爆
精密机床异步电动机	YJ	异精

2. 三相异步电动机的额定值

(1)额定功率 P_N

额定功率是指电动机在额定状态下运行时,转子轴上输出的机械功率,单位为 kW 或 W。

(2)额定电压 U_N

额定电压是指电动机在额定运行的情况下,三相定子绕组应接的线电压值,单位为 V。一般规定电压波动不应超过额定值的 5%。

(3)额定电流 I_N

额定电流是指电动机在额定运行的情况下,输出功率达到额定值,流入定子绕组的线电流值,单位为 A。

三相异步电动机额定功率、电压、电流之间的关系为

$$P_N = \sqrt{3}\ U_N I_N \cos \varphi_N \eta_N \tag{2-1}$$

(4)额定转速 n_N

额定转速是指电动机在额定电压、额定频率和额定输出的情况下。电动机的转速,单位为 r/min。

(5)额定频率 f_N

我国电网频率为 50 Hz,故国内异步电动机频率均为 50 Hz。

(6)接法

电动机定子三相绕组有星形联结和三角形联结两种,前已叙述。

当铭牌标为 220VD/380VY 时,表明当电源线电压为 220 V 时,电动机定子绕组采用三角形连接;当电源线电压为 380 V 时,电动机定子绕组采用星形连接。这两种方式都能保证每相定子绕组在额定电压 220 V 下运行。

（7）工作方式

为了适应不同负载需要，按负载持续时间的不同，国家标准把电动机分成了三种工作方式：连续工作制、短时工作制和断续周期工作制。

S1 表示连续工作，允许在额定情况下连续长期运行，如水泵、通风机、机床等设备所用的异步电动机。

S2 表示短时工作，是指电动机工作时间短（在运转期间，电动机未达到允许温升），而停车时间长（足以使电动机冷却到接近周围环境的温度）的工作方式，如水坝闸门的启闭，机床中尾架、横梁的移动和夹紧等。

S3 表示断续工作，又称重复短时工作，是指电动机运行与停车交替的工作方式，如吊车、起重机等。

工作方式为短时和断续的电动机若以连续方式工作时，必须相应减轻其负载，否则电动机将因过热而损坏。

（8）温升及绝缘等级

温升是指电动机运行时绕组温度允许高出周围环境温度的数值。但允许高出数值的多少由该电动机绕组所用绝缘材料的耐热程度决定，绝缘材料的耐热程度称为绝缘等级，不同绝缘材料，其最高允许温升是不同的。按耐热程度不同，将电动机的绝缘等级分为 A、E、B、F、H、C 等几个等级，它们最高允许温度见表2-2，其中最高允许温升是按环境温度 40 ℃ 计算出来的。

表2-2 绝缘材料最高允许温度

绝缘等级	A	E	B	F	H	C
最高允许温度/℃	105	120	130	155	180	>180

（9）防护等级

"IP"和其后面的数字表示电动机外壳的防护等级。IP 表示国际防护等级，其后面的第一个数字代表防尘等级，其分为 0～6 共七个等级；其后面的第二个数字代表防水等级，分为 0～8 共九个等级，数字越大，表示防护的能力越强。

除上述铭牌数据外，还标有额定功率因数 $\cos \varphi_N$，异步电动机的 $\cos \varphi_N$ 随负载的变化而变化，满载时为 0.7～0.9；轻载时较低，空载时只有 0.2～0.3。实际使用时要根据负载的大小选择电动机的容量，防止"大马拉小车"。由于异步电动机的效率和功率因数都在额定负载附近达到最大值。因此，选用电动机时应使电动机容量与负载相匹配。如果选得过小，电动机运行时过载，其温升过高影响电动机的寿命甚至损坏电动机。但也不能选得太大，否则，不仅电动机价格较高，而且电动机长期在低负载下运行，其效率和功率因数都较低，不经济。

2.1.3 三相异步电动机的工作原理

1. 旋转磁场的产生

（1）两极旋转磁场的产生

如图 2-11 所示，设有三只同样的绕组放置在定子铁芯槽内，彼此相隔120°，组成了简单的三相对称定子绕组，以 U_1、V_1、W_1 表示绕组的始端，U_2、V_2、W_2 表示绕组的末端。当绕组接成星形时，其末端 U_2、V_2、W_2 连成一个中点，始端 U_1、V_1、W_1 与电源相接。图2-11（a）为三相对称绕组，图2-11（b）为三相对称绕组星形联结。

如图 2-11(b)所示,三相对称电流 $i_U = I_m \sin \omega t$ 通入 U_1-U_2 中,$i_V = I_m \sin\left(\omega t - \dfrac{2\pi}{3}\right)$ 通入 V_1-V_2 中,$i_W = I_m \sin\left(\omega t + \dfrac{2\pi}{3}\right)$ 通入 W_1-W_2 中。为了分析方便,假定电流为正值时,在绕组中从绕组的首端流向末端;电流为负值时,在绕组中从末端流向首端。

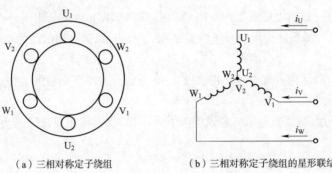

（a）三相对称定子绕组　　　　　　（b）三相对称定子绕组的星形联结

图 2-11　三相定子绕组的布置与联结

由于电流随时间而变化,所以电流流过绕组产生的磁场分布情况也随时间而变化,几个瞬间磁场如图 2-12 所示。

当 $\omega t = 0°$ 瞬间,由三相对称电流波形看出,$i_U = 0$,U 相绕组中没有电流流过,i_V 为负,表示电流由 V 相绕组的末端流向首端(即 V_2 端为 $\otimes$,V_1 为 $\odot$);i_W 为正,表示电流由 W 相绕组的首端流向末端(即 W_1 端为 $\otimes$,W_2 为 $\odot$)。这时三相电流所产生的合磁场方向,如图 2-12(a)所示。

当 $\omega t = 120°$ 瞬间,i_U 为正,$i_V = 0$,i_W 为负,用同样方式可判得三相合成磁场顺相序方向旋转了 $120°$,如图 2-12(b)所示。

当 $\omega t = 240°$ 瞬间,i_U 为负,i_V 为正 0,$i_W = 0$,合成磁场又顺相序方向旋转了 $120°$,如图 2-12(c)所示。

当 $\omega t = 360°$ 瞬间,由图 2-12 得,又旋转到 $\omega t = 0°$ 瞬间的情况,如图 2-12(d)所示。

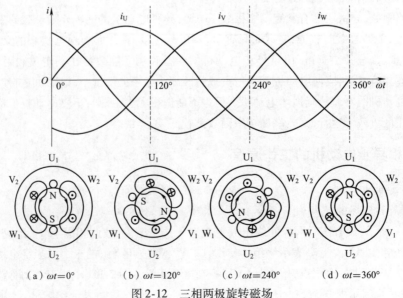

（a）$\omega t = 0°$　　　（b）$\omega t = 120°$　　　（c）$\omega t = 240°$　　　（d）$\omega t = 360°$

图 2-12　三相两极旋转磁场

由此可见,三相绕组通入三相交流电流时,将产生旋转磁场。若满足两个对称(即绕组对称、电流对称),则此旋转磁场的大小便恒定不变(称为圆形旋转磁场),否则将产生椭圆形旋转磁场(磁场大小不恒定)。

由图 2-12 可以看出,旋转磁场是沿顺时针方向旋转的,同 U → V → W 的顺序一致(这时 i_U 通入 U_1-U_2 线圈,i_V 通入 V_1-V_2 线圈,i_W 通入 W_1-W_2 线圈)。如果将定子绕组接到电源三根相线中的任意两根对调一下,例如将 V、W 两根对调,也就是说通入 V_1-V_2 线圈的电流是 i_W,而通入 W_1-W_2 线圈的电流是 i_V,则此时三个线圈中电流的相序是 U → W → V,因而旋转磁场的旋转方向就变为 U → W → V,即沿逆时针方向旋转,与未对调相线时的旋转方向相反。由此可知,旋转磁场的旋转方向总是与定子绕组中三相电流的相序一致。所以,只要将三相电源线中的任意两相与绕组端的连接顺序对调,就可改变旋转磁场的旋转方向。

以上分析的是每相绕组只有一个绕组的情况,产生的旋转磁场具有一对磁极,它在空间每秒的转数与通入定子绕组的交流电的频率 f_1 在数值上相等,即每秒 f_1 转,因而每分钟的转数为 $60f_1$(r/min)。

(2)四极旋转磁场的产生

如果每相绕组由两个线圈组成,三相绕组共有六个线圈,各线圈的位置互差 60°,并把两个互差 90°的线圈串联起来作为一个相绕组,如图 2-13(a)所示。

通入三相交流电时,便产生两对磁极(四极)的磁场,如图 2-13(b)所示。在图 2-13(b)中绘出了 ωt 分别等于 0°、120°、240°、360°时的,各线圈的电流流向及合成磁场的方向。为了观察在交流电的一个周期内磁场旋转了多少度,可任意假定某一磁极,不难发现,在交流电的一个周期内磁场仅旋转了半周,即其旋转速度比一对磁极时减慢了一半,即 $n_1 = \dfrac{60f_1}{2}$(r/min)。

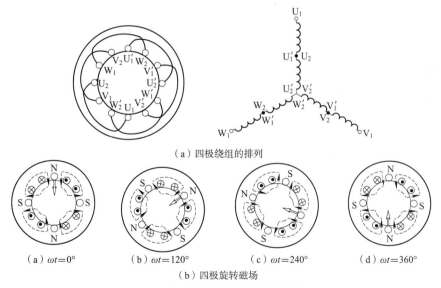

(a)四极绕组的排列

(a)$\omega t=0°$　　　(b)$\omega t=120°$　　　(c)$\omega t=240°$　　　(d)$\omega t=360°$

(b)四极旋转磁场

图 2-13　四极绕组及其旋转磁场

如果线圈数目增为九个,即每相绕组有三个线圈,旋转磁场的磁极将增至为三对,而旋转速度应为 $\dfrac{60f_1}{3}$(r/min)。一般地,若旋转磁场的磁极对数为 p,则它的转速为

$$n_1 = \frac{60f_1}{p} \tag{2-2}$$

式中, n_1 为旋转磁场的转速, 又称电动机的同步转速; f_1 为定子绕组电流的频率(国产的 $f_1 = 50\ Hz$); p 是磁极对数。

2. 三相异步电动机的工作原理

图 2-14 是三相异步电动机的运转原理图。

(1) 电生磁

定子三相绕组 U、V、W, 通入三相交流电产生旋转磁场, 其转向为逆时针方向, 转速为 $n_1 = \frac{60f_1}{p}$。假定该瞬间定子旋转磁场方向向下。

(2)(动)磁生电

定子旋转磁场旋转切割转子绕组, 在转子绕组中产生感应电动势和感应电流, 其方向由"右手螺旋定则"判断, 如图 2-14 所示。

(3) 电磁力(矩)

这时转子绕组感应电流在定子旋转磁场的作用下产生电磁力, 其方向由"左手定则"判断, 如图 2-14 所示。该力对转轴形成转矩(称为电磁转矩), 并可见, 它的方向与定子旋转磁场(即电流相序)一致, 于是, 电动机在电磁转矩的驱动下, 以 n 的速度顺着旋转磁场的方向旋转。

三相异步电动机的转速 n 恒小于定子旋转磁场的转速 n_1, 只有这样, 转子绕组与定子旋转磁场之间才有相对运动(转速差), 转子绕组才能感应电动势和电流, 从而产生电磁转矩。因而 $n < n_1$(有转速差)是异步电动机旋转的必要条件, 异步的名称也由此而来。

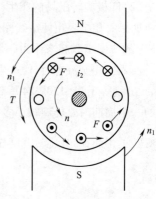

图 2-14 三相异步电动机的
运转原理图

3. 转差率

异步电动机的转速差 $(n_1 - n)$ 与旋转磁场转速 n_1 的比称为转差率。用 s 表示为

$$s = \frac{n_1 - n}{n_1} \tag{2-3}$$

转差率是分析异步电动机运行的一个重要参数, 它与负载情况有关。当转子尚未转动(如起动瞬间)时, $n = 0, s = 1$; 当转子转速接近于同步转速(空载运行)时, $n \approx n_1, s \approx 0$。因此对异步电动机来说, s 在 0 ~ 1 范围内变化。异步电动机负载越大, 转速越慢, 转差率越大; 负载越小, 转速越快, 转差率就越小。由式(2-3)推得

$$n = (1 - s)n_1 = \frac{60f_1}{p}(1 - s) \tag{2-4}$$

当电动机的转速等于额定转速, 即 $n = n_N$ 时, $s_N = \frac{n_1 - n_N}{n_1}$。近代异步电动机额定负载时, $s_N = 0.02 \sim 0.07$, 可见异步电动机的转速很接近旋转磁场转速; 空载时, s_0 为 0.05% ~ 0.5%。

例 2-1 某台三相异步电动机的额定转速 $n_N = 1\ 450\ r/min$, 试求它的额定负载运行时的转差率 s_N。

解 由 $n_N \approx n_1 = \frac{60f_1}{p}$, 得 $p \approx \frac{60f_1}{n_N} = \frac{60 \times 50}{1\ 450} = 2.07$, 取 $p = 2$, 则

$$n_1 = \frac{60f_1}{p} = \frac{60 \times 50}{2} \text{ r/min} = 1\,500 \text{ r/min}$$

$$s_N = \frac{n_1 - n_N}{n_1} = \frac{1\,500 - 1\,450}{1\,500} = 0.033$$

【技能训练】——三相异步电动机的认识与使用

1. 技能训练的内容

三相异步电动机的铭牌的识读、空载运行及断相运行测试。

2. 技能训练的要求

①正确地把三相异步电动机接入三相电源。

②根据给定的电路图正确布线,使电动机正常工作。

③正确使用交流电流表、交流电压表测量数据。

3. 设备器材

①电动机与电气控制实验台(1 台)。

②三相异步电动机(1 台)。

③交流电流表、电压表、万用表(各 1 块)。

④转速表(1 块)。

⑤单刀开关(1 只)。

4. 技能训练的步骤

①观察电动机的结构,抄录电动机的铭牌数据,将有关数据填入表 2-3 中。

表 2-3 三相异步电动机的铭牌数据

型 号		功 率		频 率	
电 压		电 流		接 法	
转 速		绝缘等级		工作方式	

②用手拨动电动机的转子,观察其转动情况是否良好。

③测量电源电压,根据电源电压和电动机的铭牌数据确定电动机定子绕组应采用的连接形式。按图 2-15 所示连接线路,选择合适的电压表和电流表的量程,将电动机外壳接地。

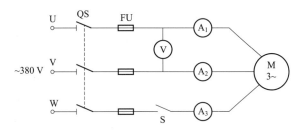

图 2-15 三相异步电动机的实验电路图

④合上电源开关 QS,观察三相异步电动机直接起动时的起动电流,将数据填入表 2-4 中,记住这时电动机的转动方向,并以这个转动方向为正转方向。

⑤待电动机转速稳定后，测量电动机空载运行时的转速和线电流 I_U、I_V、I_W，填入表 2-4 中。

⑥断掉电源，将电动机三根电源线中的任意两根对调，然后合上电源开关 QS，再测起动电流和空载电流、空载转速。观察电动机的转向，对上面各量有无影响。

⑦在电动机稳定运行后断开开关 S，即断开 W 相，使电动机断相运行。注意电动机的运转声音有无异常。迅速测量其他两相的电流 I_U、I_V 及电动机转速，填入表 2-4 中。

表 2-4　三相异步电动机的起动和空载运行的测试数据

电源线电压/V	电动机转向	起动电流/A	空载转速/(r/min)	空载电流/A			$s_0 = \dfrac{n_1 - n_0}{n_1}$	空载电流额定电流
				I_U	I_V	I_W		
380	正转							
380	反转							

⑧仍断开开关 S_2，以便观察电动机单相起动情况。具体做法是：先用手朝任一方向拨动电动机转轴，然后松手，在电动机尚未停转时接通电源，观察电动机的起动情况和转动方向，将断相运行情况填入表 2-5 中。

表 2-5　三相异步电动机的断相运行情况

电源线电压/V	电动机转速/(r/min)	电动机电流/A			电动机声响
		I_U	I_V	I_W	

5. 注意事项

①测量电动机的起动电流时，所选电流表的量程，应稍大于电动机额定电流的 7 倍，切不可按额定电流值选用。一般钳形电流表的量程挡级较多，测量范围较宽，可选用钳形电流表进行起动电流的测量。

②使用转速表时应注意：估计待测转速，选择好合适的量程，然后在表的转轴上套上橡皮顶尖，用双手将表拿稳，使表的转轴与电动机的转轴处在同一轴线上，缓缓地顶在电动机转轴的中心孔里，待指针稳定下来后即可读数。读数时表轴的橡皮顶尖仍应顶住电动机的转轴。第 Ⅰ、Ⅲ、Ⅴ 挡读外圈刻度，分别乘以 10、100、1 000，第 Ⅱ、Ⅳ 挡读内圈刻度，分别乘以 10、100。

使用转速表时用力要恰当，如顶住转轴的压力太轻则读数可能不准；压力太重而表轴又顶偏时，则极易发生因转速表强烈颤动而脱手甩出的危险。

【思考题】

①三相异步电动机是由哪些部分构成的？三相异步电动机有哪些主要优、缺点？

②三相异步电动机旋转磁场产生的条件是什么？旋转磁场有何特点？其转向取决于什么？其转速的大小与哪些因素有关？

③在实验中，是否发现实验用的小型电动机的空载电流与额定电流的比值很大（大容量电动机的这个比值小些），即电动机的空载电流较接近满载时的电流，这是什么原因？这时电动机功率因数的大小如何？为什么从节约用电的角度来说，不宜用大容量电动机来拖动小功率负载？

④如将三相电源线中的任意两相与绕组端的连接顺序对调，试画图分析旋转磁场的旋转方向。

⑤若三相异步电动机的转子绕组开路,定子绕组接入三相电源后,能产生旋转磁场吗? 电动机会转动吗? 为什么?

2.2 三相异步电动机的运行特性

三相异步电动机的定子和转子之间只有磁的耦合,没有电的直接联系,它是靠电磁感应作用,将能量从定子传递到转子,这一点与普通型变压器完全相似。三相异步电动机的定子绕组相当于变压器的一次绕组,转子绕组则相当于变压器的二次绕组。因此分析变压器内部电磁关系的基本方法也同样适用于三相异步电动机。本节介绍三相异步电动机的电磁关系、机械特性和工作特性。

2.2.1 三相异步电动机中的有关物理量

从三相异步电动机的结构可知,定子绕组和转子绕组是两个隔离的电路,由磁路把它们联系起来,这与变压器一、二次绕组之间通过磁路相互联系的情况相似,因此,定子电路中的电动势、电流与转子电路中的电动势、电流之间有着与变压器相类似的关系式。

1. 定子电路的电动势 E_1

定子电路相当于变压器的一次绕组,但每相绕组分布在不同的槽中,其中的感应电动势并非同相,故每相定子绕组感应电动势的有效值为

$$E_1 = 4.44K_1f_1\Phi_\mathrm{m}N_1 \tag{2-5}$$

式中,E_1 为电动机定子绕组感应电动势;K_1 为定子绕组系数,$K_1 < 1$;f_1 为定子绕组三相交流电的频率(即电源频率);Φ_m 为旋转磁场的每极主磁通的最大值;N_1 为定子绕组匝数。

若忽略定子绕组的电阻和漏磁通,则可认为定子电路上的电动势的有效值近似等于外加电源电压的有效值,即

$$U_1 \approx E_1 = 4.44K_1f_1\Phi_\mathrm{m}N_1 \tag{2-6}$$

可见,当外加电压不变时,定子电路的感应电动势基本不变,旋转磁场的每极磁通 Φ_m 也基本不变。

2. 转子电路的感应电动势及感应电流的频率 f_2

电动机运转起来以后,随着转速的升高,转子导体与旋转磁场的转速差 $(n_1 - n)$ 逐渐减小,转差率也逐渐减小,相当于转子导体静止不动,旋转磁场相对于转子的转速 $(n_1 - n)$ 逐渐降低,因此转子绕组中感应电动势的频率 f_2 随之降低,且有

$$f_2 = p\,\frac{n_1 - n}{60} = \frac{n_1 - n}{n_1} \times \frac{pn_1}{60} = sf_1 \tag{2-7}$$

转子电路的频率 f_2 与转差率 s 成正比,所以转子电路和变压器的二次绕组电路具有不同的特点。

3. 转子电路的电动势 E_2

与定子绕组相似,可以推导出转子绕组的感应电动势为

$$E_2 = 4.44K_2f_2\Phi_\mathrm{m}N_2 \tag{2-8}$$

式中,E_2 为电动机转子绕组感应电动势;K_2 为转子绕组系数,$K_2 < 1$;Φ_m 为旋转磁场的每极主磁通的最大值;N_2 为定子绕组匝数;f_2 为转子绕组感应电动势的频率。

在转子静止不动的情况下,定子绕组通入三相交流电,这时 $n = 0$,$s = 1$,$E_2 = E_{20}$(转子静止时,转子电路感应电动势的有效值)。转子电路相当于变压器的二次绕组,在转子绕组中产生感应电

动势的频率 f_2 与定子外接电源的频率 f_1 相等。因此，E_{20} 为

$$E_{20} = 4.44 K_2 f_1 \Phi_m N_2 \tag{2-9}$$

由上述分析可得，转子绕组中的感应电动势的有效值 E_2 与转差率 s 的关系为

$$E_2 = 4.44 K_2 s f_1 \Phi_m N_2 = s E_{20} \tag{2-10}$$

可见转子电动势的有效值和频率都与转差率有关。电动机起动时，$s = 1$，$f_2 = f_1 = 50$ Hz，转子电动势 E_{20} 较高；电动机在额定工作情况下运行时，$s_N = 0.02 \sim 0.07$，$f_2 = 1 \sim 3$ Hz，转子电流的频率很低，转子电动势也很低。

4. 转子电路的感抗 X_2

转子电路除了有电阻 R_2 之外，还存在漏磁感抗 X_2 为

$$X_2 = 2\pi f_2 L_2 = 2\pi s f_1 L_2 = s X_{20} \tag{2-11}$$

式中，L_2 为转子绕组的每相漏磁电感；$X_{20} = 2\pi f_1 L_2$，为转子静止时每相漏磁感抗。

5. 转子电路的电流 I_2

由于转子的电动势 E_2 和转子的漏磁感抗 X_2 都随 s 而变，并考虑转子绕组的电阻 R_2，所以转子电流 I_2 为

$$I_2 = \frac{s E_{20}}{\sqrt{R_2^2 + (s X_{20})^2}} \tag{2-12}$$

可见转子电路的电流 I_2 随转差率 s 的增大而增大，在 $s = 1$，即转子静止时，I_2 最大。

6. 转子电路的功率因数 $\cos \varphi_2$

转子每相绕组都有电阻和电抗，是一感性电路，转子电路电流滞后于转子电路电动势 φ_2 角度，其功率因数为

$$\cos \varphi_2 = \frac{R_2}{|Z_2|} = \frac{R_2}{\sqrt{R_2^2 + X_2^2}} = \frac{R_2}{\sqrt{R_2^2 + (s X_{20})^2}} \tag{2-13}$$

可见转子电路的功率因数 $\cos \varphi_2$ 随转差率 s 的增大而减小，在 $s = 1$，即转子静止时，转子电路的功率因数 $\cos \varphi_2$ 最低。

注意：$\cos \varphi_2$ 只是转子的功率因数，如果把整个电动机作为电网的负载来看，其功率因数指的是定子功率因数，二者是不同的。

转子电路的电流 I_2、功率因数 $\cos \varphi_2$ 与转差率 s 的关系，如图 2-16 所示。

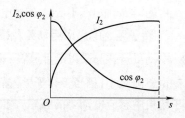

图 2-16　I_2、$\cos \varphi_2$ 与 s 的关系曲线

7. 定子电路的电流 I_1

与变压器的电流变换原理相似，定子电路的电流 I_1 与转子电路的电流 I_2 的比值也近似等于常数。

由于转子电路的电流 I_2 随转差率 s 的增大而增大，当电动机空载运行时，s 接近于零，转子电流 I_2 也很小。但由于电动机的定子铁芯与转子铁芯之间有一很小的空气隙，磁阻很大，为了建立一定的磁场，电动机空载时定子电路的电流比变压器的空载电流大得多。当在异步电动机轴上加机械负载时，电动机因受到反向转矩而减速，使转差率 s 增大，转子电路电流 I_2 也增大，

于是定子绕组从电源吸取的电流 I_1 也就增大。若所加负载过大,使电动机停止转动(又称堵转),即 $n=0$,$s=1$,则 I_2 达到最大值,I_1 也达到最大值,电动机从电源吸取的功率也就达到最大值。长时间堵转会使电动机过热而烧毁绕组,一旦发现电动机堵转,应立即切断电源,排除故障后再通电。

2.2.2 三相异步电动机的机械特性

1. 三相异步电动机的电磁转矩

三相异步电动机的电磁转矩有三种表达方式,分别为物理表达式、参数表达式和实用表达式。

(1)电磁转矩的物理表达式

由三相异步电动机的工作原理可知,异步电动机的电磁转矩是由与转子电动势同相的转子电流(即转子电流的有功分量)和定子旋转磁场相互作用产生的,可见电磁转矩与转子电流有功分量(I_{2a})及定子旋转磁场的每极磁通(Φ)成正比,即

$$T = c_T \Phi I_2 \cos \varphi_2 \tag{2-14}$$

式中,T 为电磁转矩;c_T 为计算转矩的结构常数;$\cos \varphi_2$ 为转子回路的功率因数。

需要说明的是,当磁通一定时,电磁转矩与转子电流有功分量 I_{2a} 成正比,而并非与转子电流 I_2 成正比。当转子电流大,若大的是转子电流无功分量,则此时的电磁转矩就不大,起动瞬间即如此情况。

(2)电磁转矩的参数表达式

参数表达式表示电磁转矩与电动机的参数、电动机的转速(或转差率)之间的关系。分析和计算异步电动机的机械特性一般不用物理表达式,而采用参数表达式。

经推导可以求出电磁转矩与电动机参数之间的关系如下:

$$T = c_T' U_1^2 \frac{sR_2}{R_2^2 + (sX_{20})^2} \tag{2-15}$$

式中,c_T' 为电动机的结构常数;R_2 为转子绕组电阻;X_{20} 为转子不转时转子绕组的漏感抗。

由式(2-15)可知,$T \propto U_1^2$,当电源电压波动时,电磁转矩按 U_1^2 关系发生变化。由此可见,异步电动机的运行状况对于电压有效值变动的反应非常灵敏,这是它的主要缺点之一。

2. 三相异步电动机的电磁转矩与转差率的关系

由式(2-15)可知,当 U_1、R_2、X_{20} 为定值时,电磁转矩 T 随转差率 s 的变化而变化,如图 2-17 所示。

当电动机空载时,$n \approx n_1$,$s \approx 0$,$T \approx 0$;当 s 尚小时,$(sX_{20})^2$ 很小,可略去不计,此时 $T \propto s$,故当 s 增大,T 也随之增大;当 s 大到一定值后,$(sX_{20})^2 \gg R_2$,R_2 可略去不计,此时 $T \propto \dfrac{1}{s}$,故 T 随 s 增大反而下降。

$T-s$ 曲线上升至下降的过程中,必出现一个最大值,此即为最大转矩 T_{max},产生最大转矩时的转差率称为临界转差率,记为 s_c。可以求得产生最大电磁转矩时的临界转差率为

$$s_c = \frac{R_2}{X_{20}} \tag{2-16}$$

代入式(2-15)得

$$T_{\max} = c_{\mathrm{T}}' \frac{U_1^2}{2X_{20}} \qquad (2\text{-}17)$$

由式(2-17)和式(2-18)可知：$s_c \propto R_2$，而与 U_1 无关；$T_{\max} \propto U_1^2$，而与 R_2 无关。改变 R_2 能使 s_c 随之改变，例如增大 R_2，会使 $T\text{-}s$ 曲线向右移动，如图 2-18 所示。

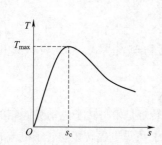

图 2-17　三相异步电动机的 $T\text{-}s$ 曲线

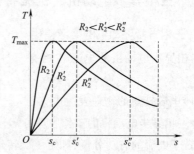

图 2-18　不同 R_2 时 $T\text{-}s$ 曲线

3. 三相异步电动机的机械特性

机械特性是指电动机在一定运行条件下（电源电压一定时），电动机的转速与转矩之间的关系，即 $n = f(T)$ 曲线。因为异步电动机的转速 n 与转差率 s 之间存在一定的关系，异步电动机的 $T\text{-}s$ 之间的关系用 $n = f(T)$ 表示，即 $n\text{-}T$ 曲线就是机械特性曲线。机械特性分为固有机械特性和人为机械特性两种。

1）固有机械特性

异步电动机的固有机械特性是指在额定电压和额定频率下，定子、转子外接电阻为零时，$n = f(T)$ 曲线。当 $U = U_{\mathrm{N}}$，$f = f_{\mathrm{N}}$ 时，固有机械特性曲线如图 2-19 所示。应注意曲线上的"两段四点"。

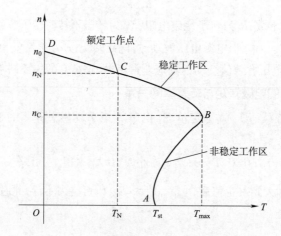

图 2-19　三相异步电动机固有的机械特性曲线

（1）非稳定工作区

曲线的 AB 段为非稳定工作区（低速区）。此段的转差率 s 较大，随转速 n 的增大，转差率 s 减小,T 反而增大,根据转动物体的平衡条件分析,电动机不会在 AB 段的某点稳定运行,较小的转矩变化能引起转速较大的变化,所以 AB 段为不稳定工作区。

（2）稳定工作区

曲线的 BD 段为稳定工作区（高速区）。此段的转差率 s 较小,曲线近似为直线,随转速 n 的增大,转差率 s 减小,转矩 T 亦减小,通过电动机的起动过程和负载变化时的调整过程分析,BD 段为稳定工作区。BD 段比较平坦,当电动机负载有较大变化时,负载转速变化很小,三相异步电动机这种特性称为硬的机械特性,简称硬特性。

（3）曲线上四个特殊点（三个重要转矩）

①起动点（A 点）。电动机刚接入电网,尚未开始转动的瞬间,即转速 $n = 0$ 时,$s = 1$,电动机轴上产生的电磁转矩称为电动机起动转矩 T_{st}（又称堵转转矩）。如果起动转矩小于负载转矩,即 $T_{st} < T_L$,则电动机不能起动。这时与堵转情况一样,电动机电流达到最大,容易过热。因此当发现电动机不能起动时,应立即切断电源停止起动,在减轻负载或排除故障后再重新起动。只有当起动转矩 T_{st} 大于负载转矩 T_L,即 $T_{st} > T_L$ 时,电动机才能起动。电动机的工作点会沿着 $n = f(T)$ 曲线从底部上升,电磁转矩 T 逐渐增大,转速越来越高,很快越过最大转矩 T_{max},然后随着 n 的升高,T 又逐渐减小,直到 $T = T_L$ 时,电动机就以某一转速稳定运行。由此可见,只要异步电动机的起动转矩大于负载转矩,一经起动,便迅速进入机械特性的稳定工作区运行。

异步电动机的起动能力通常用起动转矩与额定转矩的比值 T_{st}/T_N 来表示,称为电动机的起动转矩倍数,并用 k_{st} 表示,即

$$k_{st} = \frac{T_{st}}{T_N} \tag{2-18}$$

式中,T_N 为电动机的额定转矩,它是电动机额定运行时的转矩,可由铭牌上的 P_N 和 n_N 求取。

$$T_N = 9\ 550 \frac{P_N}{n_N} \tag{2-19}$$

式中,T_N 的单位为 $N \cdot m$;P_N 的单位为 kW;n_N 的单位为 r/min。

k_{st} 是异步电动机的一项很重要的指标,对于一般的三相笼型异步电动机的起动能力不太大,转动转矩倍数 $k_{st} = 0.8 \sim 2.2$;起重和冶金专用的三相笼型异步电动机,$k_{st} = 2.8 \sim 4.0$。

②临界点（B 点）。一般电动机的临界转差率为 $0.1 \sim 0.2$,在临界转差率 s_c 时,电动机产生最大电磁转矩 T_{max},是电动机能够提供的极限转矩。只要电动机负载转矩不超过最大电磁转矩,电动机经过调节,仍能承受过载,在稳定工作区的接近临界点处稳速运行。当负载超过最大电磁转矩,电动机就会堵转。堵转时电流最大,一般为额定值的 $4 \sim 7$ 倍,如果通电时间过长会使电动机过热,甚至烧毁。因此,异步电动机在运行时应注意避免出现堵转,一旦出现堵转应立即切断电源,在卸掉过重的负载或排除故障以后再重新起动。

用过载系数 λ_m 来表示电动机承受过载的能力

$$\lambda_m = \frac{T_{max}}{T_N} \tag{2-20}$$

λ_m 是异步电动机的一个很重要的运行指标,一般 $\lambda_m = 1.8 \sim 2.2$,起重和冶金专用的笼型异步电动机的 λ_m 还要大些。

③同步点（D 点）。电动机在理想空载时,$T = 0$,$n_0 \approx n_1$,$s = 0$,实际电动机是不会在同步工作

点运行的。

④额定点(C点)。BD段是稳定运行区,即异步电动机稳定运行区域为$0 < s < s_c$。为了使电动机能够适应在短时间过载而不停转,电动机必须留有一定的过载能力,额定运行点不宜靠近临界点,一般$s_N = 0.02 \sim 0.06$。在额定工作点运行时,电动机输出额定功率和额定转矩,电流为额定电流。电动机在额定功率及以下能长期安全运行,如果超载运行,短时间是允许的,而长时间超载运行,容易使电动机过热甚至烧坏电动机。

2)人为机械特性

人为机械特性是指人为地改变电源的参数或电动机的参数而得到的机械特性。

(1)降低定子电压时的人为机械特性

当定子电压U_1降低时,T(包括T_{st}和T_{max})与U_1^2成正比减小,s_c、n_1与U_1无关而保持不变,所以可得降低电源电压后的人为机械特性曲线如图2-20所示。由图可见,降低电压后的人为机械特性,其线性段的斜率变大,即特性变软,T_{st}和T_{max}均按U_1^2关系减小,即电动机的起动转矩倍数和过载能力均显著下降。如果电动机在额定负载下运行,U_1降低后将导致n下降,s增大,转子电动势$E_2 = sE_{20}$增大,转子电流增大,从而引起定子电流增大,导致电动机过载。长期欠电压过载运行,必然使电动机过热,电动机的使用寿命缩短。另外,电压下降过多,可能出现最大转矩小于负载转矩,这时电动机停转。

(2)转子电路串联对称电阻时的人为机械特性

对于绕线型异步电动机,当转子电路的电阻在一定范围内增加时,可以增大电动机的起动转矩,如图2-21所示。当所串联的电阻(如图中的R_{st3})使其$s_c = 1$时,对应的起动转矩达到最大转矩,如果再增大转子电阻,起动转矩反而会减小。另外,转子串联对称电阻后,其机械特性线性段的斜率增大,特性变软。

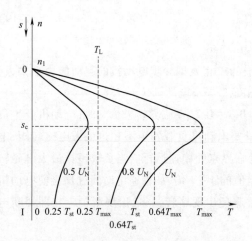

图2-20　降低电源电压后的人为机械特性曲线

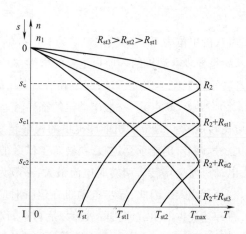

图2-21　转子串联电阻的人为机械特性曲线

例2-2　已知某台三相异步电动机的额定功率$P_N = 4$ kW,额定转速$n_N = 1\ 440$ r/min,过载能力λ_m为2.2,起动能力k_{st}为1.8。试求:额定转矩T_N、起动转矩T_{st}、最大转矩T_{max}。

解　额定转矩为　$T_N = 9\ 550\dfrac{P_N}{n_N} = 9\ 550 \times \dfrac{4}{1\ 440}\text{N}\cdot\text{m} = 26.5\ \text{N}\cdot\text{m}$

起动转矩为　　　　　　　$T_{st} = 1.8 T_N = 1.8 \times 26.5 \ \text{N} \cdot \text{m} = 47.7 \ \text{N} \cdot \text{m}$

最大转矩为　　　　　　　$T_{max} = 2.2 T_N = 2.2 \times 26.5 \ \text{N} \cdot \text{m} = 58.3 \ \text{N} \cdot \text{m}$

2.2.3　三相异步电动机的工作特性

三相异步电动机的工作特性是指在额定电压和额定频率下运行时,电动机的转速、输出的转矩、定子电流、功率因数、效率与输出功率之间的关系曲线。工作运行特性可以通过电动机直接加负载试验得到。

1. 转速特性 $n = f(P_2)$

转速特性是指电动机的转速随输出功率的变化曲线。空载时,$P_2 = 0$,转速接近同步转速,随负载增大,转速略有降低,转速特性是一条稍向下倾斜的曲线。因转速变化很小,可以看作一条直线,如图 2-22 所示。

2. 转矩特性 $T = f(P_2)$

转矩特性是指电动机输出的转矩随输出功率的变化曲线。异步电动机输出的转矩为

$$T = \frac{P_2}{\omega} = \frac{P_2}{\dfrac{2\pi n}{60}} = \frac{60 P_2}{2\pi n} \tag{2-21}$$

空载时,$P_2 = 0$,$T = 0$;负载时,随输出功率的增加,转速略有下降,故由式(2-22)可知,转矩上升的速度略快于输出功率的增加,所以转矩特性曲线为一条过零稍向上翘的曲线,如图 2-23 所示。

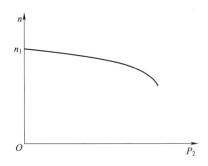

图 2-22　异步电动机的转速特性曲线

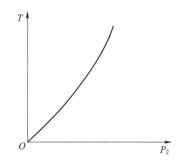

图 2-23　异步电动机的转矩特性曲线

3. 定子电流特性 $I_1 = f(P_2)$

异步电动机定子电流 I_1 随负载的增大而增大,其原理与变压器一次电流随负载的增大而增大相似,但空载电流 I_{10} 比变压器大得多,为额定电流的 20% ~ 40%。特性曲线如图 2-24 所示。

4. 定子功率因数特性 $\cos \varphi_1 = f(P_2)$

三相异步电动机运行时需要从电网吸收感性无功功率来建立磁场,所以,三相异步电动机负载性质呈感性,功率因数小于 1。空载时,定子电流主要是无功励磁电流,因此功率因数很

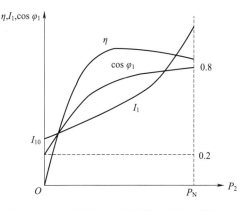

图 2-24　三相异步电动机的运行特性曲线

低,通常不超过0.2。负载运行时,随负载的增大,输出的功率增大,定子电流的有功分量明显大于无功分量的增加,所以功率因数随负载的增大而提高。一般电动机在额定负载时功率因数为0.7~0.9。特性曲线如图2-24所示。

5. 效率特性 $\eta = f(P_2)$

电动机的效率是指输出功率占输入功率的百分比,即

$$\eta = \frac{P_2}{P_1} \times 100\% = \frac{P_2}{P_2 + P_{Cu} + P_{Fe} + P_{mec}} \times 100\% \tag{2-22}$$

式中,P_{Cu} 为铜损耗;P_{Fe} 为铁损耗;P_{mec} 为机械损耗。

电动机空载时,$P_2 = 0$,$\eta = 0$。带负载运行时,铁损耗不变,但铜损耗与负载电流的二次方成正比,只要可变损耗仍小于不变损耗,随着负载的增大,电动机损耗的增加仍小于输出功率的增加,所以 η 逐渐增大;当可变损耗大于不变损耗时,电动机损耗增加的速度大于输出功率的增加,所以效率会逐渐降低。一般电动机的效率在 $(0.7~1.0)P_N$ 时效率最大,最大效率在74%~94%之间。特性曲线如图2-24所示。

由图2-24可见,三相异步电动机在其额定负载的70%~100%时运行,其功率因数和效率都比较高,因此应合理选用电动机的额定功率,使它运行在满载或接近满载的状态,尽量避免或减少轻载和空载运行的时间。

【技能训练】——三相异步电动机运行特性测试

1. 技能训练的内容

测定三相异步电动机的转差率,由三相异步电动机的负载试验测试工作特性。

2. 技能训练的要求

①掌握用荧光灯法测转差率的方法。
②掌握三相异步电动机的负载试验的方法,测取三相笼型异步电动机的工作特性。

3. 设备器材

①电机与电气控制实验台(1台)。
②导轨、测速发电机及转速表(1套)。
③校正直流测功机(1台)。
④三相笼型异步电动机(1台)。
⑤交流电压表、电流表(各1块)。
⑥功率表、功率因数表(各1块)。
⑦直流电压表、电流表(各1块)。
⑧三相可调电阻器(1只)。

4. 技能训练的步骤

(1)用荧光灯法测定三相异步电动机的转差率

荧光灯是一种闪光灯,当接到50 Hz电源上时,灯光每秒闪亮100次,人的视觉暂留时间为十分之一秒左右,故人眼观察荧光灯时,荧光灯是一直发亮的,利用荧光灯这一特性来测量电动机的转差率。

①三相笼型异步电动机($U_N = 220$ V,△接法,极数为4)。直接与测速发电机同轴连接,在三

相笼型异步电动机和测速发电机联轴器上用黑胶布包一圈,再用四张白纸条(宽度约为 3 mm),均匀地贴在黑胶布上。

②由于电动机的同步转速为 $n_1 = \dfrac{60f_1}{p} = \dfrac{60 \times 50}{2}$ r/min = 1 500 r/min (25 r/s),而荧光灯闪亮为 100 次/s,即荧光灯闪亮一次,电动机转动四分之一圈。由于电动机轴上均匀贴有四张白纸条,故电动机以同步转速转动时,人眼观察图案是静止不动的。

③开启电源,打开控制屏上荧光灯开关,调节调压器升高电动机电压,观察电动机转向,如转向不对,应停机调整相序。转向正确后,升压至 220 V,使电动机起动运转,记录此时电动机转速。

④因三相笼型异步电动机转速总是低于同步转速,故灯光每闪亮一次图案逆电动机旋转方向落后一个角度,用肉眼观察图案逆电动机旋转方向缓慢移动。

⑤按住控制屏报警记录"复位"键,手松开之后开始观察图案后移的圈数,计数时间可定的短一些(一般取 30 s)。将观察到的数据填入表 2-6 中。

表 2-6　三相异步电动机转差率的测定

N(圈数)	t/s	s	n/(r/min)

由此可得电动机的转差率为

$$s = \frac{\Delta n}{n_1} = \frac{(N/t)60}{(60f_1)/p} = \frac{pN}{tf_1} \tag{2-23}$$

式中,t 为计数时间,单位为 s;N 为 t 秒内图案转过的圈数;f_1 为电源频率,50 Hz;p 为磁极对数。

⑥停机。将调压器调至零位,关断电源开关。

⑦将计算出的转差率与实际观测到的转速算出的转差率比较。

(2)三相异步电动机的负载实验

①按图 2-25 接线,同轴连接负载电动机。图中 R_f 阻值为 1 800 Ω(由 900 Ω + 900 Ω 获得),R_L 的阻值为 2 250 Ω(由 900 Ω + 900 Ω + 900 Ω//900 Ω 获得)。

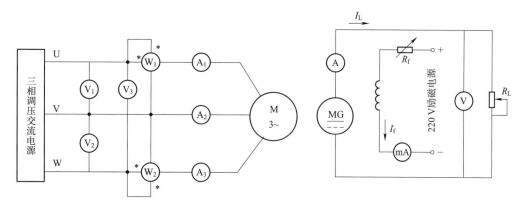

图 2-25　三相笼型异步电动机负载试验的接线图

②合上交流电源,调节调压器使之逐渐升压至额定电压并保持不变。

③合上校正过的直流电动机的励磁电源,调节励磁电流至校正值(50 mA 或 100 mA)并保持不变。

④调节负载电阻 R_L（注：先调节 900 Ω + 900 Ω 电阻，调至零值后用导线短接，再调节 900 Ω ∥ 900 Ω 电阻），使异步电动机的定子电流逐渐上升，直至电流上升到 1.25 倍额定电流。从这负载开始，逐渐减小负载直至空载，在这范围内读取异步电动机的定子电流、输入功率、转速、直流电动机的负载电流 I_L 等数据。

⑤共取数据 8～9 组填入表 2-7 中。

表 2-7　三相异步电动机负载试验数据表$[\,U_{1p} = U_{1N} = 220\ \text{V}（△接法），I_f = \underline{\qquad}\ \text{mA}\,]$

序号	I_{1L}/A				P_1/W			I_L/A	$T/(\text{N}\cdot\text{m})$	$n/(\text{r/min})$
	I_U	I_V	I_W	I_{1L}	P_I	P_{II}	P_1			

⑥作 P_1、I_1、η、s、$\cos\varphi_1$ 与 P_2 关系的工作特性曲线。由负载试验数据计算工作特性，填入表 2-8 中。

表 2-8　三相异步电动机工作特性数据表$[\,U_1 = 220\ \text{V}（△接法），I_f = \underline{\qquad}\ \text{mA}\,]$

序号	电动机输入		电动机输出		计　算　值			
	I_{1p}/A	P_1/W	$T/(\text{N}\cdot\text{m})$	$n/(\text{r/min})$	P_2/W	$s/\%$	$\eta/\%$	$\cos\varphi_1$

表 2-7、表 2-8 中各物理量的计算公式为：$I_{1p} = \dfrac{I_{1L}}{\sqrt{3}} = \dfrac{I_U + I_V + I_W}{3\sqrt{3}}$；$P_1 = P_I + P_{II}$；$s = \dfrac{1\,500 - n}{1\,500} \times 100\%$；$\cos\varphi_1 = \dfrac{P_1}{3U_{1p}I_{1p}}$；$P_2 = 0.105nT_2$，$\eta = \dfrac{P_2}{P_1} \times 100\%$。式中，$I_{1p}$ 为定子绕组的相电流，A；U_{1p} 为定子绕组相电压，V；s 为转差率；η 为效率。

【思考题】

①异步电动机转子静止与转子旋转时,转子电路的各物理量和参数(包括转子电流、电抗、频率、电动势和功率因数)将如何变化?

②三相异步电动机的机械负载增加时,为什么定子电流也会相应增加?

③三相异步电动机的工作特性与机械特性有何区别? 两者的作用分别是什么?

④异步电动机的效率是怎样确定的? 输入功率和输出功率是如何计算的?

2.3　三相异步电动机的起动、反转、调速与制动

在用三相异步电动机拖动的生产机械的工作过程中,三相异步电动机的起动、正反转、调速和制动,是保证生产机械完成一定生产任务,从而满足不同产品的生产工艺要求,保证产品的质量,实现生产过程自动化必不可少的重要途径。本节介绍三相异步电动机的起动、调速、反转与制动方法。

2.3.1　三相异步电动机的起动

三相异步电动机的起动是指定子绕组接入额定交流电源,转子转速从零逐渐加速到对应负载下的稳定转速的过程。

电动机接入电源的瞬间电流称为起动电流。异步电动机在起动的最初瞬间,$n = 0$,$s = 1$,旋转磁场与转子的相对转速最大,因而转子的感应电动势最大。假定额定转差率为 $s_N = 0.05$,那么刚起动时转子的电动势可由式 $E_2 = s_N E_{20}$ 求出,$E_{20} = E_2/s_N = E_2/0.05 = 20E_2$,这说明,刚起动时的感应电动势是额定转速时转子电动势的 20 倍。这样大的电动势加在闭合的转子绕组上,将产生一个很大的电流 I_{2st},即

$$I_{2st} = \frac{E_{20}}{\sqrt{R_2^2 + (X_{20})^2}} = \frac{20E_2}{\sqrt{R_2^2 + (X_{20})^2}} \tag{2-24}$$

实际上,I_{2st} 达不到转子额定电流的 20 倍,这是因为刚起动时,转子电流的频率 $f_2 = f_1$,这时转子的感抗也达到最大值 X_{20}。起动时转子电流达到最大值,这样大的转子电流反映到定子绕组,定子电流随转子电流改变而相应变化,所以起动时定子电流也达到最大值。一般电动机的起动电流可达额定电流的 4~7 倍。这么大的起动电流将产生以下不良后果:

①起动电流过大使电压损失过大,起动转矩减小,使电动机带负载起动困难,即使可以起动,也势必造成起动时间过长,有时甚至根本无法起动。

②使电动机绕组发热,绝缘老化,从而缩短了电动机的使用寿命。

③造成线路上的过电流保护装置误动作、跳闸。

④使电网电压产生波动,影响连接在电网上的其他设备的正常工作。如使电灯亮度减弱、电动机的转速下降、欠电压继电保护装置动作而将正在运行的电气设备断电等。

因此,电动机起动时,在保证一定大小的起动转矩的前提下,还要求限制起动电流在允许的范围内。

电力拖动系统对三相异步电动机起动性能的要求主要有:

①电动机应有足够大的起动转矩 T_{st},以保证起动迅速,缩短起动时间。实际应用中,保证生

产机械能够正常起动即可。如果起动转矩过大,会产对电动机产生过大的冲击,影响电动机的寿命;如果起动转矩小会使电动机起动时间较长,这样既影响生产效率又会使电动机温度升高;如果电动机的起动转矩小于负载转矩,电动机根本不能起动。

②在保证起动转矩足够大的前提条件下,电动机的起动电流 I_{st} 应尽量小,以减小对电网的冲击及对电动机的损害。

③起动设备应力求结构简单、造价低、操作方便。

④力求降低起动过程的能量损耗。

⑤起动过程的平滑性和经济性都较好。

对于容量和结构不同的异步电动机,考虑到性质和大小不同的负载,以及电网的容量,解决起动电流大、转矩小的问题,要采取不同的起动方式。下面对笼型异步电动机和绕线型异步电动机常用的几种起动方法进行讨论。

1. 三相笼型异步电动机的起动

三相笼型异步电动机的起动方法有直接起动(全压起动)和降压起动。

（1）直接起动

把三相笼型异步电动机的定子绕组直接加上额定电压的起动称为直接起动,又称全压起动,如图 2-26 所示。这种起动方法最简单,投资少,起动时间短,起动可靠,但起动电流大。是否可以采用直接起动,取决于电动机的容量及起动频繁的程度。

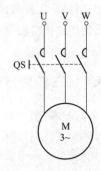

图 2-26　直接起动接线图

直接起动一般只用于小容量的电动机(如 7.5 kW 以下电动机),对较大容量的电动机,电源容量又较大,若电动机起动电流倍数 K_I、容量和电源容量满足以下经验公式:

$$K_I = \frac{I_{st}}{I_N} \leqslant \frac{1}{4}\left[3 + \frac{电源容量(kV \cdot A)}{电动机的容量(kW)}\right] \tag{2-25}$$

则电动机可采用直接起动方法,否则应采用降压起动。

（2）降压起动

当电动机容量较大,不允许采用全压直接起动时,应采用降压起动。有时为了减小或限制起动时对机械设备的冲击,即便允许直接起动的电动机,也往往采用降压起动。降压起动的目的是为了限制起动电流。

起动时,通过起动设备使加到电动机上的电压小于额定电压,待电动机的转速上升到一定数值时,再将电压还原到额定电压运行的起动方式称为降压起动。

降压起动虽然限制了起动电流,但是由于起动转矩和电压的二次方成正比,因此降压起动时,电动机的起动转矩也减小,所以降压起动多用于空载或轻载起动。

三相笼型异步电动机降压起动方法有:Y-△换接降压起动、自耦变压器降压起动、延边三角形降压起动等。

①Y-△换接降压起动。Y-△换接降压起动只适用于定子绕组为三角形连接,且每相绕组都有两个引出端子的三相笼型异步电动机,其原理接线图如图 2-27 所示。

起动前先将开关 S 合向"起动"位置,定子绕组接成星形连接,然后合上电源开关 QS 进行起动,此时定子每相绕组所加电压为额定电压的 $1/\sqrt{3}$,从而实现了降压起动。待转速上升至一定值后,迅速将开关 S 扳至"运行"位置,恢复定子绕组为三角形连接,使电动机每相绕组在全压下运行。

经推导可得:星形连接起动时的起动电流、起动转矩与三角形连接起动(直接起动)时起动电流、起动转矩的关系为

$$\begin{cases} I_{stY} = \dfrac{1}{3} I_{st\triangle} \\ T_{stY} = \dfrac{1}{3} T_{st\triangle} \end{cases} \tag{2-26}$$

丫-△换接降压起动设备简单、成本低、操作方便、动作可靠、使用寿命长。目前,4 ~ 100 kW 异步电动机均设计成 380 V 的三角形连接,以便采用丫-△换接降压起动。此起动方法得到了广泛应用。

②自耦变压器降压起动。对容量较大的三相笼型异步电动机常采用自耦变压器降压起动,其原理接线图如图 2-28 所示。

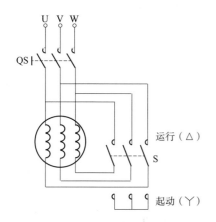

图 2-27   丫-△换接降压起动接线图

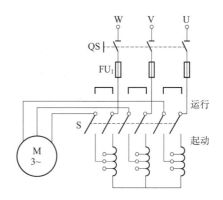

图 2-28   自耦变压器降压起动

起动前先将开关 S 合向"起动"位置,然后合上电源开关 QS,这时自耦变压器的一次绕组加全电压,抽头的二次绕组电压加在电动机定子绕组上,电动机便在低电压下起动。待转速上升至一定值,迅速将 S 切换到"运行"位置,切除自耦变压器,电动机就在全电压下运行。

经推导可得:用自耦变压器降压起动时的起动电流、起动转矩与直接起动时起动电流、起动转矩的关系为

$$\begin{cases} I_{st}' = \dfrac{1}{k^2} I_{st} \\ T_{st}' = \dfrac{1}{k^2} T_{st} \end{cases} \tag{2-27}$$

式中,k 为自耦变压器的变比。起动用的自耦变压器有 QJ_2 和 QJ_3 两个系列,QJ_2 三个抽头比(抽头比即 $1/k$)分别为 73%、64%、55%;QJ_3 三个抽头比分别为 80%、60%、40%。

用自耦变压器降压起动适用于容量较大的低压电动机,用这种起动方法可以获得较大的起动转矩,且自耦变压器二次侧一般有 3 个抽头,可以根据需要选用。但线路较复杂、设备体积大、成本较高,且不允许频繁起动。这种方法在 10 kW 以上的三相异步电动机中得到了广泛应用。

降压起动在限制起动电流的同时起动转矩也受到限制,因此它只适用于在轻载或空载情况下起动。

例 2-3 已知某台三相笼型异步电动的 $P_N = 75$ kW, $U_N = 380$ V, $I_N = 126$ A, $n_N = 1\ 480$ r/min, $I_{st}/I_N = 5$, $T_{st}/T_N = 1.9$, 三角形联结运行, 负载转矩 $T_L = 100$ N·m, 现要求电动机起动时 $T_{st} \geqslant 1.1T_L$, $I_{st} < 240$ A。问:①电动机能否直接起动? ②电动机能否采用丫-△换接降压起动? ③若采用三个抽头的自耦变压器降压起动,则应选用 50%, 60%, 80% 中的哪个抽头?

解 ①一般来说,7.5 kW 以上的电动机不能采用直接起动法,但可以进行如下计算:

电动机的额定转矩为

$$T_N = 9\ 550 \frac{P_N}{n_N} = 9\ 550 \times \frac{75}{1\ 480} \text{N·m} = 483.95 \text{ N·m}$$

直接起动时的起动转矩为

$$T_{st} = 1.9 \times T_N = 1.9 \times 483.95 \text{ N·m} = 919.5 \text{ N·m}$$

则

$$T_{st} > 1.1T_L = 1.1 \times 100 \text{ N·m} = 110 \text{ N·m}$$

直接起动电流为

$$I_{st} = 5I_N = 5 \times 126 \text{ A} = 630 \text{ A}$$

直接起动电流远大于本题要求的 240 A。因此,本题的起动转矩虽然满足要求,但起动电流却大于供电系统要求的最大电流,所以不能采用直接起动。

②采用丫-△换接降压起动方式。

起动转矩为

$$T_{st丫} = \frac{1}{3}T_{st} = \frac{1}{3} \times 919.5 = 306.5 \text{ N·m} > 1.1T_L = 110 \text{ N·m}$$

起动电流为

$$I_{st丫} = \frac{1}{3}I_{st} = \frac{1}{3} \times 630 \text{ A} = 210 \text{ A} < 240 \text{ A}$$

起动转矩和起动电流都满足要求,故可以采用丫-△换接降压起动。

③采用自耦变压器降压起动。

在 50% 抽头时起动转矩和起动电流分别为

$$T_{st1} = \frac{1}{k^2}T_{st} = 0.5^2 \times 919.5 \text{ N·m} = 229.88 \text{ N·m}$$

$$I_{st1} = \frac{1}{k^2}I_{st} = 0.5^2 \times 630 \text{ A} = 157.5 \text{ A}$$

在 60% 抽头时起动转矩和起动电流分别为

$$T_{st2} = 0.6^2 T_{st} = 0.6^2 \times 919.5 \text{ N·m} = 331.02 \text{ N·m}$$

$$I_{st2} = 0.6^2 I_{st} = 0.6^2 \times 630 \text{ A} = 226.8 \text{ A}$$

在 80% 抽头时起动转矩和起动电流分别为

$$T_{st3} = 0.8^2 T_{st} = 0.8^2 \times 919.5 \text{ N·m} = 588.48 \text{ N·m}$$

$$I_{st3} = 0.8^2 I_{st} = 0.8^2 \times 630 \text{ A} = 403.2 \text{ A}$$

从以上计算结果可以看出,80% 抽头的起动电流大于起动要求,60% 抽头的起动电流较大,故选用自耦变压器的 50% 抽头较为合适。

2. 三相绕线型异步电动机的起动

三相笼型异步电动机转子由于结构原因,无法外串电阻起动,只能在定子中采用降低电源电压起动,但通过以上分析不论采用哪种降压起动方法,在降低起动电流的同时也使得起动转矩减少得更多,所以三相笼型异步电动机只能用于空载或轻载起动。对于大功率重载起动的负载,采用笼型异步电动机一般都不能满足起动要求,这时可以采用绕线型异步电动机转子绕组串电阻或阻抗起动,以限制起动电流和增大起动转矩。

在三相绕线型异步电动机转子绕组中,通过滑环和电刷串联外加电阻或阻抗,由上一节分析转子串电阻的人为机械特性可知:适当增加转子回路串联的电阻,既能减小起动电流,又能提高起动转矩,绕线型异步电动机的起动正是利用了这一特性。这种起动方法适用于大、中容量异步电动机的重载起动。

按照绕线型异步电动机起动过程中串联的装置不同,有串电阻起动和串频敏变阻器起动两种方法。

（1）转子串电阻起动

为了在整个起动过程中得到较大的起动转矩,并使起动过程比较平滑,应在转子回路中串入多级对称电阻。起动时,随着转速的升高逐级切除起动电阻。图 2-29 为三相绕线型异步电动机转子串对称电阻分级起动的接线图及机械特性。

起动开始时,将开关 QS 闭合,S_1、S_2、S_3 断开,起动电阻全部串入转子回路中,转子每相电阻 $R_{p3} = R_2 + R_{st1} + R_{st2} + R_{st3}$,对应的机械特性如图 2-29（b）中曲线 R_{p3}。起动瞬间,转速 $n = 0$,电磁转矩 $T = T_1$（称为最大加速转矩）,因 T_1 大于负载转矩 T_L,于是电动机从 a 点沿曲线 R_{p3} 开始加速。随着 n 的上升,T 逐渐减小,当减小到 T_2 时（对应于 b 点）,开关 S_3 闭合,切除 R_{st3},切换电阻时的转矩值 T_2 称为切换转矩。切除 R_{st3} 后,转子每相电阻变为 $R_{p2} = R_2 + R_{st1} + R_{st2}$,对应的机械特性变为曲线 R_{p2}。切换瞬间,转速 n 不突变,电动机的运行点由 $b \rightarrow c$ 点,T 由 T_2 跃升为 T_1。依此类推,最后在 f 点开关 S_1 闭合,切除 R_{st1},转子绕组直接短路,电动机运行点由 $f \rightarrow g$ 点后沿固有特性加速到负载点 h,稳定运行,起动结束。在起动过程中,一般取最大加速转矩 $T_1 = (0.7 \sim 0.85)T_{max}$,切换转矩 $T_2 = (1.1 \sim 1.2)T_L$。

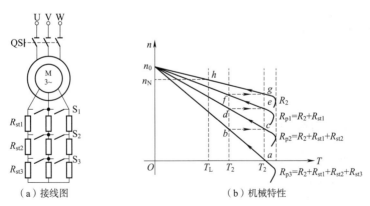

（a）接线图　　　　　　　（b）机械特性

图 2-29　三相绕线型异步电动机转子串对称电阻分级起动的接线图及机械特性

在同一个 T_1 值下,起动级数越多,起动过程越平滑,但需要用到控制触点或接触器就越多。

（2）转子串频敏变阻器起动

绕线型异步电动机采用转子串电阻起动时，若要起动平稳，则必须采用较多的起动电阻级数，这必然导致起动设备复杂化。为了解决这个问题，可以采用串频敏变阻器起动。频敏变阻器是一个铁损耗很大的三相电抗器，从结构上看，它像是一个没有二次绕组的心式三相变压器，绕组接成星形，绕组三个首端通过电刷和滑环与转子绕组串联，如图 2-30 所示。频敏变阻器的铁芯是用每片 30～50 mm 厚的钢板或铁板叠成，比变压器铁芯的每片硅钢片厚 100 倍左右，以增大频敏变阻器中的涡流和铁损耗，从而使频敏变阻器的等效电阻 R_p 增大，起动电流减小。

电动机起动时，转子串入频敏变阻器，起动瞬间，$n = 0$，$s = 1$，转子电流频率 $f_2 = sf_1 = f_1$（最大），频敏变阻器铁芯的涡流损耗与频率的二次方成正比，铁损耗最大，相当于转子回路中串入一个较大的电阻 R_p。起动过程中，随着 n 上升，s 减小，$f_2 = sf_1$ 逐渐减小，铁损耗逐渐减小，R_p 也随之减小，相当于逐级切除转子回路串入的电阻。起动结束后，切除频敏变阻器，转子回路直接短路。

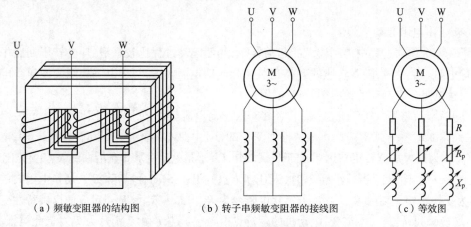

（a）频敏变阻器的结构图　　　（b）转子串频敏变阻器的接线图　　　（c）等效图

图 2-30　绕线型异步电动机转子串频敏变阻器起动

频敏变阻器的等效电阻 R_p 是随频率 f_2 的变化而自动变化的，它相当于一种无触点的变阻器，是一种静止的无触点电磁起动元件，它对频率敏感，可随频率的变化而自动改变电阻值，便于实现自动控制，能获得接近恒转矩的机械特性，减少电流和机械冲击。它能自动、无级地减小电阻，实现无级平滑起动，使起动过程平稳、快速。它具有结构简单，材料加工要求低，造价低廉，坚固耐用，便于维护等优点。但频敏变阻器是一种感性元件，因而功率因数低（$\cos\varphi$ 为 0.5～0.75），与转子串电阻起动相比起动转矩小。由于频敏变阻器的存在，最大转矩比转子串电阻时小，故它适用于要求频繁起动的生产机械。

2.3.2　三相异步电动机的反转

前面讲过，只要把从电源接到电动机定子的三根相线的任意对调两根，磁场的旋转方向就会改变，电动机的旋转方向就随之改变。

注意：改变电动机的旋转方向，一般应在停车之后再换接。如果电动机正在高速旋转时突然将电源反接，不但冲击强烈，而且电流较大，如无防范措施，很容易发生事故。

2.3.3　三相异步电动机的调速

为了提高劳动生产效率和保证产品质量，要求生产机械在不同的情况下有不同的工作速度。

如轧钢机在轧制不同品种和不同厚度的钢材时,就必须有不同的工作速度,以保证生产机械的需要,这种人为地改变电动机的转速的方法称为调速。电动机的调速方法有机械调速法和电气调速法,本节只分析电气调速的方法及其性能特点。电气调速是人为地改变电动机的相应电气参数来改变电动机的转速。

1. 调速指标

为了评价各种调速方法的优缺点,对调速方法提出了一定的技术经济指标,通常称为调速指标。下面先对调速指标做一简要说明。

(1)调速范围

调速范围是指直流电动机拖动额定负载时,所能达到的最高转速 $n_{\max}$ 与最低转速 $n_{\min}$ 之比,用 D 表示,即

$$D = \frac{n_{\max}}{n_{\min}} \tag{2-28}$$

不同的生产机械要求不同的调速范围。如轧钢机 $D = 3 \sim 120$,龙门刨床 $D = 10 \sim 40$,车床 $D = 20 \sim 120$,造纸机 $D = 3 \sim 20$ 等。要扩大调速范围,必须尽可能地提高电动机的最高转速并降低电动机的最低转速。电动机的最高转速受电动机的机械强度、换向条件、电压等级等方面的限制,而最低转速则受低速运行时转速的相对稳定性的限制。

(2)静差率 $\delta\%$(相对稳定性)

当负载(T_L)变化时,电动机转速 n 随之变化的程度,工程上常用静差率 $\delta\%$(又称转速变化率)来衡量调速的相对稳定性。静差率是电动机在某一机械特性上运行时,由理想空载到额定负载所产生的转速降与理想空载转速之比,用百分数表示为

$$\delta\% = \frac{n_0 - n_\mathrm{N}}{n_0} \times 100\% = \frac{\Delta n_\mathrm{N}}{n_0} \times 100\% \tag{2-29}$$

可见,静差率与机械特性硬度有关,在相同 n_0 的情况下,机械特性越硬,静差率 $\delta\%$ 就越小,相对稳定性就越好。

静差率与调速范围两个指标是相互制约的,若对静差率这一指标要求过高(即 $\delta\%$ 值越小),则调速范围 D 就越小;反之,若要求调速范围 D 越大,则转速的相对稳定性就会越差(即 $\delta\%$ 值越大)。

(3)调速的平滑性

调速的平滑性可用平滑系数 ϕ 表示,其定义是相邻两级转速之比,即

$$\phi = \frac{n_i}{n_i - 1} \tag{2-30}$$

在一定的范围内,调速级越多,相邻级转速差越小,ϕ 越接近于 1,平滑性越好。如果转速连续可调,其级数趋于无穷多,称为无级调速。调速不连续的、级数有限的调速称为有级调速。

(4)调速的经济性

调速的经济性包含两方面的内容:一方面是指调速设备的投资及调速过程的能量损耗;另一方面是指电动机在调速时能力是否得到充分利用。一台电动机采用不同的调速方法时,电动机容许输出的功率和转矩随转速变化的规律是不相同的,但电动机实际输出的功率和转矩是由负载所需决定的,而不同负载,其所需要的功率和转矩随转速变化的规律也是不同的。因此,在选择电动机调速方法时,既要满足负载的要求,又要尽可能地使电动机得到充分利用。

2. 三相异步电动机的电气调速方法

由三相异步电动机的转速公式 $n = \dfrac{60f_1}{p}(1-s)$ 可知,三相异步电动机的调速方法有以下几种:

①变极调速,即改变定子绕组的磁极对数 p 调速。

②变频调速,即改变供电电源的频率 f_1 调速。

③变转差率调速,即改变电动机的转差率 s 调速,这种调速方法又分为:改变定子电压调速、绕线型异步电动机转子串电阻调速、绕线型异步电动机转子串级调速。

1)变极调速

(1)变极调速原理

变极调速是保持电源的频率不变,通过改变定子绕组的磁极对数来改变同步转速,从而改变转子的转速。利用这种方法调速时,定子绕组要特殊设计,与普通电动机的绕组不同,要求绕组可用改变外部接线的办法来改变磁极对数。由于电动机的磁极对数是成整数倍地改变,所以变极调速不可能做到转速平滑调节,是一种有级调速方法。

下面以双速电动机为例,介绍变极调速原理。双速电动机的定子绕组在制造时即分为两个相同的半相绕组,以 U 相绕组为例,分为 U_1-U_1' 和 U_2-U_2',如图 2-31 所示。

在图 2-31(a)中,两个半相绕组串联,电流由 U_1 流入,经 U_1'、U_2,由 U_2' 流出,这时绕组产生的磁极为四极,磁极对数 $p=2$。而图 2-31(b)中,两个半相绕组并联,电流由 U_1、U_2' 流入,由 U_1'、U_2 流出,这时绕组产生的磁极为二极,磁极对数 $p=1$。

由以上分析可知,变极调速是通过改变电动机定子绕组的组成和连接方式来改变磁极对数的。绕组改变一次磁极对数,可获得两个转速,成为双速电动机;改变两次磁极对数,可获得三个转速,成为三速电动机;同理还有四速、五速电动机,但要受定子结构和绕组接线的限制。

(2)双速电动机的接线方式

由于每相绕组可串联或并联,对于三相绕组可以接成星形和三角形,所以接线方式很多。双速电动机常用的接线方式有△/丫丫联结和丫/丫丫联结

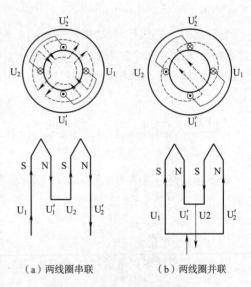

(a)两线圈串联　　(b)两线圈并联

图 2-31 改变磁极对数的方法

两种。本节只介绍△/丫丫联结,其他联结方式,请读者参阅有关资料自学。

三角形/双星形联结方式如图 2-32 所示。图中的 U_1、V_1、W_1 代表定子的首个半相绕组,也可用 1、2、3 表示;U_2、V_2、W_2 代表第二个半相绕组,也可用 4、5、6 来表示。

图 2-32(a)为定子绕组三角形联结,每半相绕组串联,为四极,低速接法。

图 2-32(b)为定子绕组双星形联结,每半相绕组并联,为二极,高速接法。

从三角形联结变成双星形联结后,磁极对数减半,转速增加一倍,转矩近似减小一半,功率近似保持不变,因而近似为恒功率调速方式。这种联结方式适用车床切削等恒功率负载的调速,如粗车时,进刀量大,转速低;精车时,进刀量小,转速高。但两者的功率是近似不变的。

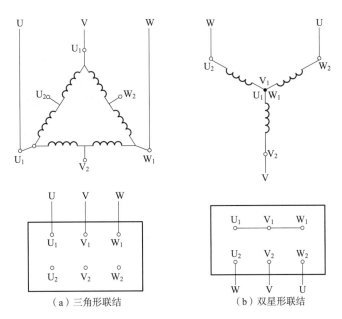

（a）三角形联结　　　（b）双星形联结

图 2-32　双速电动机定子绕组的三角形/双星形联结方式

注意: ①图 2-32 中在改变定子绕组接线的同时,将 U、W 两相的出线端进行了对调。这是因为在电动机定子的圆周上,电角度是机械角度的 p(磁极对数)倍,当磁极对数改变时,必然引起三相绕组的空间相序发生变化。例如,当 $p = 1$ 时,U、V、W 三相绕组的空间分布依次为 0°、120°、240°电角度。而当磁极对数变为 $p = 2$ 时,空间分布依次是 U 相为 0°、V 相为 120°×2 = 240°、W 相为 240°×2 = 480°(相当于 120°),这说明变极后绕组的相序改变了。所以,为了保证变极调速前后电动机的转向不变,在改变定子绕组接线的同时,必须将 U、V、W 三相中任意两相出线端对调。变极调速也有非整数倍变极的,其绕组接法较为复杂。

②变极调速方法只用于笼型异步电动机,因为笼型异步电动机在定子绕组变极的同时,转子极数也应相应改变,这样才能产生恒定的转矩。笼型转子极数能随定子极数的改变而自动地改变,但绕线型转子却不能。改变定子极数通常成倍地改变较方便,如二极变为四极,四极变为八极,只用形式相同的一套绕组进行换接即可。

2) 变频调速

变频调速是改变电源的频率 f_1 从而使电动机的同步转速 n_1 变化达到调速的目的。当转差率 s 变化不大时,转速 n 基本上与电源频率 f_1 成正比。连续调节电源频率,就可以平滑地改变电动机的转速。但是,单一地调节电源频率,将导致电动机的运行性能恶化,其原因如下。

电动机正常运行时,三相异步电动机的每相电压 $U_1 \approx E_1 = 4.44 K_1 f_1 \Phi_m N_1$,若电源电压 U_1 不变,当降低电源频率 f_1 调速时,则磁通 Φ_m 将增加,将使铁芯过饱和,从而导致励磁电流和铁损耗的大量增加,电动机温升过高等;而当 f_1 增大时,Φ_m 将减小,电磁转矩及最大转矩减小,电动机的过载能力降低,电动机的功率得不到充分利用。因此,为了使电动机能保持较好的运行性能,要求在调节 f_1 时,同时改变定子绕组的电压 U_1,从而保证磁通 Φ_m 不变。一般认为,在任何类型的负载下,进行变频调速时,若能保持电动机的过载能力不变,则电动机的运行性能较为理想。

以电动机额定频率 f_{1N} 为基准频率,简称基频。变频调速是以基频为分界线,可以从基频 f_{1N} 向上调速,也可以从基频 f_{1N} 向下调速。

(1)从基频 f_{1N} 向下变频调速

降低电源频率时,必须同时降低电源电压,以保持 U_1/f_1 为常数,使 Φ_m 为常数,这种调速为恒转矩调速。若忽略定子电阻 R_1,降低电源频率 f_1 调速的人为机械特性特点为:同步转速 n_1 与 f_1 成正比,最大转矩 T_{max} 不变,转速降 Δn = 常数,其特性斜率不变(与固有机械特性平行),机械特性较硬,在一定静差率的要求下,调速范围宽,而且稳定性好,由于频率可以连续调节,因此变频调速为无级调速,平滑性好,效率较高。

(2)从基频 f_{1N} 向上变频调速

当频率 f_1 从额定频率 f_{1N} 升高时,电源电压 U_1 不能从 U_{1N} 跟着上调,这是因为电动机受绝缘的限制,电压 U_1 不能升至高于额定电压 U_{1N}。因此,从基频向上变频调速时,只能保持 $U_1 = U_{1N}$,频率越高,磁通 Φ_m 越低,这种方法是一种降低磁通的方法。保持 U_{1N} 不变调速,近似为恒功率调速方式。

(3)变频电源

要实现三相异步电动机从基频 f_{1N} 向下变频调速,必须有能够同时改变电压和频率的供电装置。现有的交流供电电源都是恒压恒频的,所以必须通过变频装置才能获得变压变频电源。现应用最广的是静止变频装置,它可分为交-直-交变频装置和交-交变频装置。有关变频装置的内容请参阅变频技术的资料。

变频调速平滑性好、调速范围广、效率高、机械特性硬,只要控制端电压随频率变化的规律,就可以适应不同负载特性的要求,是异步电动机尤其是笼型异步电动机调速发展的方向。变频调速在很多领域获得了广泛应用,如轧钢机、工业水泵、鼓风机、起重机、纺织机等方面。其主要缺点是系统较复杂,成本较高。

3)改变转差率调速

变转差率调速是在不改变同步转速 n_1 条件下的调速,包括改变电压调速,绕线型异步电动机转子串电阻调速和转子串级调速。这些调速方法的共同特点是在调速过程中都产生较大的转差率。前两种调速方法是把转差的功率消耗在转子电路中,很不经济;而转子串级调速则能把转差的功率加以吸收或大部分反馈给电网,提高了经济性能。

(1)改变定子电压调速

改变定子电压调速的方法适用于笼型异步电动机。对于转子电阻大、机械特性曲线较软的笼型异步电动机,如果加在定子绕组上的电压发生改变,则负载转矩对应于不同的电源电压可获得不同的工作点。电动机调压调速的机械特性曲线如图 2-33 所示。该方法的调速范围较宽,缺点是电压较低时机械特性变得更软,负载较小的变化会引起转速很大的变化。可采用带速度负反馈的控制系统来解决该问题,现在多采用晶闸管交流调压电路来实现。

另外,当三相异步电动机的定子绕组电压降低时,最大转矩、起动转矩都减小,电动机的带负载能力因此而减弱,所以改变定子电压调速适用于转矩随转速降低而减小的负载(如通风机负载)。

这种调速方法在电动机转速较低时,转子电阻上损耗较大,使电动机发热较严重,所以这种调速方法不宜在低速下长期运行。

(2)绕线型异步电动机转子串电阻调速

转子串电阻调速只适用于绕线型异步电动机。绕线型异步电动机转子串电阻调速的特性曲线如图 2-34 所示,转子串电阻时最大转矩不变,临界转差率增大,所串的电阻越大,运行特性曲线的斜率越大。若带恒定负载时,原来运行在特性曲线的 a_1 点,转速为 n';转子串电阻 R_{sp1} 后,电动机就运行于 a_2 点,转速由 n' 降低为 n'';转子串电阻 R_{sp2} 后,电动机就运行于 a_3 点,转速降低为 n'''。

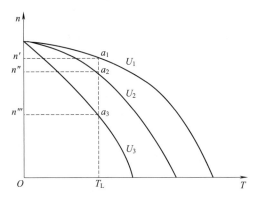

图 2-33　电动机调压调速的机械特性曲线

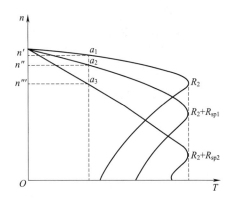

图 2-34　绕线型异步电动机的转子串
电阻调速的特性曲线

（3）绕线型异步电动机转子串级调速

转子串级调速就是在转子回路串联与转子电动势 e_2 同频率的附加电动势 e_{2d},通过改变附加电动势 e_{2d} 的大小和相位来实现调速的方式。这种调速方法适用于绕线型异步电动机。串级调速有低同步串级调速和超同步串级调速。低同步串级调速是 e_{2d} 和 e_2 的相位相反,串入 e_{2d} 后,转速降低了,串入附加电动势越大,转速降得越多,附加电动势装置从转子回路吸收电能回馈到电网。超同步串级调速是 e_{2d} 和 e_2 的相位相同,串入 e_{2d} 后,转速升高了,附加电动势装置和电源一起向转子回路输入电能。

转子串级调速性能比较好,但附加电动势装置比较复杂。随着晶闸管技术的发展,现已广泛应用于水泵和风机节能调速,应用于不可逆轧钢机、压缩机等生产机械的调速。

2.3.4　三相异步电动机的制动

三相异步电动机运行于电动状态时,电磁转矩与转速的方向相同,此时的电磁转矩是驱动转矩。运行于制动状态时,电磁转矩和转速的方向相反,此时的电磁转矩是制动转矩。制动可以使电动机快速停车,或者使位能性负载(如起重机下放重物、运输工具在下坡运行时)获得稳定的下降速度。三相异步电动机的制动方法有机械制动和电气制动。

1. 三相异步电动机的机械制动

机械制动是利用机械装置,在定子绕组切断电源时,同时在电动机转轴上施加机械阻力矩,使电动机迅速停转的方法,如利用电磁铁制成的电磁抱闸来实现。电动机起动时,电磁抱闸线圈同时通电,电磁铁吸合,使抱闸打开;电动机断电时,电磁抱闸线圈同时断电,电磁铁释放,在复位弹簧作用下,抱闸把电动机转轴紧紧抱住,实现制动。起重机械采用这种方法制动不但提高了生产效率,还可以防止在工作过程中因突然断电使重物滑下而造成事故。洗衣机的脱水装置也是采用电磁抱闸制动的。机械抱闸闸皮容易磨损,长期使用会使制动力矩减小,且机械故障率较高。

2. 三相异步电动机的电气制动

电气制动是在电动机转子导体内产生反向电磁转矩来制动,使电动机迅速停转的方法。电气制动分为能耗制动、反接制动和回馈制动等。

（1）能耗制动

三相异步电动机能耗制动接线图如图 2-35（a）所示。制动方法是在切断电源开关 QS_1 的同时闭合开关 QS_2,在定子两相绕组间通入直流电流,于是定子绕组产生一个恒定磁场,转子因惯性而旋转切割该恒定磁场,在转子绕组中产生感应电动势和电流。由图 2-35（b）可判得,转子的载流导体与恒定磁场相互作用产生电磁转矩,其方向与转子转向相反,起制动作用,因此转速迅速下降;当转速下降至零时,转子感应电动势和电流也降为零,制动过程结束。制动期间,运转部分的动能转变为电能消耗在转子回路的电阻上,故称为能耗制动。

对于笼型异步电动机,可调节直流电流的大小来控制制动转矩的大小;对于绕线型异步电动机,还可采用转子串电阻的方法来增大初始制动转矩。

能耗制动的优点是制动力强,制动较平稳,停车准确,消耗电能少;缺点是需要专门的直流电源。能耗制动广泛应用于要求平稳、准确停车的场合,也可用于起重机一类机械上,用来限制重物的下降速度,使重物匀速下降。

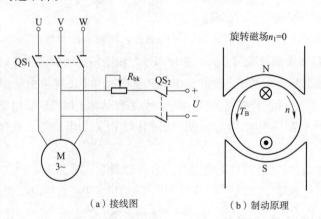

（a）接线图　　　　（b）制动原理

图 2-35　三相异步电动机的能耗制动

（2）反接制动

反接制动又可分为电源反接制动和倒拉反接制动。这里只分析电源反接制动,关于倒拉反接制动,请参考其他有关资料。

电源反接制动是通过改变运行中的电动机的电源相序来实现的,即换接电源两根线。接线图如图 2-36（a）所示。制动时将电源开关 QS 由“运转”位置切换到“制动”位置,把它的任意两相电源接线对调。由于电压相序相反,所以定子旋转磁场方向也相反,而转子由于惯性仍继续按原方向旋转,这时转矩方向与电动机的旋转方向相反,如图 2-36（b）所示,成为制动转矩。

若制动的目的仅为停车,则在转速接近于零时,可利用某种控制电器将电源自动切除,否则电动机将会反转。由于反接制动时,转子以 $(n+n_1)$ 的速度切割旋转磁场,因而定子及转子绕组中的电流较正常运行时大十几倍,为保护电动机不致过热而烧毁,为了限制制动电流和增大制动转矩,笼型异步电动机反接制动时应在定子电路中串入电阻限流,绕线型异步电动机可在转子回路串入制动电阻。

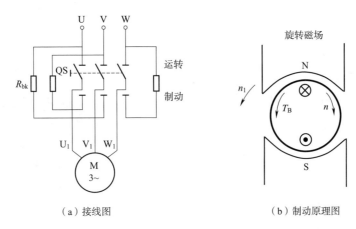

（a）接线图　　　　　　　（b）制动原理图

图 2-36　三相异步电动机的反接制动

　　电源反接制动不需要另加直流设备,比较简单,制动力矩较大,停车迅速;机械冲击和能耗都较大,不能实现准确停车。通常用于起动不频繁、功率小于 10 kW 的电力拖动中。

　　（3）回馈制动

　　回馈制动发生在电动机转速 n 大于定子旋转磁场转速 n_1 的时候,如当起重机下放重物时,重物拖动转子,使转速 $n > n_1$,这时转子绕组切割定子旋转磁场方向与原电动状态相反,则转子绕组感应电动势和电流方向也随之相反,电磁转矩方向也相反,即由转向同向变为反向,成为制动转矩,如图 2-37 所示,使重物受到制动而均匀下降。实际上,这台电动机已转入发电机运行状态,它将重物的势能转变为电能而回馈到电网,故称为回馈制动。

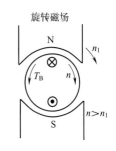

图 2-37　回馈制动原理图

　　前述的变极调速电动机,当从高速（少极）调至低速（多极）瞬间,转子的转速高于多极的同步转速,就产生了回馈制动作用,迫使电动机转速迅速下降。

【技能训练】——三相异步电动机的起动、反转、调速与制动测试

1. 技能训练的内容

三相异步电动机的起动、反转、调速与制动测试。

2. 技能训练的要求

掌握三相异步电动机的各种起动、反转、调速和制动方法及线路连接。

3. 设备器材

①电机与电气控制实验台(1 台)。

②导轨、测速发电机及转速表(1 套)

③校正直流测功机(1 台)。

④三相笼型、绕线型、双速电动机(各 1 台)

⑤交流电压表、电流表(各 1 块)。

⑥直流电压表、电流表(各 1 块)。

⑦三相自耦变压器(1台)。

⑧起动电阻箱(1台)。

⑨调速电阻箱(1台)。

4. 技能训练的步骤

(1)三相异步电动机的起动试验

①三相异步电动机星形-三角形换接降压起动。按图2-38接线。线接好后把调压器退到零位。三刀双掷开关合向右边(星形接法)。合上电源开关,逐渐调节调压器,使其升压至电动机额定电压220 V,打开电源开关,待电动机停转。合上电源开关,观察起动瞬间电流,然后把QS合向左边,使电动机(三角形接法)正常运行,整个起动过程结束。观察起动瞬间电流表的显示值以与其他起动方法做定性比较。

②自耦变压器降压起动。按图2-39接线。电动机绕组为△接法。三相调压器退到零位,开关S合向左边。合上电源开关,调节调压器,使其输出电压达电动机额定电压220 V,断开电源开关,待电动机停转。开关S合向右边,合上电源开关,使电动机经自耦变压器降压起动(自耦变压器抽头输出电压分别为电源电压的40%、60%和80%)并经一定时间再把QS合向左边,使电动机按额定电压正常运行,整个起动过程结束。观察起动瞬间电流。

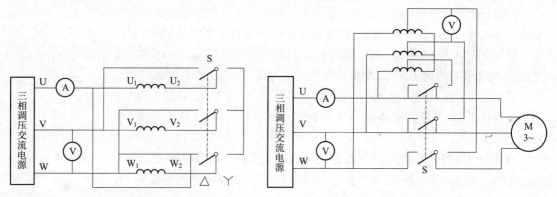

图2-38 三相异步电动机星形-三角形
　　　　换接降压起动接线图

图2-39 三相笼型异步电动机自耦变压器降压起动

③三相绕线型异步电动机转子绕组串入可变电阻起动。三相异步电动机的定子绕组采用星形接法,按图2-40接线。

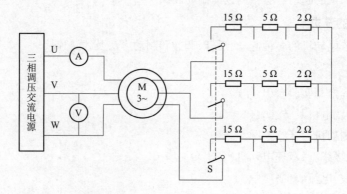

图2-40 三相绕线型异步电动机转子绕组串入可变电阻起动

转子每相串入起动电阻箱,调压器退到零位。接通交流电源,调节输出电压(观察电动机转向,应符合要求),在定子电压为 220 V,转子绕组分别串入不同电阻时,测取定子电流,将数据填入表 2-9 中。

表 2-9 三相绕线型异步电动机转子串起动电阻起动数据表

R_{st}/Ω	0	2	5	15
I_{st}/A				

(2)三相异步电动机的反转试验

交换三相电源两根相线,观察三相异步电动机的旋转方向。

(3)三相异步电动机的调速试验

①三相绕线型异步电动机转子绕组串入可变电阻调速。按图 2-40 所示接好线路。同轴连接校正直流电机 MG 作为绕线型异步电动机 M 的负载。电路接好后,将 M 的转子附加电阻调至最大。合上电源开关,电动机空载起动,保持调压器的输出电压为电动机额定电压 220 V,转子附加电阻调至零。调节校正直流电机的励磁电流 I_f 为校正值(100 mA 或 50 mA),再调节直流发电机负载电流,使电动机输出功率接近额定功率并保持输出转矩 T_2 不变,改变转子附加电阻(每相附加电阻分别为 0 Ω、2 Ω、5 Ω、15 Ω),测相应的转速并填入表 2-10 中。

表 2-10 三相绕线型异步电动机转子串入可变电阻调速数据表

R_p/Ω	0	2	5	15
$n/(r/min)$				

②三相笼型异步电动机变极调速,按图 2-41 所示接线。

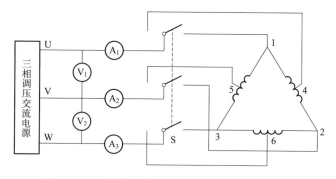

图 2-41 三相笼型异步电动机变极调速(2/4 极)

把开关 S 合向右边,使电动机为三角形接法(四极电动机)。接通交流电源(合控制屏上起动按钮),调节调压器,使其输出电压为电动机额定电压 220 V,并保持恒定,读出各相电流、电压及转速。

把 QS 合向左边(YY 接法),并把右边三端点用导线短接。电动机空载起动,保持输入电压为额定电压,读出各相电流、电压及转速,将数据填入表 2-11 中。

表 2-11　三相笼型异步电动机变极调速数据表

项目	电流/A			电压/V		$n/(\text{r/min})$
	I_U	I_V	I_W	U_{UV}	U_{VW}	
四极						
二极						

（4）三相异步电动机的反接制动试验

自拟三相异步电动机的反接制动试验线路图，并进行试验。

5. 注意事项

在上述各试验中，注意电动机的电压与接法对应，不能超过额定电压。

【思考题】

①根据什么来选择三相异步电动机的起动方法？

②为什么三相笼型异步电动机起动电流很大，起动转矩并不大？

③三相笼型异步电动机采用直接起动的条件是什么？不能直接起动时，为什么可以采用降压起动？降压起动时，对起动转矩有什么要求？

④试推导三相异步电动机丫－△换接降压起动时起动电流、起动转矩与直接起动时的关系。

⑤为什么三相绕线型异步电动机在转子回路中串入适当电阻既可减小起动电流，又可增大起动转矩？若将电阻串在定子电路中，是否可以起到同样的作用？为什么？

⑥三相异步电动机在正常运行时，如转子突然卡住而不能转动，有何危险？为什么？

⑦为什么说变极调速适用于笼型异步电动机，而对绕线型异步电动机却不适用？

⑧在变极调速时，为什么要改变定子绕组相序？在变频调速时，改变频率的同时还要改变电压使 $U_1/f_1 =$ 常数，这是为什么？

⑨三相异步电动机能耗制动时，制动转矩与通入定子绕组的直流电流有何关系？转子回路电阻对制动开始时的制动转矩有何影响？

⑩一台三相异步电动机拖动额定负载稳定运行，若电源电压突然下降了20%，此时电动机定子电流是增大还是减小？为什么？对电动机将造成什么影响？

⑪生产设备在运行中哪些操作会涉及制动问题？三相异步电动机有哪几种制动方法？各有什么优、缺点？各适用于哪些场合？

⑫三相绕线型异步电动机转子串频敏变阻器起动，其机械特性有何特点？为什么？频敏变阻器的铁芯与变压器的铁芯有何区别？为什么？

2.4　三相交流异步电动机的使用、维护与检修

三相交流异步电动机应用广泛，选用电动机应以实用、合理、经济、安全为原则，根据拖动机械的需要和工作条件进行选择。对运行中的异步电动机进行实时监控与维护，是保证电动机稳定、可靠、经济运行的重要措施。异步电动机在长期使用过程中，经常发生各种故障，影响正常的生产。为了提高生产效率，避免较大故障的发生，应定期或不定期对电动机进行检修。本节介绍三相交流异步电动机的使用、维护和检修等知识。

2.4.1 三相交流异步电动机的选择原则

1. 电动机类型的选择

三相交流异步电动机有笼型和绕线型两种类型。

三相笼型异步电动机结构简单,价格便宜,运行可靠,使用维护方便。如果没有特殊要求,应尽可能采用三相笼型异步电动机,例如水泵、风机、运输机、压缩机以及各种机床的主轴和辅助机构等,绝大部分都可用三相笼型异步电动机来拖动。

绕线型异步电动机起动转矩大,起动电流小,并可在一定范围内平滑调速,但结构复杂,价格较高,使用和维护不便,且故障率较高,所以只有在起动负载大和有一定调速要求,且不能采用三相笼型异步电动机拖动的场合,才选用绕线型异步电动机,例如某些起重机、卷扬机、轧钢机、锻压机等,可选用绕线型异步电动机来拖动。

在只有单相交流电源或功率很小的场合,如家用电器和医疗器械等,可采用单相异步电动机,其中电容分相式单相异步电动机能够进行正反转控制,而罩极式电动机只能单方向运转。

在有特殊要求的场合,可选用特种异步电动机。例如要求直接带动低速机械工作时,可选用力矩电动机;要求在自动控制系统中作为执行元件来驱动控制对象时,可选用伺服电动机或步进电动机等;要直接带动机械做直线运动时,可选用直线异步电动机。特种异步电动机的结构、工作原理及应用将在后面内容(第4章)中做详细的介绍。

2. 容量(额定功率)的选择

电动机的额定功率是由生产机械所需的功率决定的。如果额定功率选得过大,出现"大马拉小车"的现象,不但设备投资造成浪费,电动机轻载运行时,功率因数和效率都很低,运行经济性差;如果功率选得过小,出现"小马拉大车"的现象,将引起过载甚至堵转,不仅不能保证生产机械的正常运行,还会使电动机温升过高超过允许值,过早损坏。

电动机的额定功率是和一定的工作制相对应的。在选用电动机的功率时,应考虑电动机的实际工作方式。电动机的基本工作制有"连续"、"短时"和"断续"三种。

（1）连续工作制（S1）

对于连续工作的生产机械,如水泵、风机等,只要电动机的额定功率等于或稍大于生产机械所需的功率,电动机的温升就不会超过允许值。因此,所选的电动机的额定功率为

$$P_N \geq \frac{P_L}{\eta_1 \eta_2} \tag{2-31}$$

式中,P_L为生产机械的负载功率;η_1为生产机械本身的效率;η_2为电动机与生产机械之间的传动效率,直接连接时 $\eta_2 = 1$,带传动时 $\eta_2 = 0.95$。

（2）短时工作制（S2）

当电动机在恒定负载下按给定时间运行而未达到热稳定时即停机,使电动机再度冷却至与冷却介质温度之差在 2 ℃ 以内,这种工作制称为短时工作制。我国规定短时工作制的标准持续时间有 10 min、30 min、60 min、90 min 等四种。专为短时工作制设计的电动机,其额定功率是和一定标准的持续时间相对应的。在规定的时间内,电动机以输出额定功率工作,其温升不会超过允许值。就某台电动机而言,它在短时工作时的额定功率大于连续工作时的额定功率。

短时工作制的电动机,输出功率的计算与连续工作制一样。如果实际的工作持续时间与标准

持续时间不同,则应按略大于实际工作持续时间的标准持续时间来选择电动机;如果实际工作持续时间超过最大的标准持续时间(90 min),则应选用连续工作制电动机;如果实际工作持续时间比最小的标准持续时间(10 min)还短得多,这时也可以选用连续工作制电动机,但其功率则按过载系数 λ_m 来计算,短时运行电动机的额定功率可以是生产机械所要求功率的 $1/\lambda_m$ 倍,即

$$P_N \geqslant \frac{P_L}{\lambda_m \eta_1 \eta_2} \tag{2-32}$$

(3)断续工作制(S3)

断续工作制是一种周期性重复短时运行的工作方式,每一周期包括一段恒定运行时间 t_1 和一个间歇时间 t_2。标准的周期时间为 10 min。工作时间与周期时间的比值称为负载持续率,通常用百分数表示。我国规定的标准持续率有 15%、25%、40% 和 60% 四种,如不加说明,则以 25% 为准。

专门用于断续工作的异步电动机为 YZ 和 YZR 系列,常用于吊车、桥式起重机等生产机械上。选择这类电动机应考虑其负载持续率,同一型号的电动机,负载持续率越小,其额定功率越大。

实际上,在很多场合下,电动机所带的负载是经常变化的。例如机床加工工件,刀具和切削用量是经常变化的,因此用计算法来确定电动机的功率很困难,而且所得结果也很不准确。为此实际上常采用类比法,即通过调查研究,将各国同类的先进生产机械所选用的电动机功率进行类比和统计分析,寻找出电动机功率与生产机械主要参数之间的关系。

此外,还有一种选择电动机功率的办法,称为试验法。是用一台同类型的或相近类型的生产机械进行试验,测出其所需的功率。也可将试验法与类比法结合起来进行选择。

3. 额定电压的选择

电动机的额定电压应根据使用场所的电源电压和电动机的功率来决定。一般三相电动机都选用额定电压 380 V,单相电动机都选用额定电压 220 V。所需功率大于 100 kW 时,可根据当地电源情况和技术条件考虑选用 3 kV、6 kV 或 10 kV 的高压电动机。

4. 额定转速的选择

电动机转速的选择,应根据生产机械的要求、设备的投资以及传动系统的可靠性来确定。同一类型、额定功率相同的电动机,高速电动机比低速电动机的体积小、质量小、效率高、成本低,因此选用高速电动机较为经济。但若生产机械要求低速时,选用高速电动机就要采用高传速比的变速装置,不但传动复杂,增加设备投资,而且传动效率低,工作可靠性差。所以,选用电动机的转速应等于或略大于生产机械的转速,尽量不用减速装置,或者采用低传速比的减速装置。比较常用的同步转速为 1 500 r/min。许多场合,即使生产机械的转速很低,也可选用与它配合的低速电动机。虽然电动机贵一些,但可采用直接耦合传动,省去变速装置,降低投资,提高传动效率,总的技术经济指标上可能还是比较合理的。

5. 结构的选择

电动机的外形结构有开启式、防护式、封闭式和防爆式等几种,应根据电动机的工作环境进行选择。

①开启式。在结构上无特殊防护装置,通风散热好,价格便宜,适用于干燥无灰尘的场所。

②防护式。在机壳或端盖处有通风孔,一般可防雨、防溅及防止铁屑等杂物掉入电动机内部,但不能防尘、防潮,适用于灰尘不多且较干燥的场所。

③封闭式。外壳严密封闭,能防止潮气和灰尘进入,适用于潮湿、多尘或含有酸性气体的场所。

④防爆式。整个电动机(包含接线端)全部密封,适用于有爆炸性气体的场所,例如在石油、化工企业及矿井中。

2.4.2　三相交流异步电动机起动前的准备和起动时注意事项

1. 三相交流异步电动机起动前的准备

①新安装或长期停用的电动机,在使用前应检查电动机的定子、转子绕组各相之间和绕组对地的绝缘电阻。要求每 1 kV 工作电压(额定电压)绝缘电阻不得小于 1 MΩ。对额定电压 500 V 以下的电动机,采用 500 V 兆欧表测量,在常温下测得其绝缘电阻≥0.5 MΩ;对于额定电压 500 ~ 3 000 V 的电动机,采用 1 000 V 的兆欧表;对于额定电压 3 000 V 以上的电动机,采用 2 500 V 的兆欧表,高电压电动机的绝缘电阻值不得低于以额定计算每 1 kV 为 1 MΩ。否则应对定子绕组进行干燥处理。干燥时的温度不允许超过 120 ℃。

②对新安装的电动机应检查接触螺栓、机座紧固螺栓、轴承螺母是否拧紧;检查电动机装置,如皮带轮或联轴器是否完好。

③检查电动机及起动设备的接地装置是否可靠和完整,接线是否正确,接触是否良好。

④核对电动机铭牌上的型号、额定功率、额定电压、额定电流、额定频率、工作制式与实际是否相符,接线是否正确。

⑤对绕线型异步电动机,应检查集电环上的电刷和电刷的提升机构是否处于正常工作状态,电刷压力为 0.015 ~ 0.025 MPa。

⑥检查轴承是否有润滑油(脂),是否正常。对滑动轴承电动机,应达到规定的油位;对滚动轴承电动机,应达到规定的油量,以保证润滑。用手转动电动机的转轴看转动是否灵活。

⑦对不可逆转的电动机,应注意检查运行方向是否与指示箭头方向一致。

2. 起动时注意事项

①经上述准备和检查后,方可起动电动机。当合闸后,若电动机不转,应迅速果断地拉闸断电,以免烧坏电动机,并仔细查明原因,及时处理。

②电动机起动应空转一段时间,注意观察轴承温升,不得超过规定值,且应注意噪声、振动是否正常。若有不正常现象,应消除后再重新起动。

③笼型异步电动机采用全压起动时,次数不宜过于频繁。绕线型异步电动机起动前,应注意检查起动电阻是否接入。接通电源后,随着电动机转速的升高而逐渐切除起动电阻。

④多台电动机由同一台变压器供电时,不能同时起动,应由大到小逐台起动,以免起动电流过大。

2.4.3　三相交流异步电动机运行中的监视与维护

电动机投入运行,应经常进行监视与维护,以了解其工作状态,并及时发现异常现象,将故障消除在萌芽之中。

1. 监视电源电压、频率的变化和电压的不平衡度

电源电压和频率过高或过低,三相电压的不平衡造成的电流不平衡,都可能引起电动机过热或出现其他不正常现象。通常,电源电压的波动值不应超过额定电压的 ±10%,任意两相电压之差

不应超过额定电压的5%。为了监视电源电压,在电动机电源上最好装一只电压表和转换开关。频率(电压为额定)与额定值的偏差不超过±1%。

2. 监视电动机的运行电流

在正常情况下,电动机的运行电流不应超过铭牌上标出的额定电流。同时,还应注意三相电流是否平衡。通常,任意两相间的电流之差不应大于额定电流的10%。对于容量较大的电动机,应装设监视电流表监测;对于容量较小的电动机,应随时用钳形电流表测量。

3. 监视电动机的温升

电动机的温升不应超过其铭牌上标明的允许温升限度。检查电动机温升可用温度计测量。最简单的方法是用手背触及电动机外壳,如感觉烫手,则表明电动机过热,此时可在外壳上洒几滴水,如果水急剧汽化,且有咝咝声,则表明电动机明显过热。

4. 检查电动机运行中的声音、振动和气味

对运行中的电动机应经常检查其外壳有无裂纹,螺钉是否有脱落或松动,电动机有无异响或振动等。监视时,要特别注意电动机有无冒烟和异味出现,若嗅到焦糊味或看到冒烟,必须立即停机检查处理。

5. 监视轴承工作情况

对轴承部位,要注意它的温度和响声。温度升高、响声异常,则可能是轴承缺油或磨损。用联轴器传动的电动机,若中心校正不好,会在运行中发出响声,并伴随着振动。

6. 监视传动装置工作情况

电动机运行中应注意观察带轮或联轴器是否松动,传送带不应有打滑或跳动现象。若传送带太松,应进行调整,并防止传送带受潮。经常注意传送带与带轮结合处的连接。

在发生严重故障情况时,如人身触电事故;电动机冒烟;电动机剧烈振动;电动机轴承剧烈发热;电动机转速突然下降,温度迅速升高,应立即停机处理。

2.4.4　三相交流异步电动机的定期检修

为了延长电动机的使用寿命,除了上述监视与维护外,还要定期检修。定期检修分为定期小修(对电动机的一般清理和检查,不拆开电动机)和定期大修(全部拆开电动机)两种。

1. 电动机的定期小修

小修一般对电动机起动设备和其他装置不做大的拆卸,仅为一般检修,每半年小修一次。定期小修的主要内容包括:

①清擦电动机外壳,除掉运行中积累的污垢。

②测量电动机绝缘电阻,测后注意重新接好线,拧紧接线头螺钉。

③检查电动机端盖,地脚螺钉是否紧固。

④检查电动机接地线是否可靠。

⑤检查电动机与负载机械间传动装置是否良好。

⑥拆下轴承盖,检查润滑油是否变脏、干涸,及时加油或换油。处理完毕后,注意上好端盖及紧固螺钉。

⑦检查电动机附属起动和保护设备是否完好。

⑧检查电动机风扇是否损坏、松动。

⑨检查电动机电源接线与绝缘是否良好。

小修要是发现问题,应及时处理,确保电动机的安全正常运行。

2. 电动机的定期大修

在正常情况下,电动机的大修周期为 1～2 年。电动机的定期大修应结合负载机械的大修进行。大修时,拆开电动机进行以下项目的检查修理。

①检查电动机各部件有无机械损伤,若有则应做相应修复。

②对拆开的电动机和起动设备进行清理,清除所有油泥、污垢。清理中,注意观察绕组绝缘状况。若绝缘为暗褐或深棕色,说明绝缘已经老化,对这种绝缘要特别注意不要碰撞使它脱落。若发现有脱落,应进行局部绝缘修复和刷漆。

③拆下轴承,浸在柴油或汽油中彻底清洗。把轴承架与钢珠间残留的油脂及脏污洗掉后,用干净柴(汽)油清洗一遍。清洗后的轴承应转动灵活,不松动。若轴承表面粗糙,则说明油脂不合格;若轴承表面变色(发蓝),则它已受热退火。应根据检查结果,对油脂或轴承进行更换,并消除故障原因(如清除油中砂、铁屑等杂物;正确安装电动机等)。

轴承安装时,加油应从一侧加入。油脂占轴承内容积 1/3～2/3 即可。油加得太满会发热流出。润滑油可采用钙基润滑脂或钠基润滑脂。

④检查定子绕组是否存在故障。使用兆欧表测绕组绝缘电阻可判断绕组绝缘是否受潮或是否有短路。若有,应进行相应处理。

⑤检查定子、转子铁芯有无磨损和变形。若观察到有磨损处或发亮点,则说明可能存在定、转子铁芯相擦。若有变形,应做相应修复。

⑥在进行以上各项修理、检查后,对电动机进行装配、安装。

⑦安装完毕的电动机,应按照大修后的试验与检查要求内容和方法进行修理后检查。在各试验项目进行完毕,符合要求后,方可带负载运行。大修后的试验与检查内容主要包括:装配质量检查、绕组绝缘电阻测定、绕组直流电阻测定、定子绕组交流耐压试验、空载检查和空载电流的测定。

2.4.5　三相交流异步电动机的常见故障及修理方法

(1)故障检查方法

电动机常见的故障可以归纳为机械故障:如负载过大、轴承损坏、转子扫堂(转子外缘与定子内壁摩擦)等。电气故障:如绕组断路或短路等。三相交流异步电动机的故障现象比较复杂,同一故障可能出现不同的现象,而同一现象又可能由不同的原因引起。在分析故障时要透过现象抓住本质,把理论知识和实践经验相结合,才能及时准确地查出故障原因。

检查方法如下:一般的检查顺序是先外部后内部、先机械后电气、先控制部分后机组部分。采用"问、看、闻、摸"的办法。

问:首先应详细询问故障发生的情况,尤其是故障发生前后的变化,如电压、电流等。

看:观察电动机外表有无异常情况,端盖、机壳有无裂痕,转轴有无转弯,转动是否灵活,必要时打开电动机观察绝缘漆是否变色,绕组有无烧坏的地方。

闻:用鼻子闻一闻有无特殊气味,辨别是否有绝缘漆或定子绕组烧毁的焦糊味。

摸:用手触摸电动机外壳及端盖等部位,检查螺栓有无松动或局部过热(如机壳某部位或轴承室附近等)情况。

如果表面观察难以确定故障原因,可以使用仪表测量,以便做出科学、准确的判断。其步骤如下:

①用兆欧表分别测绕组相间绝缘电阻、对地绝缘电阻。

②如果绝缘电阻符合要求,用电桥分别测量三相绕组的直流电阻是否平衡。

③前两项符合要求即可通电。用钳形电流表分别测量三相电流,检查其三相电流是否平衡而且是否符合规定。

三相交流异步电动机绕组损坏大部分是由单相运行造成的,即正常运行的电动机突然一相断电,而电动机仍在工作,由于电流过大,如不及时切断电源,势必烧毁绕组。单相运行时,电动机声音极不正常,发现后应立即停车。造成一相断电的原因是多方面的,如一相电源线断路、一相熔断器熔断、开关一相接触失灵、接线头一相松动等。

此外,绕组短路故障也较常见,主要是绕组绝缘不同程度的损坏所致,如绕组对地短路、绕组相间短路和一相绕组本身的匝间短路等都将导致绕组不能正常工作。

当绕组与铁芯间的绝缘(槽绝缘)损坏时,发生接地故障,由于电流很大,可能使接地点的绕组烧断或使熔丝熔断,继而造成单相运行。

相间绝缘损坏或电动机内部的金属杂物(金属碎屑、螺钉、焊锡豆等)都可导致相间短路,因此装配时一定要注意电动机内部的清洁。

一相绕组如有局部导线的绝缘漆损坏(如嵌线或整形时用力过大,或有金属杂物)可使线圈间造成短接,就是匝间短路,使绕组有效圈数减少,电流增大。

(2)故障处理方法

电动机在运行过程中,由于各种原因会发生各种故障。三相异步电动机的常见故障及处理方法见表 2-12。

表 2-12 三相异步电动机的常见故障及处理方法

故障现象	原因分析	处理方法
不能起动或转速低	(1)电源电压过低; (2)熔断器熔断一相或其他连接处断开一相; (3)定子绕组断路; (4)绕线型转子内部或外部断路或接触不良; (5)笼型转子断条或脱焊; (6)定子绕组三角形接法的,误接成星形接法; (7)负载过大或机械卡住	(1)检查电源; (2) (3)} 用兆欧表或万用表检查有无断路或接触 (4) 不良; (5)将电动机接在 15%~30% 额定电压的三相电源上,测量三相电流,如电流随转子的位置变化,说明有断条或脱焊; (6)检查接线并改正; (7)检查负载及机械部件
三相电流不平衡	(1)定子绕组一相首、末两端接反; (2)电源不平衡; (3)定子绕组有线圈短路; (4)定子绕组匝数错误; (5)定子绕组部分线圈接线错误	(1)用低压单相交流电源、指示灯或电压表等确定绕组首、末端,重新接线; (2)检查电源; (3)检查有无局部过热; (4)测量绕组电阻; (5)检查接线并改正
过热	(1)过载; (2)电源电压太高; (3)定子铁芯短路; (4)定子、转子相碰; (5)通风散热障碍;	(1)减载或更换电动机; (2)检查并设法限制电压波动; (3)检查铁芯; (4)检查铁芯、轴、轴承、端盖等; (5)检查风扇通风道等;

续表

故障现象	原因分析	处理方法
过热	(6)环境温度过高; (7)定子绕组短路或接地; (8)接触不良; (9)缺相运行; (10)线圈接线错误; (11)受潮; (12)起动过于频繁	(6)加强冷却或更换电动机; (7)检查绕组直流电阻、绝缘电阻; (8)检查各接触点; (9)检查电源及定子绕组的连续性; (10)照图纸检查并改正; (11)烘干; (12)按规定频率起动
滑环火花大	(1)电刷牌号不符; (2)电刷压力过小或过大; (3)电刷与滑环接触不良; (4)滑环不平、不圆或不清洁	(1)更换电刷; (2)调整电刷压力（一般电动机为 0.015 ~ 0.025 MPa,牵引和起重电动机 0.025 ~ 0.040 MPa）; (3)研磨、修理电刷和滑环; (4)修理滑环
内部冒烟起火	(1)电刷下火花太大; (2)内部过热	(1)调整、修理电刷和滑环; (2)消除过热原因
振动和响声大	(1)地基不平,安装不好; (2)轴承缺陷或装配不良; (3)转动部分不平衡; (4)轴承或转子变形; (5)定子或转子绕组局部短路; (6)定子铁芯压装不紧	(1)检查地基和安装; (2)检查轴承; (3)必要时做静平衡或动平衡试验; (4)检查转子并校正; (5)拆开电动机,用万用表检查; (6)检查铁芯并重新压紧
外壳带电	(1)接地不良; (2)接线板损坏或污垢太多; (3)绕组绝缘损坏; (4)绕组受潮	(1)查找原因,予以改正; (2)更换或清理接线板; (3)查找绝缘损坏部位,修复并进行绝缘处理; (4)测量绕组绝缘电阻,如阻值太低,进行干燥或绝缘处理

【思考题】

①如何选用三相异步电动机?

②在三相异步电动机运行前,应做哪些检查? 运行中做哪些维护?

③怎样检查三相异步电动机的故障?

④发生哪些严重故障情况时,电动机应立即停机?

⑤三相异步电动机定期小修和定期大修各需要进行哪些项目?

⑥三相异步电动机常见故障有哪些? 如何修理?

2.5 单相异步电动机

单相交流电源供电的异步电动机称为单相异步电动机。单相异步电动机具有结构简单、造价低廉、运行可靠、只需单相交流电源等优点。因而被广泛用于家用电器、电动工具及医疗器械等方面。但它与同容量的三相异步电动机相比,体积大、功率因数和效率较低,因此单相异步电动机的容量一般不大,通常从几瓦到几百瓦。随着科学技术的发展,单相异步电动机的体积不断缩小,目前,我国生产的单相异步电动机功率可达几千瓦。在只有单相交流电源或负载所需功率较小的场合,如电风扇、电冰箱、洗衣机、医疗器械及某些电动工具上,常采用单相异步电动机。本节介绍单相异步电动机的结构、工作原理与使用,单相异步电动机的常见故障与处理方法。

2.5.1 单相异步电动机的结构和工作原理

1. 单相异步电动机的结构

单相异步电动机的构造与三相笼型异步电动机相似,它的转子也是笼型,而定子绕组是单相的,在定子与转子之间有一定的气隙。单相异步电动机的结构如图 2-42 所示。

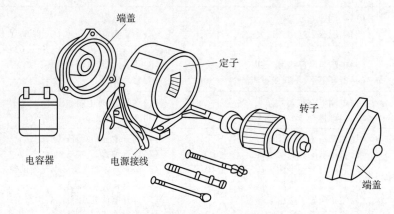

图 2-42　单相异步电动机的结构

2. 单相异步电动机的工作原理

当定子绕组通入单相交流电时,便产生一个交变的脉动磁通,这个磁通的轴线在空间是固定的,但可分解为两个等量、等速而反向的旋转磁通,如图 2-43 所示。

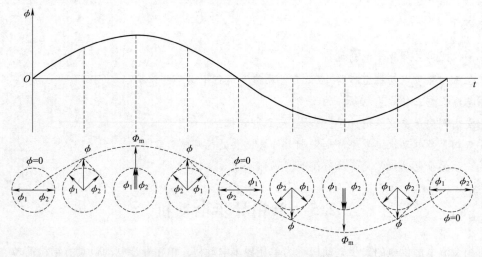

图 2-43　脉动磁通分解为两个旋转磁通

转子不动时,这两个旋转磁通与转子间的转差相等,分别产生两个等值而反向的电磁转矩,净转矩为零。也就是说,单相异步电动机的起动转矩为零,这是它的主要缺点之一。

如果用某种方法使转子旋转一下,如使它顺时针方向转一下,那么这两个旋转磁通与转子间的转差不相等,转子将会受到一个顺时针方向的净转矩而持续地旋转起来。

2.5.2 单相异步电动机的起动、反转和调速

1. 单相异步电动机的起动

从单相异步电动机的工作原理分析可知,单相异步电动机如果只有一套绕组,则没有起动转矩,无法自行起动,所以在使用单相异步电动机时,首先必须解决单相异步电动机的起动问题。根据起动方法不同,单相异步电动机可分为分相式、罩极式单相异步电动机,其中分相式又分为电容分相式和电阻分相式单相异步电动机。

1)分相式单相异步电动机

(1)分相式单相异步电动机的起动原理

如果在单相异步电动机的定子中安放两个相同的绕组:绕组 1-1′和绕组 2-2′,并且在空间相差 90°电角度,这样的两个绕组称为两相对称绕组,如图 2-44(b)所示。若在该两相绕组中通以大小相等、相位相差 90°电角度的对称电流,即 $i_1 = I_\mathrm{m}\sin\omega t$ 通入 1-1′中,$i_2 = I_\mathrm{m}\sin(\omega t - 90°)$ 通入 2-2′中。两相对称电流波形如图 2-44(a)所示。两相对称电流在两相绕组中产生旋转磁场的过程如图 2-44(b)所示。

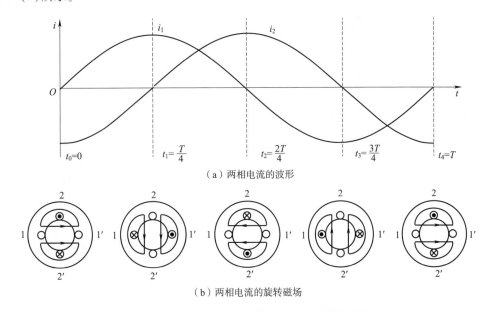

（a）两相电流的波形

（b）两相电流的旋转磁场

图 2-44   互差 90°电角度的两相电流的旋转磁场

由图 2-44 可见,如果在空间相差 90°电角度的两相对称绕组中,通入互差 90°电角度的两相交流电流,结果产生了旋转磁场。旋转磁场的转速为 $n = 60f_1/p$,旋转磁场的幅值不变,这样的旋转磁场与三相异步电动机旋转磁场的性质相同,称为圆形旋转磁场。用同样的方法可以分析得出,当主绕组和起动绕组不对称或两相电流不对称时(如两相磁动势不相等,即 $I_1N_1 \neq I_2N_2$;或两相电流之间的相位差不等于 90°电角度),气隙中只能产生一个椭圆形旋转磁场,一个椭圆形旋转磁场可以分解成两个大小不相等、转向相反、转速相同的圆形旋转磁场,如图 2-45 所示。

(2)电容分相式单相异步电动机

电容分相式单相异步电动机定子上有两个绕组,一个称为工作绕组(或称为主绕组),另一个

为起动绕组(或称为辅助绕组),两绕组在空间相差90°,如图2-46所示,起动绕组与电容器串联,起动时,利用电容器使起动绕组的电流在相位上比工作绕组的电流超前近90°。换言之,由于起动绕组串联了电容器,使得在单相电源作用下,在两绕组中形成了两相电流,在气隙中形成了旋转磁场,从而产生了起动转矩。

如图2-46所示,起动时,工作绕组电路与起动绕组电路中的两个开关QS和S都要闭合,等到转速接近额定值时,离心开关S断开,将起动绕组自动从电源切除,只剩下工作绕组接于电源,电动机仍可继续带动负载运转。

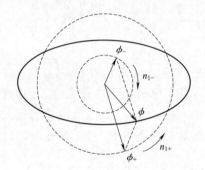

图2-45　椭圆形旋转磁场的分解图

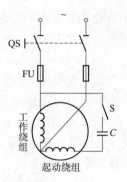

图2-46　电容分相式单相异步电动机接线图

根据电容器在单相异步电动机中的工作情况,电容分相式单相异步电动机又分为以下几类:

①电容起动式单相异步电动机。起动绕组仅参与起动,当转速上升到70%~85%额定转速时,由离心开关将起动绕组从电源上切除。它适用于具有较高起动转矩的小型空气压缩机、电冰箱、磨粉机、水泵及满载起动的小型机械。

②电容运行式单相异步电动机。这种电动机没有离心开关,起动绕组不但参与起动,也参与电动机的运行。电容运行式单相异步电动机实质上是一台两相电动机,这种电动机具有较高的功率因数和效率,体积小,质量小,适用于电风扇、洗衣机、通风机、录音机等各种空载或轻载起动的机械。

③电容起动与运行式单相异步电动机(又称单相双值电容式异步电动机)。这种电动机采用两个电容并联后再与起动绕组串联。两个电容,一个称为起动电容(电容的容量较大),仅参与起动,起动结束后,由离心开关将其切除与起动绕组的连接;另一个称为工作电容(电容的容量较小),一直与起动绕组连接,通过电动机在起动与运行时电容值的改变来适应电动机起动性能和运行性能的要求。此种电动机具有较好的起动与运行性能,起动能力大,过载性能好,效率和功率因数高,适用于家用电器、水泵和小型机械。

(3)电阻分相式单相异步电动机

电阻分相式单相异步电动机的起动绕组串联电阻,使起动绕组电路性质呈近似电阻性,而工作绕组电路性质呈感性,从而使两绕组中电流具有一定的相位差,电阻分相的相位差小于90°。实际电阻分相式单相异步电动机的起动绕组并没有串联电阻,而是通过选用阻值大的绕组材料,以及用绕组反绕的方法来增大起动绕组的电阻值,减小其感抗值,达到分相的目的。

由于电阻分相式单相异步电动机两绕组的阻抗不相等,因此两绕组中电流的大小也不相等。虽然在设计时可以适当选择两绕组的匝数,使两绕组上产生的磁动势幅值相等,但不可能使两绕组电流之间的相位差达到90°,一般可达到30°~40°。因此不能满足产生圆形旋转磁场的条件,只能产生椭圆形旋转磁场。

电阻分相式单相异步电动机的起动绕组,只允许起动时短时间工作,待电动机转速达到75%~80% 额定转速时,由离心开关将起动绕组从电源上切断,由工作绕组单独运行工作。

电阻分相式单相异步电动机适用于具有中等起动转矩和过载能力的小型车床、鼓风机、医疗机械等。

2) 罩极式单相异步电动机

容量很小的单相异步电动机常利用罩极法来产生起动转矩。它的定子、转子铁芯采用 0.5 mm 厚的硅钢片叠压而成。单相绕组套在磁极上,极面的一边开有小凹槽,凹槽将每个磁极分成大、小两部分,较小的部分(约1/3)套有铜环,称为被罩部分;较大的部分未套铜环,称为未罩部分,如图 2-47 所示。

罩极式单相异步电动机的磁场具有移动的性质,这可用图 2-48 来说明。当单相绕组(主线圈)的电流和磁通由零值增大时,在铜环中引起感应电流,它的磁通方向应与磁极磁通反向,致使磁极磁通穿过被罩部分的较疏,穿过未罩部分的较密,如图 2-48(a) 所示。

当主线圈电流升到最大值附近时,电流及其磁通的变化率近似为零,这时铜环内不再有感应电流,亦不再有反抗的磁通,铜环失去作用,此时磁极的磁通均匀分布于被罩和未罩两部分,如图 2-48(b) 所示。

当主线圈电流从最大值下降时,铜环内又有感应电流,这时它的磁通应与磁极磁通同向,因而被罩部分磁通较密,未罩部分磁通较疏,如图 2-48(c) 所示。

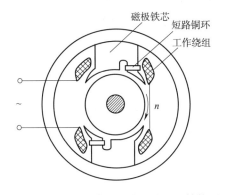

图 2-47 罩极式单相异步电动机的结构图

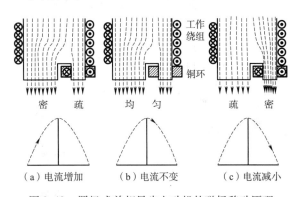

图 2-48 罩极式单相异步电动机的磁场移动原理

由图 2-48(a)、(b)、(c) 可以看出,罩极式磁极的磁通具有在空间移动的性质,由未罩部分移向被罩部分。当主线圈电流为负值时,磁通的方向相反,但移动的方向不变,所以不论单相绕组中的电流方向如何变化,磁通总是从未罩部分移向被罩部分。这种持续移动的磁场,其作用与旋转磁场相似,也可以使转子获得起动转矩。

要改变罩极式单相异步电动机的旋转方向,只能改变罩极的方向,这一般难以实现,所以罩极式单相异步电动机通常用于不需要改变转向的电气设备中。

罩极式单相异步电动机的主要优点是结构简单、制造方便、成本低、维护方便;主要缺点是起动性能和运行性能都较差,转向只能由未罩部分向被罩部分旋转。它主要用于小功率空载起动的场合,如微型电风扇、仪器仪表中的风扇、电吹风等。

2. 单相异步电动机的反转

（1）电容分相式单相异步电动机的反转

由电容分相式单相异步电动机起动原理可知，在两相定子绕组中通入两相电流产生旋转磁场的旋转方向，是由电流超前相的绕组向滞后相的绕组方向旋转，即磁场旋转方向与绕组电流的相序一致。所以改变电容分相式单相异步电动机转向的方法是：将工作绕组（或者起动绕组）的两出线端对调，就会改变旋转磁场的转向，从而使电动机的转向得到改变。

如果要求电动机频繁正、反向转动，例如，家用洗衣机的洗涤用的电动机，运行中一般 30 s 左右必须改变一次转向，此电动机一般用的是电容分相式单相异步电动机，其工作绕组、起动绕组做得完全一样，通过转换开关，将电容分别与工作绕组、起动绕组串联，即可方便地实现电动机转向的改变，如图 2-49 所示。

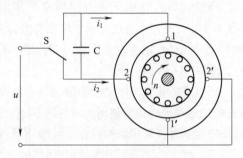

图 2-49　电容分相式单相异步电动机的正反转

（2）电阻分相式单相异步电动机的反转

欲使电阻分相式单相异步电动机反转，只要将主绕组（或起动绕组）的两个接线端对调即可。

3. 单相异步电动机的调速

单相异步电动机的调速方法有变极调速、降压调速（又分为串联电抗器、串联电容器、自耦变压器和串联晶闸管调压调速方法）、抽头调速等。电风扇用电动机调速方法目前常用串电抗器调速法和抽头调速法。

（1）串电抗器调速法

串电抗器调速法是将电抗器与电动机定子绕组串联。通电时，利用在电抗器上产生的电压降使加到电动机定子绕组上的电压低于电源电压，从而达到降压调速的目的。因此用串电抗器调速法时，电动机的转速只能由额定转速向低调速。这种调速方法的优点是线路简单、操作方便；缺点是电压降低后，电动机的输出转矩和功率明显降低，因此只适用于转矩及功率都允许随转速降低而降低的场合。下面以吊扇调速为例进行说明。

吊扇电动机又称吊头，多数采用电容分相式单相交流电动机，封闭式外转子结构。其结构特点是定子固定在电动机中间，外转子绕定子旋转，从而带动与之连接的扇头和外壳一起转动。

吊扇的调速采用调速器实现，其电路图如图 2-50（a）所示，图中起动绕组与电容器串联，然后与工作绕组并联到电源另一端，调速时通过调整电抗式调速线圈抽头来改变速度。调速旋钮控制开关的动触点可分别接通调速电抗器的五个抽头的静触点，利用串入电抗器线圈匝数不同来改变电动机的端电压，从而得到不同的转速。若将调速旋钮置于"停"位置，电动机因绕组断电而停转。

图 2-50（b）所示为吊扇电气接线示意图，黑色引出线所连接的是起动绕组，红色引出线连接的是工作绕组，绿色引出线连接的是工作绕组、起动绕组公共端，它直接接到电源另一端。

（2）抽头调速法

电容运行式单相异步电动机在调速范围不大时，普遍采用定子绕组抽头调速。此时定子槽中嵌有工作绕组、起动绕组和调速绕组（又称中间绕组），通过改变调速绕组与工作绕组、起动绕组的连接方式，调节气隙磁场大小及椭圆度来实现调速的目的，如台扇调速。

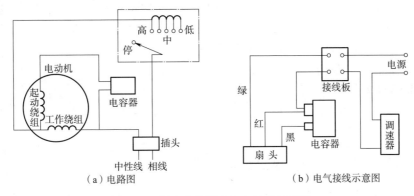

图 2-50 吊扇电路图和电气接线示意图

台扇一般采用电容分相式单相异步电动机的抽头调速,实质上是电抗器与定子绕组制造在一起,通过改变定子绕组的接法实现调速。这种方法不用电抗器,仅在定子绕组中增加一个调速辅助绕组,称为中间绕组或调速绕组。

台扇电气接线图如图 2-51(a)所示,电动机一次绕组(工作绕组)、二次绕组(起动绕组)以及中间绕组(调速绕组)接线如图 2-51(b)所示。

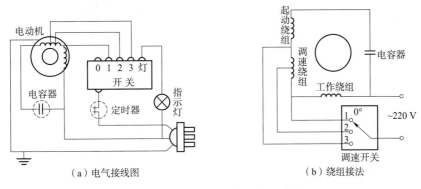

图 2-51 台扇电气接线图及绕组接法

台扇的控制由其控制板上的琴键调速开关配合摇头旋钮和定时旋钮完成。图 2-52 中,摇头旋钮旋至 STOP 位置时,通过旋钮拉紧摇头机构的钢丝,使摇头离合器分离,扇头定向送风;当摇头旋钮旋至 MOVE 位置时,通过旋钮放松钢丝,离合器啮合,扇头摇头送风。

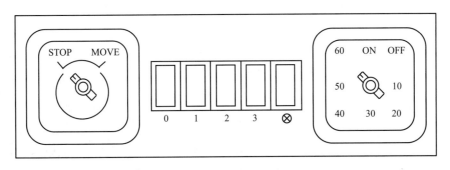

图 2-52 台扇控制面板

定时器旋钮的定时时间可在 10～60 min 内选择,其定时由机械式时间继电器完成。若要定时,将旋钮旋至所选定的时刻处,台扇运行到规定的时刻,旋钮会自动回到 OFF 位置,从而切断电源,电动机停转;若将旋钮置于 ON 位置,则台扇连续运转。

琴键调速开关"0"位置为停转;"1～3"分别对应不同转速,"⊗"位置表示灯钮,按下此键,台扇支柱上的指示灯发光。

抽头调速法与串电抗器调速法相比,用绕组内部抽头调速不需要电抗器,故节省材料、耗电量少,但绕组嵌线和接线比较复杂。

2.5.3 单相异步电动机的常见故障与处理方法

单相异步电动机的许多故障,如机械构件故障和绕组断线、短路等,无论在故障现象和处理方法上都和三相异步电动机相同。但由于单相异步电动机结构上的特殊性,它的故障也与三相异步电动机有所不同,如起动装置故障、辅助绕组故障、电容器故障及由于气隙过小引起的故障等。表 2-13 列出了单相异步电动机的常见故障,并对故障产生的原因和处理方法进行了分析,可供检修时参考。

表 2-13 单相异步电动机常见故障与处理方法

故障现象	原因分析	处理方法
通电后电动机不能起动,手工助动后能起动	(1)辅助绕组内有开路; (2)起动电容器损坏; (3)离心开关或起动继电器触点未合上; (4)罩极式单相异步电动机短路环断开或脱焊	(1)用万用表或试灯找出开路点,加以修复; (2)更换电容器; (3)检修起动装置触点; (4)焊接或更换短路环
通电后电动机不能起动,手工助动后也不能起动	(1)电动机过载; (2)轴承损坏或卡住; (3)端盖装配不良; (4)转子轴弯曲; (5)定子、转子铁芯相擦; (6)主绕组接线错误; (7)转子断条	(1)测负载电流判断负载大小,若过载即减载; (2)修理或更换轴承; (3)重新调整装配端盖,使之装正; (4)校正转子轴; (5)若是轴承松动造成,应更换轴承,否则应锉去相擦部位,校正转子轴线; (6)重新接线; (7)修理转子
	(1)电源断线; (2)进线线头松动; (3)主绕组内有断路; (4)主绕组内有短路,或因过热烧毁	(1)检查电源恢复供电; (2)重新接线; (3)用万用表或试灯找出断点并修复; (4)修复
电动机转速达不到额定值	(1)过载; (2)电源电压频率过低; (3)主绕组有短路或错接; (4)笼型转子端环和导条断裂; (5)机械故障(轴弯、轴承损坏或污垢过多); (6)起动后离心开关故障使辅助绕组不能脱离电源(触点焊牢、灰屑阻塞或弹簧太紧)	(1)检查负载,减载; (2)调整电源; (3)检修主绕组; (4)检修转子; (5)校正轴,清洗、修理轴承; (6)修理或更换触点及弹簧
电动机起动后很快发热	(1)主绕组短路; (2)主绕组接地; (3)主、辅绕组间短路; (4)起动后,辅助绕组断不开,长期运行而发热烧毁; (5)主、辅绕组相互间接错	(1)拆开电动机检查主绕组短路点,并修复; (2)用兆欧表或试灯找出接地点,垫好绝缘,刷绝缘漆,烘干; (3)查找短路点并修复; (4)检修离心开关或起动继电器,并修复; (5)重新接线,更换烧毁的绕组

续表

故障现象	原因分析	处理方法
运行中电动机温升过高	(1)电源电压下降过多; (2)负载过重; (3)主绕组轻微短路; (4)轴承缺油或损坏; (5)轴承装配不当; (6)定子、转子铁芯相擦; (7)大修重绕后,绕组匝数或截面选择不当	(1)提高电压; (2)减载; (3)修理主绕组; (4)清洗轴承并加油,更换轴承; (5)重新装配轴承; (6)找出相擦原因,修复; (7)选择导线重新更换绕组
电动机运行中冒烟,发出焦煳味	(1)绕组短路烧毁; (2)绝缘受潮严重,通电后绝缘被击穿烧毁; (3)绝缘老化脱落,造成烧毁	检查短路点和绝缘状况,根据检查结果进行局部或整体更换绕组
发热集中在轴承端盖部位	(1)新轴承装配不当,扭歪,卡住; (2)轴承内润滑油固结; (3)轴承损坏; (4)轴承与机壳不同心,转子转起来不灵活	(1)重新装配,调整; (2)清洗,换油; (3)更换轴承; (4)用锤子轻敲端盖,按对角顺序逐次上紧螺栓;拧紧过程中不断试轴承是否灵活,直至全部上紧
电动机运行中噪声大	(1)绕组短路或接地; (2)离心开关损坏; (3)转子导条松脱或断条; (4)轴承损坏或缺油; (5)轴承松动; (6)电动机端盖松动; (7)电动机轴向游隙过大; (8)有杂物落入电动机内; (9)定子、转子相擦	(1)查找故障点,修复; (2)修复或更换离心开关; (3)检查导条并修复; (4)更换轴承或加油; (5)重新装配或更换轴承; (6)紧固端盖螺钉; (7)轴向游隙应小于 0.4 mm,过松则应加垫片; (8)拆开电动机,清除杂物; (9)进行相应修理
触摸电动机外壳有触电、麻手感	(1)绕组接地; (2)接线头接地; (3)电动机绝缘受潮漏电; (4)绕组绝缘老化而失效	(1)查出通地点,进行处理; (2)重新接线,处理其绝缘; (3)对电动机进行烘干; (4)更换绕组
电动机通电时,熔丝熔断	(1)绕组短路或接地; (2)引出线接地; (3)负载过大或由于卡住电动机不能转动	(1)找出故障点修复; (2)找出故障点修复; (3)负载过大应减载,卡住时应拆开电动机进行修理
单相运转的电动机反转	分相电容或分相电阻接错绕组	用万用表判断出起动绕组和运行绕组,重新接线,将分相电容或分相电阻串入运行绕组(起动绕组电阻大于运行绕组电阻)

【技能训练】——单相异步电动机的检测与常见故障的处理

1. 技能训练的内容

单相异步电动机的检测与常见故障的处理。

2. 技能训练的要求

(1)熟悉单相异步电动机的结构。

(2)对所设定的电容式单相异步电动机的几种故障进行分析与排除。

3. 设备器材

①常用电工组合工具(1套)。

②调压器(1台)。

③失效的、击穿的、容量远大于和远小于额定值的电容器(各1只)。

④绕组短路(匝间或对外壳)和断路的电扇电动机(各1台)。

⑤万用表、兆欧表、转速表(各1块)。

⑥电烙铁(1把)。

4. 技能训练的步骤

①对单相异步电动机进行通电检查。测量空载电流;观察是否有异味,温升情况,是否有异常声音;测量转速。单相异步电动机连续运行0.5 h,观察其运行情况,将有关数据填入表2-14中。

表2-14　单相异步电动机通电检查记录表

测量项目	空载电流/mA			空载温升/℃		转速/(r/min)
检测部位及状态	空载时间	冷态	热态	环境温度	实测温度	空载
检测结果						

②按表2-15所列观测项目,指导教师在电动机上预先设定故障,让学生观察故障现象,测试相关数据并填入表2-15中。

表2-15　电容运转式单相异步电动机故障检修表

拟设故障	项　　目						
	电源电压	转速	转向	绕组电阻		电　容	
				主绕组	副绕组	容量	漏电阻	故障现象
完全正常							
电容失效							
电容量太大							
电容量太小							
主绕组断							
辅助绕组断							
主绕组引出线对换							
输入电压太低							
加大负载							

【思考题】

①单相异步电动机为什么不能自行起动? 可是外力扭动一下,它就转动起来,这是为什么?

②电容起动式单相异步电动机的起动原理是什么?

③电容分相式单相异步电动机有几种类型? 各有什么特点?

④电容分相式单相异步电动机的电容器损坏后(短路或断路),电动机将出现什么后果?

⑤怎样改变电容分相式单相异步电动机的旋转方向?

⑥单极式单相异步电动机中的短路环有什么作用?

习 题

一、填空题

1. 三相异步电动机的定子主要是由_____、_____和_____构成。转子主要由_____、_____和_____构成。根据转子结构不同可分为_____异步电动机和_____异步电动机。

2. 三相异步电动机定子、转子之间的气隙 δ 一般为_____mm,气隙越小,空载电流 I_0_____,可提高_____。

3. 三相异步电动机旋转磁场产生的条件是_____通以_____;旋转磁场的转向取决于_____;其转速大小与_____成正比,与_____成反比。

4. 三相异步电动机转差率是指_____与_____之比。三相异步电动机转差率的范围为_____,额定转差率的范围为_____。三相异步电动机稳定运行时转差率的范围为_____,不稳定运行时转差率的范围为_____。

5. 三相异步电动机运行时,当 $s < 0$ 为_____状态,当 $s > 1$ 为_____状态。

6. 三相异步电动机的最大电磁转矩 T_{max} 与转子电阻_____,临界转差率 s_c 与转子电阻_____,起动转矩 T_{st} 与转子电阻_____。

7. 三相线绕型异步电动机在转子回路串入适当电阻后,其人为机械特性曲线的最大转矩 T_{max}_____,临界转差率 s_c_____,转子转速_____,使机械特性曲线_____。起动转矩 T_{st}_____。

8. 三相异步电动机的起动性能是_____很大,一般_____I_N,而起动转矩却_____。

9. 三相笼型异步电动机降压起动有_____、_____、_____和_____四种起动方法,但它们只适用于_____起动。其中_____起动只适用于正常工作为三角形接法的异步电动机,它的起动电流降为直接起动时的_____倍,起动转矩降为直接起动时的_____倍。

10. 三相线绕型异步电动机的起动方法有_____起动和_____起动两种,既可增大_____,又可减小_____。

11. 三相异步电动机的调速方法有_____调速、_____调速和_____调速,其中_____调速适用于笼型异步电动机,_____调速和_____调速适用于绕线型异步电动机。

12. 三相异步电动机拖动恒转矩负载调速时,为保证主磁通和过载能力不变,则电压 U_1 和频率 f_1_____调节。一般从基频向_____调节。

13. 三相异步电动机电气制动有_____制动、_____制动和_____制动三种方法。但它们的共同特点是_____。最经济的制动方法是_____制动,最不经济的制动方法是_____制动。

14. 一台三相绕线型异步电动机拖动恒转矩负载运行时,增大转子回路外串电阻,电动机的转速_____,过载能力_____,电流_____。

15. 单相异步电动机若只有一套绕组,通单相电流起动时,起动转矩为_____,电动机_____起动;若正在运行中,轻载时则_____继续运行。

16. 单相异步电动机根据获得磁场方式的不同,可分为_____和_____两大类;电容分相式单相异步电动机又分为_____、_____、_____。

17. 单相异步电动机通以单相电流,产生一_____磁场,它可以分解成_____大小相等,
_____相反,_____相同的两旋转磁场。

18. 如果一台三相异步电动机尚未运行就有一相断线,则电动机_____起动;若轻载下正运
行中有一相断线,则电动机_____。

二、选择题

1. 三相异步电动机在电动状态时,其转子转速 n 永远( )旋转磁场的转速。

　　A. 高于　　　　　　　　　B. 低于　　　　　　　　　C. 等于

2. 三相绕线型异步电动机的转子绕组与定子绕组基本相同,因此,三相绕线型异步电动机的
转子绕组的末端( )联结。

　　A. 三角形　　　　　　　　B. 星形　　　　　　　　　C. 延边三角形

3. 一台三相异步电动机其铭牌上标明额定电压为 220 V/380 V,其接法应是( )。

　　A. Y/D　　　　　　　　　B. D/Y　　　　　　　　　C. Y/Y

4. 若电源电压为 380 V,而电动机每相绕组的额定电压是 220 V,则( )。

　　A. 接成三角形或星形均可　　　　　　　　B. 只能接成星形

　　C. 只能接成三角形

5. 三相异步电动机带额定负载时,若电源电压超过额定电压10%,则会引起电机过热;若电源
电压低于额定电压10%时,电动机将( )。

　　A. 不会过热　　　　　　　B. 不一定出现过热　　　　C. 肯定会出现过热

6. 为了增大三相异步电动机起动转矩,可采取的方法是( )。

　　A. 增大定子相电压　　　　B. 增大定子相电阻　　　　C. 适当增大转子回路电阻

7. 三相异步电动机若轴上所带负载越大,则转差率 s ( )。

　　A. 越大　　　　　　　　　B. 越小　　　　　　　　　C. 基本不变

8. 一台三相八极异步电动机的电角度为( )。

　　A. 0°　　　　　　　　　　B. 720°　　　　　　　　　C. 1 440°

9. 三相异步电动机转子转速与定子旋转磁场之间的相对速度是( )。

　　A. n_1　　　　　　　　　　B. $n_1 + n$　　　　　　　　C. $n_1 - n$

10. 三相异步电动机的转差率 $s = 1$ 时,则说明电动机此时处于( )状态。

　　A. 静止　　　　　　　　　B. 额定转速　　　　　　　C. 同步转速

11. 三相异步电动机磁通 $\varPhi$ 的大小取决于( )。

　　A. 负载的大小　　　　　　B. 负载的性质　　　　　　C. 外加电压的大小

12. 三相异步电动机在电动状态稳定运行时,转差率的范围是( )。

　　A. $0 < s < s_c$　　　　　　　B. $0 < s < 1$　　　　　　　C. $s_c < s < 1$

13. 三相异步电动机当气隙增大时,( )增大。

　　A. 转子转速　　　　　　　B. 输出功率　　　　　　　C. 空载电流

14. 异步电动机起动转矩 T_{st} 等于最大转矩 T_{max} 的条件是( )。

　　A. $s = 1$　　　　　　　　　B. $s = s_N$　　　　　　　　C. $s_c = 1$

15. 绕线型异步电动机转子回路串入电阻后,其同步转速( )。

　　A. 增大　　　　　　　　　B. 减小　　　　　　　　　C. 不变

16. 三相绕线型异步电动机采用转子串电阻起动,下面正确的是( )。

A. 起动电流减小,起动转矩减小

B. 起动电流增大,起动转矩增大

C. 起动电流减小、起动转矩增大

17. 三相异步电动机的空载电流比同容量变压器大的原因是(　　)。

    A. 异步电动机是旋转的　B. 异步电动机有气隙　　　C. 异步电动机漏抗大

18. 一台三相六极异步电动机转子相对于定子的转速 $\Delta n = 20$ r/min,此时转子电流的频率为(　　)。

    A. 1 Hz　　　　　　　　B. 3 Hz　　　　　　　　C. 50 Hz

19. 一台三相异步电动机拖动额定负载稳定运行,若将电源电压下降10%,这时电磁转矩为(　　)。

    A. $T = T_N$　　　　　　　B. $T = 0.81T_N$　　　　　C. $T = 0.9T_N$

20. 一台三相绕线型异步电动机拖动恒转矩负载运行时,若采用转子回路串电阻调速,那么运行在不同的转速时,电动机的功率因数 $\cos \varphi_2$(　　)。

    A. 基本不变　　　B. 转速越低,$\cos \varphi_2$ 越高　　C. 转速越低,$\cos \varphi_2$ 越低

21. 一台三相异步电动机在额定负载下运行,若电源电压低于额定电压10%,则电动机将(　　)。

    A. 不会出现过热现象　　B. 肯定会出现过热现象　　C. 不一定会出现过热现象

22. 为增大三相异步电动机的起动转矩,可以采用(　　)。

    A. 增加定子相电压　　B. 适当增加定子相电阻　　C. 适当增大转子回路电阻

23. 三相异步电动机能耗制动是利用(　　)配合而完成的。

    A. 交流电源和转子回路电阻

    B. 直流电源和定子回路电阻

    C. 直流电源和转子回路电阻

24. 三相绕线型异步电动机在起动过程中,频敏变阻器的等效阻抗变化趋势是(　　)。

    A. 由小变大　　　　　　B. 由大变小　　　　　　C. 恒定不变

25. 三相异步电动机倒拉反接制动只适用于(　　)。

    A. 三相笼型异步电动机

    B. 转子回路串电阻的绕线型异步电动机

    C. 转子回路串频敏变阻器的绕线型异步电动机

26. 一台电动机定子绕组原为星形接法,两绕组承受 380 V 电压,起动时误接为三角形接法,(　　)承受 380 V 电压,结果空载电流大于额定电流,绕组很快烧毁。

    A. 一相　　　　　　　　B. 两相　　　　　　　　C. 三相

27. 分相式单相异步电动机的定子绕组有两套绕组,一套是工作绕组,另一套是起动绕组,两套绕组在空间上相差(　　)电角度。

    A. 120°　　　　　　　　B. 60°　　　　　　　　C. 90°

28. 电容分相式单相异步电动机起动时,在起动绕组回路中串联一个适当的(　　),再与工作绕组并联。

    A. 电阻　　　　　　　　B. 电容　　　　　　　　C. 电抗

29. 电阻分相式单相异步电动机的起动,是在起动绕组回路中串联一个适当的(　　),使工

作绕组与起动绕组的电流在相位上相差一个电角度。

    A. 电阻   B. 电容   C. 电抗

30. 单相罩极式异步电动机,其磁极极靴的( )处开有一个小槽,在开槽的这一小部分套装一个短路铜环,此短路铜环称为罩极绕组或称起动绕组。

    A. 1/3   B. 1/2   C. 1/5

31. 单相罩极式异步电动机正常运行时,气隙中的合成磁场是( )。

    A. 脉振磁场   B. 圆形旋转磁场   C. 椭圆形旋转磁场

三、判断题

1. 三相异步电动机的输出功率就是电动机的额定功率。   ( )

2. 三相异步电动机运行,当转差率 $s=0$ 时,电磁转矩 $T=0$。   ( )

3. 三相异步电动机带重载与空载起动开始瞬间,其起动电流一样大。   ( )

4. 三相异步电动机起动瞬间,起动电流最大,则起动转矩等于电动机的最大转矩。 ( )

5. 异步电动机正常工作时,定子、转子磁极对数一定要相等。   ( )

6. 三相异步电动机旋转时,定子、转子频率总是相等的。   ( )

7. 笼型异步电动机转子绕组由安放在槽内的裸铜导体构成(也有采用铝浇铸),导体两端分别焊接在两个端环上。   ( )

8. 三相异步电动机的额定电流是指电动机在额定工作状态下,流过定子绕组的相电流。   ( )

9. 三相异步电动机的额定温升是指电动机额定运行时的额定温度。   ( )

10. 三相异步电动机旋转磁场产生的条件是三相对称绕组通以三相对称电流。 ( )

11. 三相异步电动机定子绕组不论采用哪种接线方式,都可以采用星-三角换接降压起动。   ( )

12. 三相异步电动机直接起动时,起动电流很大,起动转矩并不大。   ( )

13. 三相异步电动机为减小起动电流,增大起动转矩,都可以在转子回路中串电阻来实现。   ( )

14. 三相笼型异步电动机采用星-三角换接降压起动,起动转矩只有直接起动时的1/3。   ( )

15. 三相绕线型异步电动机起动时,可以采用在转子回路中串起动电阻起动,它既可以减小起动电流,又可增大起动转矩。   ( )

16. 一般笼型异步电动机都可以采用延边三角形起动。   ( )

17. 为了提高三相异步电动机的起动转矩,可将电源电压提高到额定电压以上,从而获得较好的起动性能。   ( )

18. 绕线型异步电动机在转子回路中串入电阻或频敏变阻器,用以限制起动电流,同时也限制了电磁转矩。   ( )

19. 三相异步电动机变极调速主要适用于笼型异步电动机。   ( )

20. 三相异步电动机都可以采用串级调速。   ( )

21. 三相异步电动机能耗制动时,气隙磁场是一旋转磁场。   ( )

22. 三相异步电动机电源反接制动时,其中电源两相相序应调换。   ( )

23. 三相异步电动机一相断路时,相当于一台单相异步电动机,无起动转矩,不能自行起动。 （ ）

24. 单相异步电动机的体积比同容量的三相异步电动机大,但功率因数、效率、过载能力比同容量三相异步电动机小。 （ ）

25. 单相双值电容异步电动机在起动时两电容并联,以增大电容值,达到起动的目的,起动结束后应将电容全部切除。 （ ）

26. 电阻分相起动和电容分相起动异步电动机都能在气隙中形成圆形旋转磁场。 （ ）

27. 电阻分相起动和电容分相起动异步电动机起动结束后,起动绕组和电容或电阻都要从电网中切除。 （ ）

四、计算题

1. 设电动机定子圆周分布有三对磁极,当空间角度为 $360°$ 时,相应的电角度为多少？当机械角度为 $180°$ 时,相应的电角度又是多少？

2. 一台三相六极异步电动机,接电源频率为 50 Hz。试问:它的旋转磁场在定子电流的一周期内转过多少空间角度？同步转速是多少？若满载时转子转速为 950 r/min,空载时转子转速为 997 r/min,试求额定转差率 s_N 和空载转差率 s_0。

3. 电源频率为 50 Hz,当三相四极笼型异步电动机的负载由零值增加到额定值时,转差率由 0.5% 变到 4%,试求其转速变动范围。

4. 三相异步电动机在转速为 975 r/min 时,测得其输出功率为 30 kW,试求其转矩。若此时效率为 0.85,功率因数 $\cos \varphi = 0.82$,定子绕组为星形联结,电路线电压为 380 V,试求输入的电功率及线电流。

5. 一台型号为 Y2-180L-6 的异步电动机, $P_N = 15$ kW, $U_N = 380$ V, $n_N = 970$ r/min,过载能力 $\lambda_m = 2.1$,起动转矩倍数 $k_{st} = 2.0$。试求:(1)该电动机额定电磁转矩 T_N;(2)最大电磁转矩 T_{max};(3)起动转矩 T_{st}。

6. 一台三相四极 50 Hz 的异步电动机,转子每相绕组的电阻 $R_2 = 0.25$ Ω,电感 $L = 10$ mH。试问:转子转速下降到什么数值以下电动机便不能稳定运行而停止？

7. 一台三相笼型异步电动机,频率 $f_1 = 50$ Hz,额定转速为 2 880 r/min,额定功率为 7.5 kW,最大转矩为 50 N·m。试求它的过载能力。

8. 一台三相异步电动机接到 50 Hz 的交流电源上,其额定转速 $n_N = 1 455$ r/min,试求:(1)该电动机的磁极对数 p;(2)额定转差率 s_N;(3)额定转速运行时,转子电动势的频率。

9. 一台三相异步电动机,其额定数据如下: $P_N = 40$ kW, $U_N = 380$ V, $n_N = 1 470$ r/min, $\cos \varphi_N = 0.9$, $\eta_N = 0.9$, $\lambda_m = 2$, $k_{st} = 1.2$。试求:(1)额定电流;(2)额定转差率;(3)额定转矩、最大转矩、起动转矩。

10. 一台异步电动机定子绕组的额定电压为 380 V,电源线电压为 380 V。问能否采用 Y-△ 换接降压起动？为什么？若能采用 Y-△ 换接降压起动,起动电流和起动转矩与直接(全压)起动时相比较有何改变？当负载为额定值的 1/2 及 1/3 时,可否在 Y 形连接下起动($k_{st} = 1.4$)？

11. Y200L-4 型异步电动机的起动转矩与额定转矩比值为 $k_{st} = 1.9$,试问在电压降低 30% (即电压为额定电压的 70%)、负载转矩为额定值的 80% 的重载情况下,能否起动？为什么？满载时能否起动？为什么？

12. Y160L-6 型三相异步电动机的额定数据为：$P_N = 11$ kW，$U_N = 380$ V，$n_N = 970$ r/min，$\cos \varphi_N = 0.87$，$\eta_N = 0.78$，$\lambda_m = 2$，$k_{st} = 2$，$I_{st}/I_N = 6.5$。试求：(1)同步转速、额定转差率、额定电流、额定转矩、额定输入功率、最大转矩、起动转矩和起动电流；(2)采用丫-△换接降压起动时的起动电流和起动转矩；当负载转矩为额定转矩的 50% 和 70% 时，电动机能否采用丫-△换接降压起动？(3)如采用自耦变压器降压起动，而电动机的负载转矩为额定转矩的 80%，此时自耦变压器的变比 k 是多少？电动机的起动电流和电源供给的起动电流各是多少？

13. 一台三相笼型异步电动机的额定数据为：$P_N = 40$ kW，$U_N = 380$ V，$n_N = 2\,930$ r/min，$\eta_N = 0.9$，$\cos \varphi_N = 0.85$，$I_{st}/I_N = 5.5$，$k_{st} = 1.2$，定子绕组采用三角形接法，供电变压器允许起动电流为 150 A。试问：(1)当负载转矩 $T_L = 0.25T_N$ 时，能否采用星-三角换接降压起动？(2)当负载转矩 $T_L = 0.5T_N$ 时，能否采用星-三角换接降压起动？

14. 在笼型异步电动机的变频调速中，设在标准频率 $f_1 = 50$ Hz 时，电源电压 $U_1 = 380$ V；现将电源频率调到 $f_1' = 40$ Hz，若要保持工作磁通 Φ 不变，这时电源电压相应地该调到多少？

第 **3** 章

直流电动机

✍ 内 容 提 要

　　直流电机是实现直流电能与机械能之间相互转换的动力设备,可以分为直流发电机和直流电动机两类。将机械能转换为直流电能的电机称为直流发电机;将直流电能转换为机械能的电机称为直流电动机。本章主要介绍直流电动机的结构、分类与铭牌数据和工作原理,分析影响感应电动势和电磁转矩大小的因素;介绍直流电动机的机械特性,直流电动机的换向及改善换向性能的方法;研究直流电动机运行的四个基本问题——起动、反转、调速与制动的性能和应用计算的问题;简要介绍了直流电动机的选择、维护与检修的知识。

3.1　直流电动机的结构、分类与铭牌数据、工作原理

　　直流电动机与交流电动机相比较,直流电动机具有良好的调速性能、较大的起动转矩和过载能力等很多优点;直流电动机的主要缺点是结构复杂、成本高,在运行时由于电刷与换向器之间容易产生火花,因而可靠性较差,运行维护比较困难。但在起动和调速要求较高的生产机械中,直流电动机仍得到了广泛的应用。本节介绍直流电动机的结构、分类与铭牌数据、工作原理。

3.1.1　直流电动机的结构

　　直流电动机由固定不动的定子与旋转的转子两大部分组成,定子与转子之间有一定的气隙。

　　定子部分主要包括机座、主磁极、换向磁极、电刷装置和端盖等部件;转子部分主要包括电枢铁芯、电枢绕组、换向器、转轴和风扇等部件。直流电动机的结构如图 3-1 所示,其剖面图如图 3-2 所示。

1. 定子部分

（1）机座

　　机座又称直流电动机外壳,它既是直流电动机磁路的一部分(称为定子磁轭),又是用来固定主磁极、换向磁极及端盖等部件,并起支撑、保护作用的部件。所以,要求它应具有良好的导磁性能和机械强度,一般用铸钢或钢板焊接而成。

（2）主磁极

　　主磁极的作用是产生恒定的、有一定空间分布形状的气隙磁通,也是磁路的一部分。主磁极有永磁式和电磁式两种形式,主磁极固定在机座内圆上。

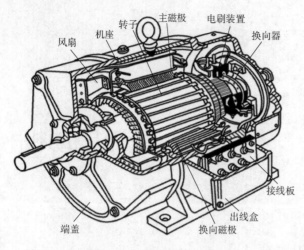

图 3-1　直流电动机的结构

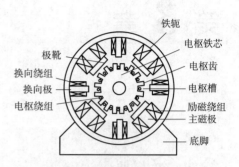

图 3-2　直流电动机的剖面图

永磁式主磁极主要用永久磁性材料加工而成,微型直流电动机一般采用永磁式主磁极。

电磁式主磁极由主磁极铁芯和放置在铁芯上的励磁绕组构成,电磁式主磁极的结构如图 3-3 所示。主磁极铁芯分成极身和极靴两部分,极靴的作用是使气隙磁通的空间分布均匀并减小气隙磁阻,同时极靴对励磁绕组也起支撑作用。为了减小涡流损耗,主磁极铁芯用 1.0～1.5 mm 厚的低碳钢板冲成一定形状,用铆钉把冲片铆紧,然后再固定在机座上。主磁极上的线圈是用来产生主磁通的,称为励磁绕组。当在励磁绕组中通入直流电流时,各主磁极均产生一定极性,相邻两主磁极的极性是 N、S 交替出现的。小型或中、大型直流电动机多数采用电磁式主磁极。

(3)换向磁极

换向磁极的作用是用来改善直流电动机的换向性能。微型直流电动机一般不装换向磁极。一般功率超过 1 kW 的小型、中型、大型直流电动机多数装设电磁式换向磁极。电磁式换向磁极由换向磁极铁芯和换向磁极绕组构成,如图 3-4 所示。小型或中型直流电动机的换向磁极铁芯一般由整块钢加工而成,而大型直流电动机换向磁极铁芯一般由钢板叠成。换向磁极绕组一般用扁铜线或铜质漆包线通过模具绕制而成。换向磁极安装在相邻的两个主磁极之间。换向磁极绕组一般与电枢绕组串联。

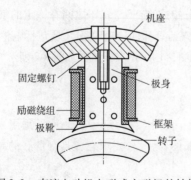

图 3-3　直流电动机电磁式主磁极的结构

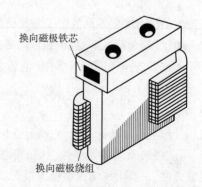

图 3-4　直流电动机的换向磁极结构

（4）电刷装置

电刷装置是直流电动机的重要组成部分。通过该装置把直流电动机电枢中的电流与外部静止电路相连或把外部电源与直流电动机电枢相连。电刷装置与换向片一起完成机械整流，把外部电路中的直流变换为电枢中的交流。电刷的结构如图 3-5 所示。

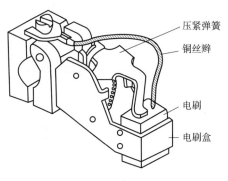

压紧弹簧

铜丝辫

电刷

电刷盒

图 3-5　电刷的结构

（5）端盖

直流电动机中的端盖主要起支撑作用。端盖固定于机座上，其上放置轴承支撑直流电动机的转轴，使直流电动机能够旋转。

2. 转子部分

直流电动机的转子是电动机的转动部分，又称电枢，由电枢铁芯、电枢绕组、换向器、转轴和风扇等部件组成。

（1）电枢铁芯

电枢铁芯主要用来嵌放电枢绕组和作为直流电动机磁路的一部分。电枢旋转时，电枢铁芯中磁通方向发生变化，易产生涡流与磁滞损耗。为了减少这部分损耗，电枢铁芯一般用 0.5 mm 厚、两边涂有绝缘漆的硅钢冲片叠压而成。为了嵌放电枢绕组，外圆上开有均匀分布的槽，铁芯较长时，为加强冷却，冲片上有轴向通风孔，电枢铁芯沿轴向分成数段，段与段之间留有通风道，电枢铁芯固定在转轴上。直流电动机的电枢冲片形状和电枢铁芯装配图如图 3-6 所示。

（2）电枢绕组

电枢绕组是由带绝缘的导体绕制而成的。小型电动机常采用铜导线绕制；中型电动机常采用成型线圈。在电动机中每一个线圈称为一个元件，多个元件有规律地连接起来形成电枢绕组。绕制好的绕组或成型绕组放置在电枢铁芯上的槽内，放置在铁芯槽内的直线部分在电动机运转时将产生感应电动势，即为元件的有效部分，称为元件边；在电枢铁芯槽两端把有效部分连接起来的部分称为端接部分，端接部分仅起连接作用，在电动机运行过程中不产生感应电动势。为便于嵌线，每个元件的一个元件边放在电枢铁芯的某一个槽的上层（称为上层边），另一个元件边则放在电枢铁芯的另一个槽的下层（称为下层边），如图 3-7 所示。绘图时为了清楚，将上层边用实线表示，下层边用虚线表示。

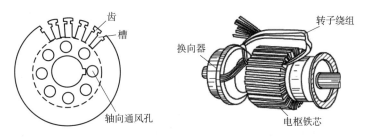

齿

槽

轴向通风孔

换向器

转子绕组

电枢铁芯

图 3-6　直流电动机的电枢冲片形状和电枢铁芯装配图

直流电动机电枢铁芯上实际开出的槽称为实槽。直流电动机电枢绕组往往由较多的元件构成，但由于制造工艺等原因，电枢铁芯开的槽数不能太多，通常在每个实槽内的上、下层并列嵌放若干个元件边,如图 3-8 所示,这样把每个实槽划分为 μ 个虚槽,而每个虚槽的上、下层有一个元件边,这样实槽数为 Z,总虚槽数为 Z_i,则 $Z_i = \mu Z$。

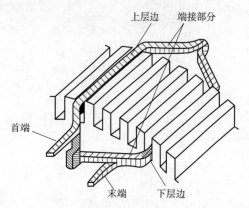

图 3-7　绕组元件边在槽中的位置

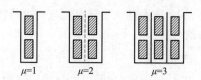

图 3-8　实槽与虚槽

每个元件有两个元件边,而每个换向片连接两个元件边,又因为每个虚槽里包含两个元件边,所以绕组的元件数 S、换向片数 K 和虚槽数 Z_i 三者应相等,即 $S = K = Z_i = \mu Z$。

（3）换向器

换向器又称整流子。对于发电机,换向器的作用是把电枢绕组中的交变电动势转变为直流电动势向外部输出直流电压;对于电动机,它是把外界供给的直流电流转变为绕组中的交变电流以使电动机旋转。换向器由换向片组合而成,是直流电机的关键部件之一,也是最薄弱的部分。换向器采用导电性能好、硬度大、耐磨性能好的紫铜或铜合金制成,相邻的两换向片间以 0.6 ~ 1.2 mm 的云母片作为绝缘。换向器固定在转轴的一端,换向片靠近电枢绕组一端的部分与绕组引出线相焊接。换向器的结构如图 3-9 所示。

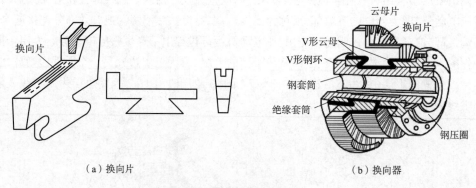

（a）换向片　　　　　　　　　　　　（b）换向器

图 3-9　换向器的结构

（4）转轴

转轴是支撑换向器、电枢铁芯、端盖、轴承等部件并进行能量传递的重要部件,由转轴向外输出机械能。转轴一般用优质钢材加工而成。

（5）风扇

风扇是直流电动机运行时对电动机进行冷却,降低运行温度的部件。风扇一般用金属或塑料等机械强度较高的材料做成,其主要结构包括风扇扇叶和风扇支座。

3. 气隙

直流电动机定子、转子有相对运动,故定子、转子间留有一定的空气间隙。气隙的大小与直流电动机的容量有关。

3.1.2　直流电动机的分类与铭牌数据

1. 直流电动机的分类

直流电动机的类型很多,分类方法也很多。按励磁方式可分为永磁式直流电动机和电磁式直流电动机。

（1）永磁式直流电动机

永磁式直流电动机的磁场是由磁性材料本身提供的,不需要线圈励磁,主要用于微型直流电动机或一些具有特殊要求的直流电动机,如电动剃须刀直流电动机。

（2）电磁式直流电动机

电磁式直流电动机又分为他励直流电动机和自励直流电动机。

①他励直流电动机。他励直流电动机的励磁绕组和电枢绕组分别由两个不同的电源供电,这两个电源的电压可以相同,也可以不同,其接线图如图 3-10(a)所示。他励直流电动机具有较硬的机械特性,励磁电流与电枢电流无关,不受电枢回路的影响。这种励磁方式的直流电动机一般用于大型和精密直流电动机控制系统中。

②自励直流电动机。自励直流电动机又分为并励直流电动机、串励直流电动机和复励直流电动机。

a. 并励直流电动机。并励直流电动机的励磁绕组和电枢绕组由同一个电源供电,其接线图如图 3-10(b)所示。并励直流电动机的特性与他励直流电动机的特性基本相同,但比他励直流电动机节省了一个电源。中、小型直流电动机多为并励。

b. 串励直流电动机。串励直流电动机的励磁绕组与电枢绕组串联,其接线图如图 3-10(c)所示。串励直流电动机具有很大的起动转矩,常用于起动转矩要求很大且转速有较大变化的负载,如电瓶车、起货机、起锚机、电车、电传动机车等。但其机械特性很软,空载时有极高的转速,禁止其空载或轻载运行。

c. 复励直流电动机。复励直流电动机的励磁绕组分为两部分:一部分与电枢绕组并联,是主要部分;另一部分与电枢绕组串联,如图 3-10(d)所示。

直流电动机若按结构形式分类,还可分为开启式、防护式、封闭式和防爆式;按功率大小分类,

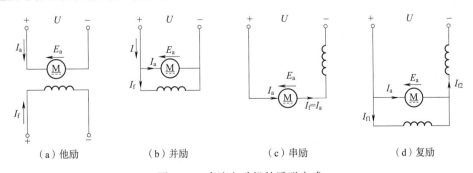

|　　（a）他励　　　　　　　（b）并励　　　　　　　（c）串励　　　　　　　（d）复励|

图 3-10　直流电动机的励磁方式

可分为小型、中型和大型。

2. 直流电动机的铭牌数据

直流电动机制造厂在每台直流电动机机座的显著位置钉有一块标牌,如图 3-11 所示。这块标牌就是直流电动机的铭牌。铭牌上标明了型号、额定数据等与直流电动机有关的一些信息,供用户选择和使用直流电动机时参考。

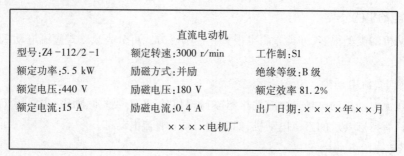

直流电动机

型号:Z4 −112/2 −1	额定转速:3000 r/min	工作制:S1
额定功率:5.5 kW	励磁方式:并励	绝缘等级:B 级
额定电压:440 V	励磁电压:180 V	额定效率 81.2%
额定电流:15 A	励磁电流:0.4 A	出厂日期:×××年××月

×××电机厂

图 3-11　直流电动机的铭牌

（1）型号

直流电动机型号由若干字母和数字组成,用以表示电动机的系列和主要特点。根据电动机的型号,便可以从相关手册及资料中查出该电动机的有关技术参数。例如,型号为Z4 −112/2 −1 的直流电动机,型号含义如下。

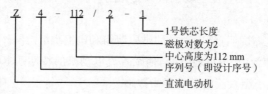

系列代号的含义:Z 系列为一般用途直流电动机,如 Z2、Z3、Z4 等系列,其中,Z4 系列直流电动机是第四次统一设计的小型直流电动机,其体积小、性能好、效率高,作为国家的标准产品逐步取代 Z2、Z3 系列电动机;ZJ 系列为精密机床用直流电动机;ZT 系列为广调速直流电动机;ZQ 系列为牵引直流电动机;ZH 系列为船用直流电动机;ZA 系列为防爆安全型直流电动机;ZKJ 系列为挖掘机用直流电动机;ZZJ 系列为冶金起重机用直流电动机。

（2）额定值

额定数据是表征直流电动机按要求长时间运行时允许的安全数据。直流电动机的额定数据主要如下:

①额定功率 P_N。指在额定运行状态下,允许输出的功率。对发电机,是指输出的电功率;对电动机,是指轴上输出的机械功率,单位为 W 或 kW。

②额定电压 U_N。指在额定运行状态下,电刷两端输出或输入的电压。对发电机,是指能输出的最高电压;对电动机,是指允许电刷两端输入的电压(即加在电动机电枢两端的电源电压),单位为 V。

③额定电枢电流 I_{aN}。指电动机按规定的方式运行时,电枢绕组允许流过的电流,单位为 A。

④额定转速 n_N。指直流电动机在额定电压、额定电流和额定容量的情况下运行时,直流电动机所允许的旋转速度,单位为 r/min。

⑤额定转矩 T_N。指直流电动机带额定负载运行时,输出的机械功率与转子额定角速度的比值。单位为 N·m。

⑥额定效率。指直流电动机带额定负载运行时,输出的机械功率与输入的电功率之比。

⑦额定励磁电压 U_{fN}。在额定情况下,励磁支路两端允许加的电压,单位为 V。

⑧额定励磁电流 I_{fN}。指直流电动机带额定负载运行时,励磁回路所允许的最大励磁电流,单位为 A。

(3)其他信息

其他信息包括励磁方式、防护等级、绝缘等级、工作制、质量、出厂日期、出厂编号、生产单位等。

3.1.3 直流电动机的工作原理

1. 直流电动机的转动原理

在直流电动机的转子线圈上加上直流电源,借助于换向器和电刷的作用,转子线圈中流过方向交变的电流,在定子产生的磁场中受电磁力,产生方向恒定不变的电磁转矩,使转子朝确定的方向连续旋转,这就是直流电动机的转动原理。下面用图 3-12 所示的直流电动机简单的模型进一步说明直流电动机的转动原理。

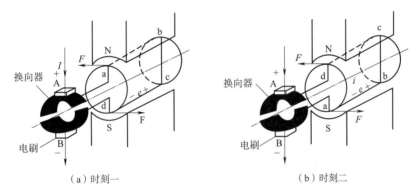

（a）时刻一　　　　　　　　　（b）时刻二

图 3-12　直流电动机的转动原理

在图 3-12 中,N 和 S 是一对固定的磁极,磁极之间有一个可以转动的圆柱体(即电枢铁芯),电枢铁芯表面固定一个由绝缘导体构成的电枢绕组 abcd,电枢绕组两端分别接到相互绝缘的两个弧形铜片上(即换向片,它们的组合体即为换向器)。在换向片上放置固定不动而与换向片滑动接触的电刷 A 和 B,绕组 abcd 通过换向片、电刷与外电路接通。

此模型作为直流电动机运行时,直流电源加在电刷 A 和 B 之间。例如,将直流电源的正极与电刷 A 相连,负极与电刷 B 相连,则在电枢绕组 abcd 中产生了直流电流,在导体 ab(即绕组的有效边)中,电流由 a 到 b;在导体 cd(即绕组的另一个有效边)中,电流由 c 到 d,如图 3-12(a)所示。由于导体 ab 和 cd 均处于 N、S 极之间的磁场当中,所以导体 ab、cd 受电磁力作用[电磁力的方向由左手定则确定,如图 3-12(a)所示],此电磁力对转轴产生电磁转矩[图 3-12(a)得知该转矩方向为逆时针],使线圈和换向片随转轴一起逆时针旋转 180°。导体 cd 转到 N 极下,ab 转到 S 极下,如图 3-12(b)所示。由于电流仍从电刷 A 流入,使 cd 中的电流变为由 d 到 c,而 ab 中的电流变为由 b 到 a,从电刷 B 流出,由左手定则判断此时的电磁力方向如图 3-12(b)所示,此时产生的电磁转矩方向仍为逆时针,所以电枢仍然逆时针方向旋转,从而使电枢一直逆时针方向旋转。

由此可见,加在直流电动机上的直流电源通过换向器和电刷在电枢绕组中产生的电流是交变的,但每一磁极下导体中的电流方向始终不变。因而产生单方向的电磁转矩,使电枢沿一个方向旋转,这就是直流电动机的工作原理。

实际应用中的直流电动机,电枢绕组是均匀地在电枢圆周上嵌放许多线圈,相应的换向器也是由许多换向片组成的,从而使电枢绕组所产生的总电磁转矩足够大并且比较均匀,电动机的转速也比较均匀。

2. 直流电机的可逆原理

直流发电机和电动机工作原理模型的结构完全相同,但工作原理有所不同。

(1)直流发电机

当发电机带负载以后,就有电流流过负载,同时也流过线圈,其方向与感应电动势方向相同。根据电磁力定律,载流导体 ab 和 cd 在磁场中会受力的作用,形成的电磁转矩方向为顺时针方向,与转速方向相反。这意味着,电磁转矩阻碍发电机旋转,是制动转矩。

为此,原动机必须用足够大的拖动转矩来克服电磁转矩的制动作用,以维持发电机的稳定运行。此时发电机从原动机吸取机械能,转换成电能向负载输出。

(2)直流电动机

当电动机旋转起来后,导体 ab 和 cd 切割磁感线,产生感应电动势,用右手定则判断出其方向与电流方向相反。这意味着,此电枢电动势是一反电动势,它阻碍电流流入电动机。

所以,直流电动机要正常工作,就必须施加直流电源以克服反电动势的阻碍作用,把电流送入电动机。此时电动机从直流电源吸取电能,转换成机械能输出。

【思考题】

①直流电动机的电枢铁芯能否用铸钢制成?为什么?

②直流电机电枢铁芯冲片材料为什么用硅钢片?而主磁极用薄钢板?

③直流发电机与直流电动机的输出功率有什么不同?

④直流电动机换向磁极绕组和电枢绕组是怎样连接的?

⑤直流电动机按励磁方式如何分类?

⑥什么是实槽?什么是虚槽?它们之间有什么关系?

⑦用什么方法可以检查直流电动机电枢绕组是否开路?

⑧试比较直流电动机与三相异步电动机的工作原理,二者有何不同?

3.2 直流电动机的运行特性

直流电动机的电动势、功率和转矩对于直流电动机的运行起着重要的作用。本节介绍直流电动机的电动势、功率和转矩、机械特性及换向等内容。

3.2.1 直流电动机的电枢电动势、功率和转矩

1. 电枢电动势

直流电动机的磁场是由主磁极产生的励磁磁场和电枢绕组电流产生的电枢磁场合成的磁场。

当电枢旋转时,电枢导体又切割气隙合成磁场,产生电枢电动势 E_a。由直流电动机的工作原理可知,电枢电动势 E_a 的方向与电枢电流 I_a 的方向相反,所以是反电动势,并且 E_a 为

$$E_a = C_E \Phi n \tag{3-1}$$

式中,C_E 为电动势常数,仅与电动机的结构有关;Φ 为气隙每极磁通,单位为 Wb;n 为直流电动机的转速,单位为 r/min;E_a 为电动机的电枢电动势,单位为 V。

可见,对于已经制造好的直流电动机,其电枢电动势 E_a 大小正比于每极磁通 Φ 和转速 n,其方向由直流电动机转向和主磁场方向决定。

以 U、E_a、I_a 的实际方向为正方向,则可列出他励、并励直流电动机的电压平衡方程式为

$$U_a = E_a + I_a R_a \tag{3-2}$$

式中,R_a 为电枢回路的等效电阻,包括电枢绕组直流电阻及电刷与换向器之间的接触电阻。

2. 功率及效率

(1) 直流电动机的功率

将 $U_a = E_a + I_a R_a$ 等式两边乘以电枢电流 I_a,可得功率平衡方程式为

$$U_a I_a = E_a I_a + I_a^2 R_a \tag{3-3}$$

式中,$U_a I_a$ 为电源给电枢电路提供的总功率,即输入电枢电路的功率 $P_{1a} = U_a I_a$;$E_a I_a$ 为电磁功率,即电枢所转换的全部电磁功率,$P_{em} = E_a I_a = T\omega$($\omega$ 为直流电动机的机械角速度,单位为 rad/s);$I_a^2 R_a$ 为电枢内部消耗的功率,即电枢回路的铜损耗 $P_{aCu} = I_a^2 R_a$。因此,式(3-3)可写为

$$P_{1a} = P_{em} + P_{aCu} \tag{3-4}$$

式中,$P_{em} = P_0 + P_2$,P_2 为直流电动机输出的机械功率,P_0 为直流电动机的空载损耗,即 $P_0 = P_{Fe} + P_{mec} + P_{ad}$($P_{Fe}$ 为铁损耗;P_{mec} 为机械损耗;P_{ad} 为附加损耗)。式(3-4)又可写为

$$P_{1a} = P_0 + P_2 + P_{aCu} \tag{3-5}$$

对他励、并励直流电动机,功率平衡方程式为

$$P_1 = P_2 + P_0 + P_{aCu} + P_{fCu} \tag{3-6}$$

式中,P_1 为电源给直流电动机提供的总功率,即输入功率 $P_1 = P_{1a} + P_{1f} = UI$,$I = I_a + I_f$ 为电源给直流电动机提供的输入电流;$P_{fCu} = I_f^2 R_f$,为励磁回路内部消耗的功率,即励磁回路的铜损耗。

(2) 直流电动机的效率

直流电动机的效率是指输出功率占输入功率的百分比,即

$$\eta = \frac{P_2}{P_1} \times 100\% = \frac{P_2}{P_2 + P_{Cu} + P_{Fe} + P_{mec} + P_{ad}} \times 100\% \tag{3-7}$$

3. 电磁转矩

由直流电动机的工作原理可知,电枢电流与气隙磁场相互作用产生了电磁力,电磁力对转轴产生电磁转矩,并且电磁转矩 T 与气隙每极磁通 Φ、电枢电流 I_a 成正比,即

$$T = C_T \Phi I_a \tag{3-8}$$

式中,C_T 为转矩常数,仅与电动机的结构有关;Φ 为气隙每极磁通,单位为 Wb;I_a 为电枢电流,单位为 A;T 为电磁转矩,单位为 N·m。

电磁转矩的方向由主磁极磁场方向和电枢电流方向决定。根据左手定则可以确定电磁转矩的方向。直流电动机电磁转矩的方向与直流电动机的转向相同,起驱动作用。

电磁转矩和电枢电动势同时存在于同一台直流电动机中,电枢电动势常数 C_E 和转矩常数 C_T

存在以下关系：

$$C_T = 9.55 C_E \tag{3-9}$$

直流电动机稳态运行时，作用在直流电动机轴上有三个转矩。一个是电磁转矩 T，方向与转速 n 方向相同，为驱动转矩；一个是直流电动机空载损耗转矩 T_0，是直流电动机空载运行时的制动转矩，方向与转速 n 方向相反；还有一个是轴上的输出转矩 T_2，其值与电动机轴上拖动的生产机械负载转矩 T_L 相平衡，即 $T_2 = T_L$，T_L 与 n 方向相反，T_L 起制动作用。转矩平衡方程式为

$$T = T_2 + T_0 = T_L + T_0 \tag{3-10}$$

式中，$T = 9\,550 \dfrac{P_{em}}{n}$，$T_0 = 9\,550 \dfrac{P_0}{n}$，$T_2 = 9\,550 \dfrac{P_2}{n}$。（注意：式中 P_{em}、P_0、P_2 的单位均是 kW。）

式(3-10)说明，电动机在稳定工作（即转速一定）时，由空载损耗决定的空载转矩 T_0 和电动机拖动的负载转矩 T_L，两者之和称为反抗转矩 $T_反$（又称静态转矩），它与电磁转矩 T 相平衡，它们大小相等，方向相反。

例 3-1 已知某台并励直流电动机的额定值为 $P_N = 25$ kW，$U_N = 110$ V，$\eta_N = 0.86$，$n_N = 1\,200$ r/min，$R_a = 0.04\ \Omega$，$R_f = 27.5\ \Omega$。求：①额定电流、额定电枢电流、额定励磁电流；②铜损耗、空载损耗；③额定转矩；④额定运行时反电动势。

解 ①电动机的输入功率为

$$P_1 = \frac{P_2}{\eta} = \frac{25}{0.86} \text{ kW} \approx 29.1 \text{ kW}$$

额定电流为

$$I_N = \frac{P_1}{U_N} = \frac{29.1 \times 10^3}{110} \text{ A} \approx 265 \text{ A}$$

额定励磁电流为

$$I_{fN} = \frac{U_{fN}}{R_f} = \frac{110}{27.5} \text{ A} = 4 \text{ A}$$

额定电枢电流为

$$I_{aN} = I_N - I_{fN} = (265 - 4) \text{ A} = 261 \text{ A}$$

②电枢绕组的铜损耗为

$$P_{aCu} = I_{aN}^2 R_a = 261^2 \times 0.04 \text{ W} = 2\,725 \text{ W}$$

励磁绕组的铜损耗为

$$P_{fCu} = I_f^2 R_f = 4^2 \times 27.5 \text{ W} = 440 \text{ W}$$

总损耗为

$$\sum P = P_1 - P_2 = (29\,100 - 25\,000) \text{ W} = 4\,100 \text{ W}$$

空载损耗为

$$P_0 = \sum P - P_{fCu} - P_{aCu} = (4\,100 - 440 - 2\,725) \text{ W} = 935 \text{ W}$$

③额定转矩为

$$T_N = 9\,550 \frac{P_N}{n_N} = 9\,550 \times \frac{25}{1\,200} \text{ N} \cdot \text{m} \approx 199 \text{ N} \cdot \text{m}$$

④额定运行时反电动势为

$$E_{aN} = U_{aN} - I_{aN} R_a = (110 - 261 \times 0.04) \text{ V} = 99.56 \text{ V}$$

3.2.2　直流电动机的机械特性

直流电动机的机械特性是指直流电动机的转速 n 与电磁转矩 T 之间的关系,即 $n = f(T)$。机械特性是直流电动机机械性能的主要表现,也是直流电动机最重要的特性。因为将直流电动机的机械特性 $n = f(T)$ 与生产机械工作机构的负载机械特性 $n = f(T_L)$ 用运动方程式联系起来,就可对电力拖动系统稳态运行和动态过程进行分析和计算。直流电动机的机械特性与励磁方式有关。

1. 他励直流电动机的机械特性

(1)他励直流电动机的机械特性方程式

由图 3-13 所示的他励直流电动机的电路图可得,电压平衡方式为

$$U_a = E_a + I_a R \tag{3-11}$$

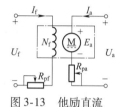

图 3-13　他励直流
电动机的电路图

式中,$R = R_a + R_{pa}$ 为电枢回路总的等效电阻,其中 R_{pa} 为电枢回路外串调节电阻。

将 $E_a = C_E \Phi n$,$T = C_T \Phi I_a$ 代入式(3-11)中,整理可得他励直流电动机的机械特性方程式为

$$n = \frac{U_a}{C_E \Phi} - \frac{R}{C_E C_T \Phi^2} T = n_0 - \beta T = n_0 - \Delta n \tag{3-12}$$

式中,$n_0 = \dfrac{U_a}{C_E \Phi}$ 为理想空载转速,即电动机没有任何制动转矩($T_L + T_0 = 0$)时电动机的转速,单位为 r/min,电动机在实际运行中,空载转矩 T_0 始终存在,因此,电动机的转速不可能达到 n_0,故称为理想空载转速;$\beta = \dfrac{R}{C_E C_T \Phi^2}$ 为机械特性的斜率,从式(3-12)可见,β 越大,机械特性越软;$\Delta n = n_0 - n_N$,为电动机带负载后的转速降。

(2)固有机械特性

当电枢两端加额定电压、气隙磁通为额定值、电枢回路不串电阻(即 $U_a = U_{aN}$、$\Phi = \Phi_N$、$R_{pa} = 0$、$R = R_a$)时的机械特性,称为固有机械特性。固有机械特性的方程式为

$$n = \frac{U_{aN}}{C_E \Phi_N} - \frac{R_a}{C_E C_T \Phi_N^2} T \tag{3-13}$$

固有机械特性曲线如图 3-14 所示。由此可得他励直流电动机固有机械特性具有以下特点:

①随着电磁转矩 T 的增大,转速 n 降低,其特性是略下斜的直线。

②当 $T = 0$ 时,$n = n_0$ 为理想空载转速;机械特性斜率很小,特性较平,习惯称之为硬特性。

③当 $T = T_N$ 时,转速 $n = n_N$,此点为直流电动机的额定运行点。$\Delta n_N = n_0 - n_N$ 为额定转速降。一般 $\Delta n = (0.03 \sim 0.08) n_N$。

(3)人为机械特性

将式(3-12)中的 U_a、Φ、R 三个参数,保持两个参数不变,人为地改变其中一个参数所得到的机械特性,称为人为机械特性。

①电枢回路串电阻的人为机械特性。电枢加额定电压 U_{aN},每极磁通为额定值 Φ_N,电枢回路串入电阻 R_{pa} 后的人为机械特性方程式为

$$n = \frac{U_{aN}}{C_E \Phi_N} - \frac{R_a + R_{pa}}{C_E C_T \Phi_N^2} T \tag{3-14}$$

电枢回路串入不同电阻 R_{pa} 时的人为机械特性曲线如图 3-15 所示,其特点如下:

a. 理想空载转速 n_0 不变。

b. 特性曲线斜率与电枢回路串入的电阻有关，R_{pa} 越大，β 越大，转速降 Δn 越大，特性越软，稳定性越差。

c. R_{pa} 越大，电枢电流流过 R_{pa} 产生的损耗越大。

d. 电枢回路串电阻的人为机械特性是通过理想空载点的一簇放射形直线。

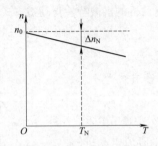

图 3-14　直流电动机的固有机械特性

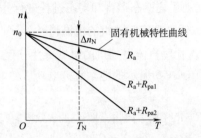

图 3-15　电枢回路串电阻的人为机械特性

②降低电枢电压的人为机械特性。保持每极磁通额定值（Φ_N），电枢回路不串电阻（$R_{pa}=0$，$R=R_a$），只降低电枢电压 U_a，其人为机械特性方程式式为

$$n = \frac{U_a}{C_E \Phi_N} - \frac{R_a}{C_E C_T \Phi_N^2}T \tag{3-15}$$

降低电枢电压人为机械特性曲线如图 3-16 所示，其特点如下：

a. 理想空载转速 n_0 与电枢电压 U_a 成正比，且 U_a 为负值时，n_0 也为负值。

b. 特性曲线斜率不变，与固有机械特性相同，Δn 不变。

c. 降低电枢电压 U_a 的人为机械特性是一组平行于固有机械特性的直线。

③减弱磁通的人为机械特性。保持电枢电压为额定值（U_{aN}），电枢回路不串电阻（$R_{pa}=0$，$R=R_a$），仅减弱磁通的人为机械特性。减弱磁通是通过减小励磁电流（如增大励磁回路的调节电阻）来实现的。其人为机械特性方程式为

$$n = \frac{U_{aN}}{C_E \Phi} - \frac{R_a}{C_E C_T \Phi^2}T \tag{3-16}$$

减弱磁通人为机械特性曲线如图 3-17 所示，其特点是：

a. 理想空载转速随磁通的减弱而上升。

b. 减弱磁通，机械特性变软。

c. 由于电动机在设计时，其磁路已接近饱和，因此，一般磁通从 Φ_N 开始减弱。

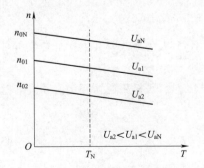

图 3-16　降低电枢电压人为机械特性

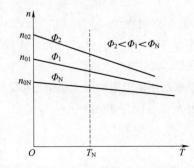

图 3-17　减弱磁通人为机械特性

例 3-2　已知某台他励直流电动机的 $P_N = 22$ kW，$U_{aN} = 220$ V，$I_{aN} = 116$ A，$n_N = 1\,500$ r/min，$R_a = 0.175$ Ω。试绘制：①固有机械特性曲线；②下列三种情况下的人为机械特性曲线：a. 电枢回路串入电阻 $R_{pa} = 0.7$ Ω 时；b. 电源电压降至 $0.5U_{aN}$ 时；c. 磁通减弱至 $(2/3)\Phi_N$ 时。

解　①绘制固有机械特性曲线。由已知条件，可求得 $C_E\Phi_N$ 为

$$C_E\Phi_N = \frac{U_{aN} - I_{aN}R_a}{n_N} = \frac{220 - 116 \times 0.175}{1\,500} = 0.133$$

理想空载点为

$$T = 0, \quad n_0 = \frac{U_{aN}}{C_E\Phi_N} = \frac{220}{0.133} \text{ r/min} \approx 1\,654 \text{ r/min}$$

额定工作点为

$$n = n_N = 1\,500 \text{ r/min}, \quad T_N = C_T\Phi_N I_{aN} = 9.55 C_E\Phi_N I_{aN} = 9.55 \times 0.133 \times 116 \text{ N·m} \approx 147.3 \text{ N·m}$$

在坐标图中连接额定工作点和理想空载点，即得到固有机械特性曲线，如图 3-18 所示。

②绘制人为机械特性曲线：

a. 当电枢回路串入电阻 $R_{pa} = 0.7$ Ω 时，理想空载点仍为 $n_0 = 1\,654$ r/min，当 $T = T_N$ 时，即 $I_{aN} = 116$ A 时，电动机的转速为

$$n = n_0 - \frac{R_a + R_{pa}}{C_E\Phi_N}I_{aN} = \left(1\,654 - \frac{0.175 + 0.7}{0.133} \times 116\right) \text{ r/min} \approx 891 \text{ r/min}$$

人为机械特性为通过 $(0, 1\,654)$ 和 $(147.3, 891)$ 两点的直线，如图 3-19 中曲线 1 所示。

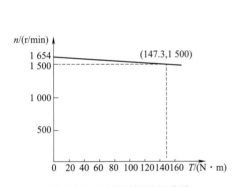

图 3-18　固有机械特性曲线

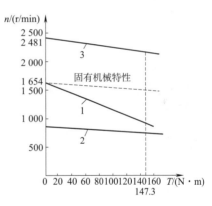

图 3-19　人为机械特性曲线

b. 当电源电压降至 $0.5U_{aN}$ 时，理想空载点的空载转速 n_0' 与电压成正比变化，所以

$$n_0' = 1\,654 \times \frac{110}{220} \text{ r/min} = 827 \text{ r/min}$$

当 $T = T_N$ 时，即 $I_{aN} = 116$ A 时，电动机的转速为

$$n = n_0' - \frac{R_a}{C_E\Phi_N}I_{aN} = \left(827 - \frac{0.175}{0.133} \times 116\right) \text{ r/min} \approx 674 \text{ r/min}$$

人为机械特性为通过 $(0, 827)$ 和 $(147.2, 674)$ 两点的直线，如图 3-19 中曲线 2 所示。

c. 当磁通减弱至 $(2/3)\Phi_N$ 时，理想空载点 n_0'' 将升高为

$$n_0'' = \frac{U_{aN}}{(2/3)C_E\Phi_N} = \frac{220}{(2/3) \times 0.133} \text{ r/min} \approx 2\,481 \text{ r/min}$$

当 $T = T_N$ 时，电动机的转速为

$$n = n_0'' - \frac{R_a}{9.55 \times \left(\frac{2}{3}C_E\Phi_N\right)^2}T_N = \left[2\,481 - \frac{0.175}{9.55 \times \left(\frac{2}{3} \times 0.133\right)^2} \times 147.2\right]\text{r/min} \approx 2\,137.7\ \text{r/min}$$

人为机械特性为通过 $(0,2\,481)$ 和 $(147.2,2\,137.7)$ 两点的直线，如图 3-19 中曲线 3 所示。

2. 串励直流电动机的机械特性

（1）固有机械特性

图 3-20 是串励直流电动机的接线图，励磁绕组与电枢绕组串联，电枢电流 I_a 即为励磁电流 I_f，电枢电流 I_a 的变化将引起主磁通 Φ 的变化。

在励磁电流 I_f 较小，磁路未饱和时，励磁电流 I_f 与 Φ 成正比，即

$$\Phi = KI_f = KI_a \tag{3-17}$$

式中，K 为比例常数。此时，电磁转矩 $T = C_T\Phi I_a = KC_T I_a^2$，得

$$I_a = \sqrt{\frac{T}{C_T K}} \tag{3-18}$$

将式（3-17）和式（3-18）代入 $n = \dfrac{U_{aN}}{C_E\Phi} - \dfrac{R_a}{C_E C_T \Phi^2}T$ 中，整理可得，在轻载磁路不饱和时串励直流电动机的机械特性方程式为

$$n = \frac{A}{\sqrt{T}} - B \tag{3-19}$$

式中，$A = \dfrac{U_{aN}\sqrt{C_T K}}{C_E K}$ 为常数；$B = \dfrac{R_a}{C_E K}$ 为常数。

可见，串励直流电动机在磁路不饱和时的机械特性为一条双曲线，如图 3-21 中的曲线 1 所示，其特点如下：

①特性曲线是一条非线性的软特性，随着负载转矩的增大（减小），转速自动地减小（增大），保持功率基本不变，即有很好的牵引性能，广泛用于机车类负载的牵引动力。

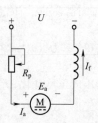

图 3-20　串励直流电动机的接线图

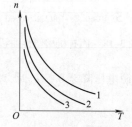

图 3-21　串励电动机的机械特性

②理想空载转速为无穷大，实际上由于剩磁的存在，n_0 一般可达 $(5 \sim 6)n_N$，空载运行时会出现"飞车"现象。因此，串励传送电动机是不允许空载或轻载运行或用传送带（或链条）传动的。

③由于 T 与 I_a^2 成正比，因此串励直流电动机的起动转矩大，过载能力强。

④当磁路饱和时，其机械特性曲线与此曲线有很大区别，但转速随转矩增加而显著下降的特点依然存在，Φ 基本保持不变，此时机械特性曲线与他励直流电动机的机械特性曲线相似，为较"硬"的直线特性。

（2）人为机械特性

串励直流电动机同样可以采用电枢串电阻、改变电源电压和改变磁通的方法来获得各种人为机械特性，其人为机械特性曲线的变化趋势与他励直流电动机的人为机械特性曲线的变化趋势相似，如图 3-21 中的曲线 2、3 所示，是电枢回路串入不同电阻后的人为机械特性。

3.2.3　直流电动机的换向

换向是直流电动机的关键问题。换向不良将在电刷与换向器之间产生有害的火花，从而烧伤电刷和换向器，导致电动机不能正常运行，因此，讨论换向的目的是为了探寻火花产生的根源，从而采取不同的方法改善换向，以延长电动机的使用寿命。

1. 换向过程

如图 3-22 所示，电动机运行时，电刷固定不动，旋转的电枢绕组元件从一条支路经过电刷进入另一条支路，该元件中的电流方向也随之改变的过程，称为换向过程，简称换向。

换向是靠换向器和电刷的配合将直流电动机外部直流电流（或电动势）变成内部的交流电流（或电动势）。

以单叠绕组为例来说明换向过程。图 3-22 所示为一直流电动机电枢绕组元件的换向过程。设电刷的宽度与换向片的宽度相等。

①在换向开始瞬间，如图 3-22（a）所示，电刷仅与换向片 1 接触，绕组元件 1 中的电流等于电枢绕组的支路电流 i_a，即 $i_1 = i_a$，其方向为顺时针。

②当电枢向左移动，在换向过程中，如图 3-22（b）所示，电刷同时与换向片 1、2 相接触时，绕组元件 1 正好处于气隙磁场的几何中性线上，感应电动势为零，并且被电刷短路，绕组元件 1 中没有电流，即 $i_1 = 0$。

③换向结束瞬间，当电枢继续向左移动使电刷只与换向片 2 接触时，如图 3-22（c）所示，绕组元件 1 进入另一条支路，流过绕组元件 1 的电流仍是支路电流 i_a，但 i_1 的方向变为逆时针方向，即 $i_1 = -i_a$。直流电动机绕组中的每个元件经过电刷时，都要经历上述过程，该过程就是换向过程，正在换向的绕组元件称为换向元件。

只要电动机运行，绕组每个元件都要轮流经历换向过程，周而复始，连续进行。

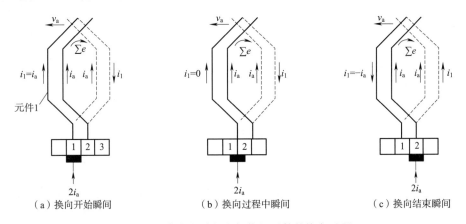

图 3-22　直流电动机电枢绕组元件的换向过程

2. 换向火花

1）产生换向火花的原因

如果换向不良,将会在电刷与换向片之间产生火花,称为换向火花。直流电动机的电路中由于存在电刷和换向器之间的滑动接触,因此在运行时难免会出现或多或少的火花。产生火花的原因是多方面的,除了电磁原因外,还有机械原因和化学原因,它们互相交织在一起,所以,相当复杂。但最主要的是电磁原因。机械原因可以通过改善工艺加以解决,化学原因可以通过改善环境加以解决。下面主要对电磁原因进行简要分析。

换向时产生火花的电磁原因主要是绕组换向元件在换向过程中产生了换向电动势。换向元件在换向过程中产生的电动势分为两类:电抗电动势和电枢反应电动势。

（1）电抗电动势

换向元件本身就是一个线圈,换向时,换向元件中的电流由 $+i_a$ 变为 $-i_a$,线圈必有自感作用。同时进行换向的元件不止一个,换向元件与换向元件之间又有互感作用,因此换向元件中电流变化时,必然出现由自感与互感作用所引起的感应电动势,这个电动势称为电抗电动势。该电动势方向与元件换向前的电流方向一致,它是阻碍电流变化的,即阻碍换向进行。

（2）电枢反应电动势

①当电动机空载运行时,主磁极磁场在电动机中的分布情况如图 3-23（a）所示。根据图中所示的励磁电流方向,应用右手定则,便可确定主磁极磁场的方向。在电枢表面上磁感应强度为零的地方是物理中性线 $m-m$,它与主磁极的几何中性线 $n-n$ 重合。

由于直流电动机的换向是在主磁极的几何中性线处进行的,空载运行时气隙合成磁场接近主磁极的气隙磁场,主磁极几何中性线处的气隙磁场接近零,所以,不易在电刷与换向片之间产生火花,也就不会对直流电动机的运行产生较大的影响。

②当电动机负载运行时,电枢产生了电枢磁场如图 3-23（b）所示,电枢磁场使主磁极磁场发生了畸变,合成的气隙磁场如图 3-23（c）所示,此时主磁极几何中性线处的气隙磁场不再是零。由于电刷放置在主磁极轴线（即几何中性线）上的换向片上,换向元件的有效边处于主磁极几何中性线上。此时几何中性线处气隙合成磁场不再为零,换向元件就要切割气隙磁场,在其中产生旋转

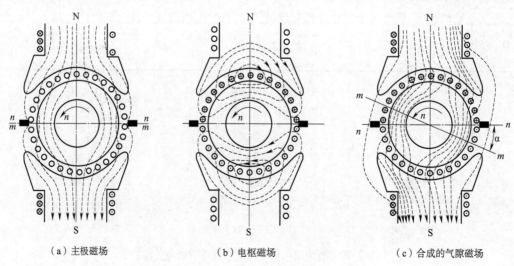

| （a）主极磁场 | （b）电枢磁场 | （c）合成的气隙磁场 |

图 3-23　直流电动机气隙磁场分布示意图

电动势,称为电枢反应电动势。该电动势方向与元件换向前的电流方向一致,它也是阻碍电流变化的,起着阻碍换向的作用。

综上所述,电抗电动势和电枢反应电动势都在换向元件中产生阻碍换向的附加电流,使得换向元件出现延迟换向的现象,造成换向元件离开一个支路瞬间尚有较大的电磁能量,这部分能量以火花形式释放出来,因而在电刷与换向片之间出现火花。

在换向过程中,由于电流突变,使线圈内存储的磁场能以火花形式释放出来,从而影响换向。

2)火花等级与危害

换向火花直接影响电动机的安全运行。当换向火花超过一定程度时,就会烧坏电刷和换向器表面,使电动机不能正常工作。

按国家标准规定,火花等级分为五级:1 级、$1\frac{1}{4}$ 级、$1\frac{1}{2}$ 级、2 级、3 级。直流电动机正常运行时,火花等级不应超过 $1\frac{1}{2}$ 级。火花等级及火花程度对换向器和电刷的影响见表 3-1。

表 3-1　火花等级及火花程度对换向器和电刷的影响

火花等级	电刷下的火花程度	换向器及电刷的状态
1	无火花	换向器上没有黑痕及电刷上没有灼痕
$1\frac{1}{4}$	电刷边缘仅小部分有微弱的点状火花,或有非放电性的红色小火花	
$1\frac{1}{2}$	电刷边缘绝大部分或全部有轻微的火花	换向器上有黑痕出现但不扩大。用汽油擦其表面即能除去,同时在电刷上有轻微灼痕
2	电刷边缘全部或大部分有较强烈的火花	换向器上有黑痕出现。用汽油不能擦除,同时电刷上有灼痕。如短时出现这一级火花,换向器上不出现灼痕,电刷不被烧焦或损坏
3	电刷的整个边缘有强烈的电火花,同时有火花飞出	换向器上的黑痕相当严重,用汽油不能擦除,同时电刷上有灼痕。如在这一火花等级下短时运行,则换向器上将出现灼痕,同时电刷将被烧焦或损坏

3. 改善换向的方法

改善换向的目的在于消除或削弱火花。电磁原因是产生火花的主要因素,下面主要分析如何消除或削弱由此引起的火花。

(1)安装换向磁极

安装换向磁极是目前改善换向最有效的方法之一。如图 3-24 所示,换向磁极通常装在主磁极之间,即主磁极的几何中性线上。使换向磁极绕组产生的磁动势 F_k 的方向与电枢反应磁动势 F_a 的方向相反,大小比电枢反应磁动势略大。这样换向磁极磁动势可以抵消电枢反应磁动势,剩余的磁动势形成换向磁极磁通,在换向元件里产生感应电动势,这个电动势可以抵消换向元件的自感电动势和互感电动势,就可以消除电刷下火花的产生。为了在负载变化时始终有效地预防火花的产生,换向磁极绕组中应流过电枢电流,即换向磁极绕组与电枢绕组串联。容量为 1 kW 以上的直流电动机一般都装有换向磁极。

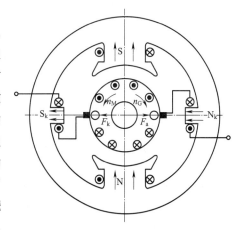

图 3-24　加装换向磁极改善换向

如图 3-24 所示,换向磁极极性的确定原则是根据换向磁极绕组产生的磁动势方向必须与电枢反应磁动势的方向相反。

图 3-24 所示电枢绕组中的电流方向为 N 极下的导体是 ⊗,S 极下的导体为 ⊙,故电枢磁动势的方向是从左指向右。为了抵消电枢磁动势,则换向磁极的磁动势方向必须与电枢磁动势方向相反,即从右指向左,因此换向磁极绕组中的电流方向必须是如图 3-24 所示方向。

不论是直流电动机还是直流发电机,换向磁极的极性都应该与电枢反应磁通方向相反。在直流电动机中,换向磁极的极性应与顺着电枢旋转方向的下一个主磁极的极性相异;在直流发电机中,换向磁极的极性应与顺着电枢旋转方向的下一个主磁极的极性相同。但是,一台直流电动机的换向磁极绕组与电枢绕组正确连接后,运行于发电机状态时不必改变接法,因为电枢电流和换向磁极绕组中的电流同时改变了方向。

装有换向磁极的直流电动机,绕组元件对称时,电刷的实际位置一般都应放在换向磁极表面的主磁极的中性线上。

(2)选择合适的电刷

不同牌号的电刷具有不同的接触电阻,选择合适的电刷能改善直流电动机的换向。例如,小容量的直流电动机用石墨电刷;在换向问题突出的场合,采用硬质电化石墨电刷。在更换电机的电刷时,应注意选用同一牌号的电刷,以免造成电刷间电流分配不均匀。若无相同牌号的电刷,应选择性能相近的电刷,并全部更换,否则将会引起火花。

(3)调整电刷的位置

装有换向磁极的直流电动机,电刷应该安放在主磁极轴线上的换向片上。在无换向磁极的直流电动机中,常用适当移动电刷位置的方法来避免火花的产生。即将电刷从主磁极轴线移开一个适当角度,即使换向元件的两个边由主磁极的几何中性线移到物理中性线的位置,也就是气隙合成磁场为零的位置,使换向元件中的附加电流最小,从而避免火花的产生。

对于直流电动机来说,电刷应逆着电枢旋转方向移动(对于直流发电机来说,电刷应顺着电枢旋转方向移动)。如果电刷移动方向不正确,不但起不到减弱火花的作用,反而会使火花更大,使直流电动机运行状况更加恶化。

(4)增加换向回路的电阻

增加换向回路的电阻,可以减小换向回路的附加电流,从而避免火花的产生。电刷与换向器之间的接触电阻是换向回路中最重要的电阻,不同牌号的电刷具有不同的接触电阻,选择合适的电刷能增加接触电阻。

(5)安装补偿绕组

直流电动机负载时电枢气隙磁场使主磁极气隙磁场发生了畸变,这样就增大了某几个换向片之间的电压,在负载变化剧烈的大型直流电动机中出现环火现象。环火是指直流电动机电刷下面的某几片换向片可能同时出现火花,这些火花连在一起并被拉长,直接从一种极性的电刷跨过换向器表面到达相邻的另一极性的电刷,使整个换向器表面布满环形电弧。出现环火,可在很短时间内使直流电动机损坏。为避免出现环火现象,安装补偿绕组是有效方法之一。补偿绕组安装在主磁极极靴上的槽内,如图 3-25 所示,其中流过的

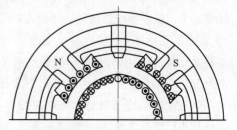

图 3-25 安装补偿绕组改善换向

是电枢电流,所以补偿绕组应与电枢绕组串联,其电流方向与对应极下电枢绕组的电流方向相反,显然它产生的磁动势与电枢磁动势方向相反,从而补偿了电枢气隙磁场对主磁极气隙磁场的影响。

以上方法一般单独使用,在使用某种方法效果不明显的情况下,可同时使用其他方法。

【技能训练】——直流电动机的使用

1. 技能训练的内容

直流电动机的铭牌识读、励磁方式接线测试及直流电动机电刷位置的调整。

2. 技能训练的要求

掌握直流电动机的接线、直流电动机电刷位置的调整方法。

3. 设备器材

①电机与电气控制实验台(1 台)。

②(他励、并励、串励、复励)直流电动机(各 1 台)。

③直流稳压电源(3 V)(1 台)。

④直流毫伏表(1 块)。

4. 技能训练的步骤

①观察直流电动机的结构,抄录电动机的铭牌数据,将有关数据填入表 3-2 中。

表 3-2　直流电动机的铭牌数据

型　号		励磁方式	
额定功率		励磁电压	
额定电压		励磁电流	
额定电流		工作方式	
额定转速		温　升	

②用手拨动电动机的转子,观察其转动情况是否良好。

③直流电动机的接线练习。按各种励磁方式的直流电动机的接线图,练习接线,并通电运行。

④直流电动机电刷位置的调整:

a. 按图 3-26 接线,当电枢静止时,将直流毫伏表接到相邻的两组电刷上(电刷与换向器接触一定要良好)。励磁绕组通过开关 S 接到 3 V 的直流电压源上。

b. 频繁地闭合和断开开关 S,同时将电刷架向左或向右慢慢移动,观察直流毫伏表的摆动情况,直至直流毫伏表指针不动或摆动很小时,电刷位置就是中性线位置。

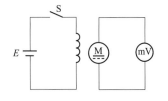

图 3-26　直流电动机电刷位置的调整

c. 将刷架固紧后再复测一次。

5. 注意事项

①直流电动机励磁回路的接线必须牢固。

②寻找中性线时要保证电刷与换向器之间有良好的接触。

③断开及闭合开关、转动刷架的位置及观察直流毫伏表指针的摆动情况,三者应同时进行。

【思考题】

①什么是直流电动机的固有机械特性和人为机械特性？他励直流电动机和串励直流电动机的固有机械特性各有何特点？

②简述直流电动机的换向过程。什么是换向电动势？在换向时，绕组元件中会产生什么附加电动势？

③物理中性线和几何中性线概念及关系是怎样的？

④什么是电枢反应？电枢反应对主磁极磁场有哪些影响？

⑤直流电动机产生火花的电磁原因是什么？直流电动机电刷与换向器间的火花程度分为哪几个等级？各等级的火花程度和换向器及电刷的状态是怎样的？在额定负载下运行时，其火花程度不得超过哪个等级？

⑥改善直流电动机换向的方法有哪些？直流电动机的换向磁极极性接错时有何特征？

3.3　直流电动机的起动、反转、调速与制动

在使用直流电动机时同样也有起动、反转、调速和制动问题。本节研究直流电动机的起动、调速、反转与制动方法、原理及特点。

3.3.1　直流电动机的起动

正确使用一台直流电动机，首先碰到的问题是起动。直流电动机起动是指电枢从静止状态开始，转速逐渐上升，最后达到稳定运行状态的过程。直流电动机在起动过程中，电枢电流 I_a、电磁转矩 T、转速 n 都随时间变化，是一个过渡过程。开始起动的瞬间，转速等于零，这时的电枢电流称为起动电流，用 I_{ast} 表示；对应的电磁转矩称为起动转矩，用 T_{st} 表示。

对直流电动机的起动要求与三相异步电动机的起动要求是一样的。

为了提高生产率，尽量缩短起动过程的时间。首先要求直流电动机应有足够大的起动转矩。直流电动机起动时电磁转矩应大于静态转矩，才能使直流电动机获得足够大的动态转矩和加速度而运行起来。从 $T = C_T \Phi I_a$ 来看，要使转矩足够大，就要求磁通及起动时电枢电流足够大。因此在起动时，首先要注意的是将励磁电路中外接的励磁调节变阻器全部切除，使励磁电流达到最大值，保证磁通为最大。

要求起动转矩和起动电流足够大，但并非越大越好。过大的起动电流将使电网电压波动，换向困难，甚至产生环火；如果起动转矩过大，可能损坏直流电动机的传动机构等，所以起动转矩和起动电流也不能太大。

直流电动机的起动方法有：直接起动（即全压起动）、降低电枢电压起动和电枢回路串电阻起动。

1. 直流电动机的直接起动

直接起动就是在直流电动机的电枢上直接加以额定电压的起动方式。

如图 3-27 所示，将直流电动机接到 $U = U_N$ 的电网中，先合上 QS_1 接通励磁电路建立磁场，并调节励磁电流为最大，然后合上 QS_2，将电枢绕组接上电源全压起动。

起动开始瞬间,由于机械惯性,直流电动机转速 $n=0$,电枢绕组感应电动势 $E_a = C_E\Phi n = 0$,由电动势平衡方程式 $U_a = E_a + I_aR_a$ 可知,

起动电流为

$$I_{ast} = \frac{U_{aN}}{R_a} \qquad (3\text{-}20)$$

起动转矩为

$$T_{st} = C_T\Phi I_{ast} \qquad (3\text{-}21)$$

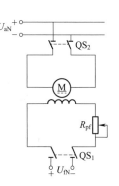

图 3-27 直流电动机
直接起动接线图

直接起动时,因为电枢内电阻 R_a 很小,所以,直接起动电流将达到很大的数值,通常可达到 $(10\sim20)I_{aN}$,过大的起动电流将造成:

①电网电压波动过大,影响接在同一电网的其他用电设备正常工作。

②使电动机换向恶化,在换向器与电刷之间产生强烈火花或环火;同时电流过大造成电枢绕组烧毁;还可能引起过电流保护装置的误动作。

③起动转矩($T_{st} = C_T\Phi I_{ast}$)过大,将使生产机械和传动机构受到强烈冲击而损坏。

因此,除个别容量很小的直流电动机外,一般直流电动机是不允许直接起动的,为此在起动时必须设法限制电枢电流。一般直流电动机的瞬时过载电流按规定不得超过额定电流的 $1.5\sim2$ 倍;对于专为起重机、轧钢机、冶金辅助机械等设计的 ZZJ 型和 ZZY 型直流电动机,过载电流不得超过其额定电流的 $2.5\sim3$ 倍。

从 $I_{ast} = U_{aN}/R_a$ 可见,为了限制起动电流,可采用电枢回路串联电阻起动或降低电枢电压起动的方法。

2. 降低电枢电压起动

降低电枢电压起动,即起动前将施加在电动机电枢两端电压降低,以减小起动电流 I_{ast},电动机起动后,再逐渐提高电枢两端的电压,使起动电磁转矩维持在一定数值,保证电动机按需要的加速度升速,其接线图和机械特性如图 3-28 所示。

起动时,先将励磁绕组接通电源,并将励磁电流调到额定值,然后从低向高调节电枢回路的电压。起动瞬间,加到电枢两端的电压 U_1,在电枢回路中产生的电流不应超过 $(1.5\sim2)I_{aN}$。这时电动机的机械特性如图 3-28(b)中的直线 1,此时电动机的电磁转矩 T_{st1} 大于负载转矩 T_L,电动机开始旋转。随着转速升高,E_a 增大,电枢电流 $I_a = (U_1 - E_a)/R_a$ 逐渐减小,电动机转矩也随着减小。当电磁转矩下降到 T_{st2} 时,将电源电压提高到 U_2,其机械特性如图 3-28(b)中的直线 2。在升压瞬间,由于机械惯性使得 n 不变,E_a 也不变,因此引起电枢电流 I_a 增大,电磁转矩增大,直到 T_{st3},电动机将沿机械特性曲线 2 升速。逐级升高电源电压,直到 $U_a = U_{aN}$ 时,电动机将沿着图 3-28(b)中的点 $a \to b \to c \to \cdots \to k$,最后加速到 p 点,电动机稳定运行,起动过程结束。

降低电枢电压起动的特点是:起动电流小,起动平稳,起动能耗小,便于实现自动化。但需要一套可调节的直流电源。多用于要求经常起动的场合和中、大型直流电动机的起动。

在手动调节电枢电压时应注意不能升得太快,否则会产生较大的冲击电流。在实际的电力拖动系统中,目前多采用晶闸管可控整流装置自动实现电压的控制。它既能保证电压连续升高,又能在整个起动过程中保持电枢电流为最大允许值,从而使系统在恒定的加速转矩下迅速起动,是一种比较理想的起动方法。

3. 电枢回路串电阻起动

电枢回路串电阻起动就是在电枢回路中串入电阻,以减小起动电流 I_{ast}。电动机起动后,再逐

级切除电阻,以保证足够的起动转矩。图 3-29 所示为他励直流电动机电枢回路串电阻起动接线图和机械特性。电动机起动前,应使励磁回路附加电阻为零,以使磁通达到最大值,能产生较大的起动转矩。

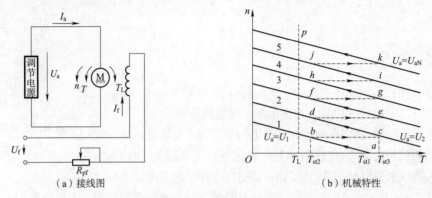

（a）接线图　　　　　　（b）机械特性

图 3-28　他励直流电动机的降低电枢电压起动

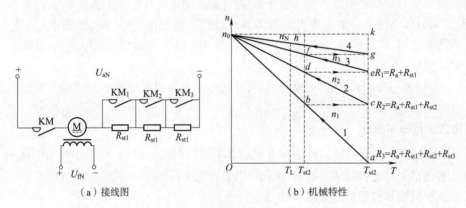

（a）接线图　　　　　　（b）机械特性

图 3-29　他励直流电动机电枢回路串电阻起动

起动开始瞬间,电枢回路中串入全部起动电阻,使起动电流不超过允许值,此时的起动电流为

$$I_{ast} = \frac{U_{aN}}{R_a + R_{st1} + R_{st2} + R_{st3}} \tag{3-22}$$

式中,$R_a + R_{st1} + R_{st2} + R_{st3}$ 为电枢回路总的等效电阻。

起动过程为:起动开始时,KM_1、KM_2、KM_3 三个接触器全部断开,将 R_{st1}、R_{st2}、R_{st3} 全部串入电枢回路,电动机从 a 点起动;随着起动过程的进行,电动机转速沿 R_3 的人为机械特性曲线不断升高,当到达 b 点时,接触器 KM_3 闭合,切除电阻 R_{st3},电动机电枢电流增大,电磁转矩增大,机械特性曲线由 b 点过渡到 c 点,电动机的转速沿 R_2 的人为机械特性曲线升高;当升高到 d 点时,接触器 KM_2 闭合,切除电阻 R_{st2},电枢电流再次增大,电磁转矩再次增大,机械特性又由 d 点过渡到 e 点,电动机转速沿 R_1 的人为机械特性曲线升高;当升高到 f 点时,接触器 KM_1 闭合,切除电阻 R_{st1},电枢电流继续增大,电磁转矩继续增大,机械特性又由 f 点过渡到 g 点,电动机的转速沿固有机械特性曲线升高,直到 h 点;此时电磁转矩等于负载转矩,电动机以稳定的转速运行,起动过程结束。

这种起动方法广泛应用于中、小型直流电动机中。技术标准规定,额定功率小于 2 kW 的直流电动机,允许采用一级起动电阻起动;额定功率大于 2 kW 的,应采用多级电阻起动或降低电枢电压起动。

例 3-3　已知某台他励直流电动机的 $P_N = 10$ kW，$U_{aN} = 220$ V，$I_{aN} = 53.8$ A，$R_a = 0.286$ Ω，$n_N = 1\,500$ r/min。求：①若直接起动，则起动电流是多少？②若要求起动电流限制在额定电流的 2.5 倍，采用降低电枢电压起动，则起动电压是多少？③如果要求起动电流限制在额定电流的 2.5 倍，电枢回路串电阻起动，则起动开始时应串入多大阻值的起动电阻？

解　①直接起动时的起动电流为

$$I_{ast} = \frac{U_{aN}}{R_a} = \frac{220}{0.286} \text{ A} \approx 769.2 \text{ A}$$

②降低电枢电压起动时的起动电流为

$$I_{ast} = 2.5 \times I_{aN} = 2.5 \times 53.8 \text{ A} = 134.5 \text{ A}$$

降低电枢电压起动时的起动电压为

$$U_{ast} = I_{ast} R_a = 134.5 \times 0.286 \text{ V} \approx 38.5 \text{ V}$$

③电枢回路串电阻起动时的起动电流为

$$I_{ast} = 2.5 \times I_{aN} = 2.5 \times 53.8 \text{ A} = 134.5 \text{ A}$$

电枢回路串电阻起动时的起动电阻为

$$R_{st} = \frac{U_{aN}}{I_{ast}} - R_a = \left(\frac{220}{134.5} - 0.286 \right) \Omega \approx 1.35 \text{ Ω}$$

3.3.2　直流电动机的反转

要使直流电动机反转，必须改变直流电动机的电磁转矩的方向，而电磁转矩的方向是由主磁通方向和电枢电流的方向决定的，只要改变磁通和电枢电流中任意一个的方向，就可以改变电磁转矩的方向。使直流电动机反转的方法有两种。

1. 改变励磁电流方向

保持电枢两端电压极性不变，把励磁绕组反接，使励磁电流方向改变，电动机反转。

2. 改变电枢电流方向

保持励磁绕组电流方向不变，将电枢绕组反接，使电枢电流方向改变，电动机反转。

若两电流方向同时改变，则电动机旋转方向不变。

注意：由于他励或并励直流电动机的励磁绕组匝数多、电感大，励磁电流从正向额定值变到反向额定值的时间长，反向过程缓慢，而且在励磁绕组反接断开瞬间，绕组中将产生很大的自感电动势，可能造成绝缘击穿，所以实际应用中大多采用改变电枢电流的方向来实现直流电动机的反转。但在直流电动机容量很大，对反转速度变化要求不高的场合，为了减小控制电器的容量，可采用改变励磁绕组极性的方法实现直流电动机的反转。

3.3.3　直流电动机的调速

直流电动机的电力拖动系统的调速可以采用机械调速、电气调速或二者配合起来调速。通过改变传动机构速比来调速的方法称为机械调速；通过改变电动机参数进行调速的方法称为电气调速。本节只分析电气调速方法及其性能特点。

由直流电动机的机械特性方程式 $n = \dfrac{U_a}{C_E \Phi} - \dfrac{R}{C_E C_T \Phi^2} T$ 可知，在负载不变的情况下，只要人为地改变 U_a、R 及 Φ 中的任意一个量，就可改变转速 n。所以，直流电动机有三种基本调速方法：降低电枢电压调速、电枢回路串电阻调速和减弱主磁通调速。

1. 降低电枢电压调速

电动机的工作电压是不允许超过额定电压的,因此电枢电压只能在额定电压以下进行调节。降低电枢电压调速的机械特性,如图3-30所示。

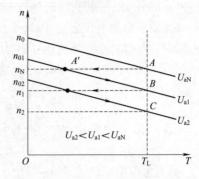

图3-30 降低电枢电压调速的机械特性

设电动机拖动恒转矩负载在固有机械特性曲线上 A 点运行,其转速为 n_N。若电源电压 U_{aN} 下降至 U_{a1},达到新的稳态后,工作点将移到对应人为机械特性曲线上的 B 点,其转速下降至 n_1。从图中可以看出,电压越低,稳态转速越低。

转速由 n_N 下降至 n_1 的调速过程如下:电动机原来在 A 点稳定运行时, $T=T_L$, $n=n_N$。当电压降低至 U_{a1} 后,电动机的机械特性曲线变为 n_{01} 对应的曲线,在降压瞬间,转速 n 不能突变, E_a 也不能突变,所以 I_a 和 T 突变减小,工作点平移到 A' 点。在 A' 点, $T<T_L$,电动机开始减速,随着 n 减小, E_a 减小, I_a 和 T 增大,工作点沿 $A'B$ 方向移动,到达 B 点时,达到了新的平衡, $T=T_L$,此时电动机便在较低转速 n_1 下稳定运行。同理,若电枢电压从 U_{a1} 下降至 U_{a2},交点为 C 点,其转速下降至 n_2。对于恒转矩负载,调速前后电动机的电磁转矩不变,因为磁通不变,所以调速后的稳态电枢电流等于调速前的电枢电流。降低电枢电压调速方法的调速范围也只能在额定转速与零转速之间。

降低电枢电压调速有以下特点:

①当电枢电压连续调节时,转速变化也是连续的,故这种调速称为无级调速。

②调速前后,机械特性曲线的斜率不变,机械特性硬度较高,负载变化时,速度稳定性好。

③无论轻载还是重载,调速范围相同,一般调速范围 D 可达 $2.5 \sim 12$。

④降低电枢电压调速是通过减小输入功率来降低转速的,故调速时损耗减小,调速经济性好。

⑤降低电枢电压调速需要一套电压可连续调节的直流电源。

降低电枢电压调速多用在对调速性能要求较高的生产机械上,如机床、造纸机等。

2. 电枢回路串电阻调速

保持电源电压及主磁极磁通为额定值不变,在电枢回路串入不同的电阻时,直流电动机将稳定运行于较低的转速。转速变化过程可用图3-31所示的机械特性来说明。调速前,系统稳定运行于负载机械特性与直流电动机固有机械特性点 A,转速为 n。在电枢回路串入电阻 R_{sp1} 瞬间,因转速及反电动势不能突变,电枢电流及电磁转矩相应地减小,工作点由 A 过渡到 A'。因这时 $T<T_L$,根据运动方程式,系统将减速,工作点由 A' 沿串电阻 R_a+R_{sp1} 特性曲线下移;随着转速的下降,反电动势减小, I_a 和 T 逐渐增加,直至 B 点, $T=T_L$ 恢复转矩平衡,系统以较低的转速 n_1 稳定运行。同理,若在电枢回路串入更大的电阻 R_2,则系统将进一步降速并以更低的转速稳定运行。

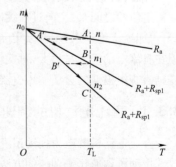

图3-31 电枢回路串电阻调速机械特性

电枢回路串电阻调速有以下特点:

①设备简单,操作方便。

②只能在低于额定转速范围内调速,一般称为由基速(额定转速)向下调速。

③串入的电阻越大,机械特性越软,稳定性越差。

④在空载和轻载时能够调速的范围非常有限,调速效果不明显,几乎没有调速作用。

⑤因调速电阻的阻值较大,一般多采用电器开关分级控制,不能连续调节,只能有级调速。

⑥串入的电阻越大,转速越低,损耗越大,效率越低,不经济。

电枢回路串电阻调速多用于对调速性能要求不高,而且不经常调速的设备上,如起重机、运输牵引机械等。

例 3-4　一台他励直流电动机的额定数据为:$P_N = 90$ kW,$U_{aN} = 440$ V,$I_{aN} = 224$ A,$n_N = 1\,500$ r/min,电枢回路的等效电阻 $R_a = 0.093\,8\ \Omega$。试求:①静差率 $\delta\% \leqslant 25\%$,电枢串电阻调速时的调速范围;②静差率 $\delta\% \leqslant 40\%$,电枢串电阻调速时的调速范围;③静差率 $\delta\% \leqslant 25\%$,改变电枢电压调速时的调速范围。

解　①静差率 $\delta\% \leqslant 25\%$,电枢串电阻调速范围

$$C_E \Phi_N = \frac{U_{aN} - I_{aN} R_a}{n_N} = \frac{440 - 224 \times 0.093\,8}{1\,500} \approx 0.279\,326$$

$$n_0 = \frac{U_{aN}}{C_E \Phi_N} = \frac{440}{0.279\,326}\ \text{r/min} \approx 1\,575.2\ \text{r/min}$$

由 $\delta\% = \dfrac{n_0 - n_{min}}{n_0} = 25\%$,得

$$n_{min} = (1 - \delta\%)n_0 = (1 - 25\%) \times 1\,575.2\ \text{r/min} = 1\,181.4\ \text{r/min}$$

$$D = \frac{n_{max}}{n_{min}} = \frac{1\,500}{1\,181.4} \approx 1.27$$

②静差率 $\delta\% \leqslant 40\%$,电枢串电阻调速范围

$$n_{min} = (1 - \delta\%)n_0 = (1 - 40\%) \times 1\,575.2\ \text{r/min} \approx 945.1\ \text{r/min}$$

$$D = \frac{n_{max}}{n_{min}} = \frac{1\,500}{945.1} \approx 1.587$$

③改变电枢电压调速时,其理想空载转速发生了改变。在静差率 $\delta\% \leqslant 25\%$,改变电枢电源电压调速范围

$$\Delta n_N = n_0 - n_N = (1\,575.2 - 1\,500)\ \text{r/min} = 75.2\ \text{r/min}$$

$$n_0' = \frac{\Delta n_N}{\delta\%} = \frac{75.2}{25\%}\ \text{r/min} = 300.8\ \text{r/min}$$

$$n_{min} = n_0' - \Delta n_N = (300.8 - 75.2)\ \text{r/min} = 225.6\ \text{r/min}$$

$$D = \frac{n_{max}}{n_{min}} = \frac{1\,500}{225.6} \approx 6.65$$

3. 减弱主磁通调速

保持他励直流电动机的电枢电压不变,电枢回路的电阻不变,减少直流电动机的磁通,可使直流电动机转速升高,这种方法称为减弱主磁通调速。额定运行的电动机,其磁路已基本饱和,即使励磁电流增加很多,磁通也增加很少,从电动机的性能考虑也不允许磁路过饱和。因此,改变磁通只能从额定值往下调。

从图 3-32 中可以看出,当励磁磁通为额定值 Φ_N 时,直流电动机和负载的机械特性的交点为 A,转速为 n_N;励磁磁通减少为 Φ_1 时,理想空载转速增大,同时机械特性斜率也变大,交点为 B,转速为 n_1;励磁磁通减少为 Φ_2 时,交点为 C,转速为 n_2。减弱主磁通调速的范围是在额定转速与直流电动机所允许的最高转速之间进行调节,由于直流电动机所允许最高转速值是受换向与机械强度所限制的,一般为 $1.2n_N$ 左右;特殊设计的调速直流电动机,可达 $3n_N$ 或更高。单独使用减弱主磁通调速方法,调速的范围不会很大。

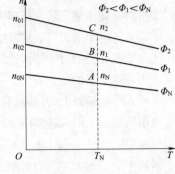

图 3-32 减弱主磁通调速机械特性

减弱主磁通调速的优点是设备简单,调节方便,运行效率高,适用于恒功率负载;缺点是励磁过弱时,机械特性斜率大,转速稳定性差,拖动恒转矩负载时,可能会使电枢电流过大。

例 3-5 已知某台并励直流电动机的 $P_N = 7.5 \text{ kW}$,$U_N = 220 \text{ V}$,$I_N = 42.61 \text{ A}$,$n_N = 1\,500 \text{ r/min}$,$R_a = 0.101\,4 \ \Omega$,$R_f = 46.5 \ \Omega$。求:①效率 η、电枢额定电流 I_{aN}、额定输出转矩 T_{2N} 和额定电磁转矩 T_N;②当电枢电流变为 50 A 时,电动机的转速 n;③当负载转矩不变,电动机主磁通减少到 80% 时的稳态转速 n'。

解 ①效率 η 为

$$\eta = \frac{P_2}{P_1} \times 100\% = \frac{P_N}{IU} \times 100\% = \frac{7.5 \times 1\,000}{42.61 \times 220} \times 100\% \approx 80\%$$

电枢额定电流 I_{aN} 为

$$I_{aN} = I_N - I_{fN} = I_N - \frac{U_N}{R_f} = \left(42.61 - \frac{220}{46.5}\right) \text{ A} \approx 37.88 \text{ A}$$

输出转矩 T_{2N} 为

$$T_{2N} = 9\,550 \frac{P_N}{n_N} = 9\,550 \times \frac{7.5}{1\,500} \text{ N} \cdot \text{m} = 47.75 \text{ N} \cdot \text{m}$$

电磁转矩 T_N 为

$$T_N = 9.55 \frac{I_{aN} E_{aN}}{n_N} = 9.55 \frac{I_{aN}(U_N - I_{aN} R_a)}{n_N}$$

$$= 9.55 \times \frac{37.88 \times (220 - 37.88 \times 0.101\,4)}{1\,500} \text{ N} \cdot \text{m} \approx 52.13 \text{ N} \cdot \text{m}$$

②当 $I_{aN} = 37.88 \text{ A}$ 时的反电动势 E_{aN} 为

$$E_{aN} = U_N - I_{aN} R_a = (220 - 37.88 \times 0.101\,4) \text{ V} \approx 216.16 \text{ V}$$

当 $I_a = 50 \text{ A}$ 时的反电动势 E_a 为

$$E_a = U_N - I_a R_a = (220 - 50 \times 0.101\,4) \text{ V} \approx 214.93 \text{ V}$$

由于电动机电动势常数 C_E 和主磁通 Φ 不变,故有 $\dfrac{E_a}{E_{aN}} = \dfrac{C_E \Phi n}{C_E \Phi n_N} = \dfrac{n}{n_N}$,所以

$$n = \frac{E_a}{E_{aN}} n_N = \frac{214.93}{216.16} \times 1\,500 \text{ r/min} \approx 1\,492 \text{ r/min}$$

③当 $\Phi' = 0.8\Phi$ 时,由于负载转矩不变,所以电磁转矩 $T = C_T \Phi I_a$ 也不变,则 $C_T \Phi I_{aN} = C_T \Phi' I_a'$

当 $\Phi' = 0.8\Phi$ 时的电枢电流 I_a' 为

$$I_a' = \frac{\Phi I_{aN}}{\Phi'} = \frac{I_{aN}}{0.8} = \frac{37.88}{0.8} \text{ A} = 47.35 \text{ A}$$

$$E_a' = U_N - I_a' R_a = (220 - 47.35 \times 0.101\,4) \text{ V} \approx 215.2 \text{ V}$$

$$n' = \frac{E_a'}{E_{aN}} n_N = \frac{215.2}{216.16} \times 1\,500 \text{ r/min} \approx 1\,493 \text{ r/min}$$

3.3.4 直流电动机的制动

直流电动机的制动同样也有机械制动和电气制动。这里只分析直流电动机的电气制动。电气制动又分为能耗制动、反接制动、回馈制动。

1. 他励直流电动机的能耗制动

能耗制动是在保持直流电动机的励磁电源不变的情况下,把正在做电动运行的电动机电枢从电源上断开,再串联上一个外加制动电阻(为了限制制动电流)组成制动回路,将机械动能变为热能消耗在电枢和制动电阻上。由于电动机的惯性运转,直流电动机此时变为发电机状态,即产生的电磁转矩与转速的方向相反,从而实现了制动。

(1)实现能耗制动的方法

一台正在运行的电动机,保持励磁电流 I_f 不变,将电枢绕组从电源断开(即 $U_a = 0$),并将制动电阻 R_{bk} 与电枢绕组连接成一闭合回路,电动机便进入能耗制动状态,其接线图如图 3-33(a)所示。

当开关 S 接于电源侧时,为电动状态运行,此时电枢电流 I_a、电枢电动势 E_a、转速 n 及驱动性质的电磁转矩 T 的方向如图 3-33(a)所示。当需要制动时,将开关 S 合于制动电阻 R_{bk} 侧。

初始制动时,因为磁通保持不变,电枢存在惯性,其转速 n 不能马上降为零,而是保持原来的方向旋转,于是 n 和 E_a 的方向均不改变。但是由 E_a 在闭合回路内产生的电枢电流 I_{abk} 却与电动状态时电枢电流 I_a 的方向相反,由此而产生的电磁转矩 T_{bk} 也与电动状态时 T 的方向相反,变为制动转矩,于是电动机处于制动运行。在制动运行时,将拖动系统存储的动能转换成电能,并消耗在电枢回路的电阻上,直到电动机停转为止,故称为能耗制动。

(2)能耗制动的机械特性

能耗制动时的机械特性,就是在 $U_a = 0$,$\Phi = \Phi_N$,$R = R_a + R_{bk}$ 条件下的一条人为机械特性,即

$$n = -\frac{R_a + R_{bk}}{C_E C_T \Phi_N^2} T \tag{3-23}$$

能耗制动时的机械特性是一条通过坐标原点的直线,其理想空载转速为零,特性曲线的斜率与在电动状态下电枢回路串入相同电阻(R_{bk})时的人为特性的斜率相同,如图 3-33(b)中直线 BC 所示。

能耗制动时,电动机工作点的变化情况可用机械特性曲线说明。设制动前工作点在固有机械特性曲线 A 点处,其 $n > 0$,$T > 0$,T 为驱动转矩。开始制动时,因 n 不能突变,工作点将平移到能耗制动特性曲线上的 B 点,在 B 点,$n > 0$,$T < 0$,电磁转矩为制动转矩,于是电动机开始减速,工作点沿 BO 方向移动。

若电动机拖动反抗性负载,工作点到达 O 点时,$n = 0$,$T = 0$,电动机便停转。

若电动机拖动位能性负载,工作点到达 O 点时,虽然 $n = 0$,$T = 0$,但在位能性负载的作用下,电动机反转并加速,工作点将沿曲线 OC 方向移动,此时 $n < 0$,$T > 0$,电磁转矩仍为制动转矩。随

着反向转速的增加,制动转矩也不断增大,当制动转矩与负载转矩平衡时,电动机处于稳定的制动运行状态,匀速下放重物,如图 3-33(b)中的 C 点。

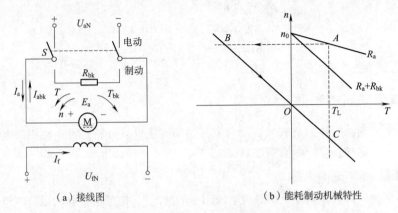

（a）接线图　　　　　　　　　（b）能耗制动机械特性

图 3-33　他励直流电动机的能耗制动

改变制动电阻 R_{bk} 的大小,可以改变能耗制动特性曲线的斜率,从而可以改变起始制动转矩的大小以及下放位能性负载时的稳定速度。R_{bk} 越小,特性曲线的斜率越小,起始制动转矩越大,而下放位能性负载的速度越小。减小制动电阻,可以增大制动转矩,缩短制动时间,提高工作效率。但制动电阻太小,将会造成制动电流过大,通常限制最大制动电流不超过 2～2.5 倍的额定电流。选择制动电阻的原则为

$$I_{abk} = \frac{E_a}{R_a + R_{bk}} \leqslant (2 \sim 2.5) I_{aN} \tag{3-24}$$

即

$$R_{bk} \geqslant \frac{E_a}{(2 \sim 2.5) I_{aN}} - R_a \tag{3-25}$$

式中,E_a 为制动瞬间(即制动前电动状态时)的电枢电动势。

能耗制动的特点为:操作简单,制动能耗较小,制动平稳,能实现准确停车;但随着转速的下降,电动势减小,制动电流和制动转矩也随之减小,制动效果变差。

2. 他励直流电动机的反接制动

直流电动机的反接制动也有电枢电源反接制动和倒拉反接制动。这里只分析电枢电源反接制动。

（1）实现电枢电源反接制动的方法

一台正在运行的电动机,保持其励磁电流 I_f 不变,将电枢回路的电源端电压 U_a 的正、负极性对调,同时在电枢回路中串联制动电阻 R_{bk},电动机便进入电源反接制动状态,其接线图如图 3-34(a)所示。

当开关 S 合于"电动"侧时,电枢接正极性的电源电压,此时电动机处于电动状态运行。进行制动时,将开关 S 合于"制动"侧,此时电枢回路串入制动电阻 R_{bk} 后,接上极性相反的电源电压,即电枢电压由原来的正值变为负值。此时,在电枢回路内,U_{aN} 与 E_a 顺向串联,共同产生很大的反向电枢电流 I_{abk} 为

$$I_{abk} = \frac{-U_{aN} - E_a}{R_a + R_{bk}} = -\frac{U_{aN} + E_a}{R_a + R_{bk}} \tag{3-26}$$

反向电枢电流 I_{abk} 产生很大的反向电磁转矩 T_{bk},从而产生很强的制动作用。

电动状态时,电枢电流的大小由 U_a 与 E_a 之差决定,而反接制动时,电枢电流的大小由 U_a 与 E_a 之和决定,因此反接制动时电枢的电流是非常大的。为了限制过大的电枢电流,反接制动时必须在电枢回路中串入制动电阻 R_{bk}。R_{bk} 的大小应使反接制动时电枢电流不超过电动机的最大允许电流 I_{max}。一般规定,$I_{max} = (2 \sim 2.5)I_{aN}$,因此应串入的制动电阻为

$$R_{bk} \geqslant \frac{U_{aN} + E_a}{(2 \sim 2.5)I_{aN}} - R_a \tag{3-27}$$

(2)电枢电源反接制动的机械特性

电枢电源反接制动时的机械特性就是在 $U_a = -U_{aN}$,$\Phi = \Phi_N$、$R = R_a + R_{bk}$ 条件下的一条人为机械特性,即

$$n = -\frac{U_{aN}}{C_E\Phi_N} - \frac{R_a + R_{bk}}{C_E C_T \Phi_N^2}T \tag{3-28}$$

其机械特性如图3-34(b)所示,它是一条过$(0, -n_0)$点并与电枢回路串入相同电阻(与 R_{bk} 相同)时的人为机械特性相平行的直线。

制动前,直流电动机运行在固有机械特性曲线上的 A 点。当串入电阻并将电源反接瞬间,直流电动机过渡到电源反接的人为特性曲线的 B 点上。直流电动机的电磁转矩变为制动转矩,开始反接制动,在制动转矩作用下,转速开始下降,工作点沿 BC 方向移动,当达到 C 点时,制动过程结束。如直流电动机在 $n = 0$ 时(C 点)不立即切断电枢电源,直流电动机很可能会反向起动,加速到 D 点。为了防止直流电动机反转,在制动到快停车时,应切除电枢电源,并使用机械进行抱闸动作将直流电动机止住。

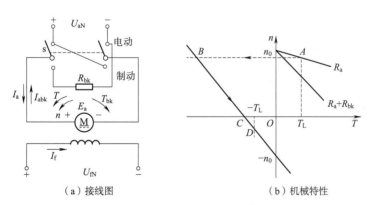

（a）接线图　　　　　　　　　　　　（b）机械特性

图 3-34　他励直流电动机的反接制动

电枢电源反接制动过程中,电动机将存储的动能转变为电能,电源同时也在向电动机输入电能,这些能量大都消耗在电枢回路电阻($R_a + R_{bk}$)上,能量损耗很大,因此这种制动方法是最不经济的。

电枢电源反接制动的特点为:制动转矩大,制动效果较好,但制动能耗大。

电枢电源反接制动适合于要求快速制动或频繁正、反转的电力拖动系统。先用电枢电源反接制动达到迅速停车,然后接着反向起动并进入反向稳态运行,反之亦然。若只要求准确停车的系统,反接制动不如能耗制动方便。

3. 他励直流电动机的回馈制动

回馈制动是由于某种原因(如位能性负载拖动电动机)使电动机的转速大于空载转速。这时电枢产生的电动势大于电源电压,电枢电流改变方向,使电磁转矩与转速反向。一方面,电动机向电网反馈电能;另一方面,电动机工作于制动状态,所以把这种制动称为回馈制动。

直流电动机在电动运行状态下,带位能性负载下降,电枢转速 n 超过理想空载转速 n_0 时,则进入回馈制动。回馈制动时,转速方向并未改变,而 $n > n_0$,使 $E_a > U_a$,电枢电流 $I_a < 0$ 反向,电磁转矩 $T < 0$ 也反向,为制动转矩。制动时 E_a 未改变方向,而 I_a 已反向为负,电源输入功率为正,而电磁功率为负,表明直流电动机处于发电状态,将电枢转动的机械能变为电能并回馈到电网。

由于电枢电压、电枢回路电阻、励磁磁场均与电动运行时一样,所以回馈制动的机械特性与电动状态时完全一样。回馈分为正回馈和负回馈。图 3-35(a)是电车下坡时正回馈制动机械特性,这时 $n > n_0$,是电动状态,其机械特性是延伸到第二象限的直线。图 3-35(b)是带位能性负载下降时的负回馈制动机械特性,直流电动机电动运行带动位能性负载下降,在电磁转矩和负载转矩的共同驱动下,转速沿特性曲线逐渐升高,进入回馈制动后将稳定运行在 F 点上。需要指出的是,此时电枢回路不允许串入电阻,否则将会稳定运行在很高转速上。

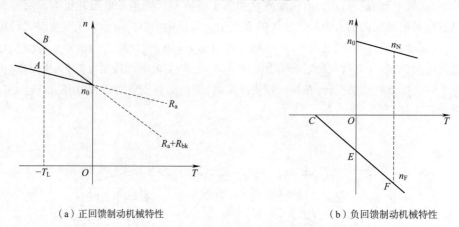

(a)正回馈制动机械特性 (b)负回馈制动机械特性

图 3-35 他励直流电动机的回馈制动

直流电动机在电动状态运行中,进入回馈制动的条件是:$n > n_0$(正回馈,如电车下坡;反回馈,如起重机下放重物)。因为当 $n > n_0$ 时,电枢电流与 $n < n_0$ 时的方向相反,由于磁通不变,所以电磁转矩随 I_a 反向而反向,对直流电动机起制动作用。电动状态时,电枢电流由电网的正端流向直流电动机;而在制动时,电流由电枢流向电网的正端。

回馈制动是利用位能通过电动机转换成电能,一部分电能消耗在电枢回路电阻上,另一部分电能反馈给电网,故称为回馈制动。因此,与能耗制动和反接制动相比,回馈制动是比较经济的,但电动机的转速很高。

例 3-6 已知某台他励直流电动机的 $P_N = 40$ kW,$U_{aN} = 220$ V,$I_{aN} = 207.5$ A,$n_N = 1\ 500$ r/min,电枢回路的等效电阻 $R_a = 0.042\ 2\ \Omega$,电动机拖动反抗性负载转矩运行于正向电动状态时,$T = 0.85T_N$。求:①采用能耗制动停车,并且要求制动开始时最大电磁转矩为 $1.9T_N$,电枢回路应串联多大电阻?②采用反接制动停车,要求制动开始时最大电磁转矩不变(仍为 $1.9T_N$),电枢回路应串联多大电阻?③采用反接制动,若转速接近于零时不及时切断电源,电动机最后的运行结果如何?

解 ①当电动机正向电动运行时:

$$C_E\Phi_N = \frac{U_{aN} - I_{aN}R_a}{n_N} = \frac{220 - 207.5 \times 0.042\,2}{1\,500} \approx 0.140\,83$$

$$I_{aN} = \frac{T}{C_T\Phi_N} = \frac{0.85T_N}{C_T\Phi_N} = \frac{0.85C_T\Phi_N I_{aN}}{C_T\Phi_N} = 0.85I_N = 0.85 \times 207.5\ \text{A} \approx 176.38\ \text{A}$$

$$E_{aN} = U_{aN} - I_{aN}R_a = (220 - 176.38 \times 0.042\,2)\ \text{V} \approx 212.557\ \text{V}$$

$$n = \frac{E_{aN}}{C_E\Phi_N} = \frac{212.557}{0.140\,83}\ \text{r/min} \approx 1\,509.3\ \text{r/min}$$

能耗制动开始时:

$$I_a = \frac{T_{max}}{C_T\Phi_N} = \frac{1.9T_N}{C_T\Phi_N} = 1.9I_N = 1.9 \times 207.5\ \text{A} = 394.25\ \text{A}$$

电枢回路应串入的电阻为

$$R_{bk} = \frac{-E_{aN}}{-I_a} - R_a = \left(\frac{212.557}{394.25} - 0.042\,2\right)\ \Omega \approx 0.497\ \Omega$$

②反接制开始时:

$$R_{bk} = \frac{-U_{aN} - E_{aN}}{-I_a} - R_a = \left(\frac{220 + 212.557}{394.25} - 0.042\,2\right)\ \Omega \approx 1.055\ \Omega$$

即要产生同样的制动转矩,反接制动应串入的电阻值约为能耗制动时的一倍。

③转速为零时:

$$I_a = \frac{-U_{aN}}{R_a + R_{bk}} = \frac{-220}{0.042\,2 + 1.055}\ \text{A} = -200.5\text{A}$$

$$T = C_T\Phi_N I_a = 9.55C_E\Phi_N I_a = 9.55 \times 0.140\,83 \times (-200.5)\text{N} \cdot \text{m} \approx -269.66\ \text{N} \cdot \text{m}$$

$$T_L = -0.85T_N = -0.85C_T\Phi_N I_N = -0.85 \times 9.55C_E\Phi_N I_{aN}$$

$$= -0.85 \times 9.55 \times 0.140\,83 \times 207.5\ \text{N} \cdot \text{m} \approx -237.2\ \text{N} \cdot \text{m}$$

由于 $|T| > |T_L|$,电动机反向起动,直到稳定运行在反向电动状态。

电动机反向电动运行时:

$$I_a = \frac{-T}{C_T\Phi_N} = \frac{-0.85T_N}{C_T\Phi_N} = \frac{0.85C_T\Phi_N I_{aN}}{C_T\Phi_N} = -0.85I_{aN} = -0.85 \times 207.5\ \text{A} \approx -176.38\ \text{A}$$

$$E_a = -U_{aN} - I_a(R_a + R_{bk}) = [-220 - (-176.38) \times (0.042\,2 + 1.055)]\text{V} \approx -26.476\ \text{V}$$

$$n = \frac{E_a}{C_E\Phi_N} = \frac{-26.476}{0.140\,83}\text{r/min} \approx -188\ \text{r/min}$$

最后电动机稳定运行在反向电动状态,其转速为188 r/min。

【技能训练】——直流电动机的起动、反转、调速与制动测试

1. 技能训练的内容

直流电动机的起动、反转、调速与制动线路的连接与测试。

2. 技能训练的要求

掌握直流电动机的起动、反转、调速和制动的方法。

3. 设备器材

①电机与电气控制实验台(1 台)。

②他励直流电动机(1 台)。

③导轨、测速发电机及转速表(1 套)。

④直流电压表、电流表(各 1 块)。

⑤校正直流测功机(1 台)。

⑥可调电阻器(3 只)。

4. 技能训练的步骤

（1）他励直流电动机的起动

按图 3-36 接线。图中他励直流电动机 M 的额定功率 $P_N = 185$ W,额定电压 $U_{aN} = 220$ V,额定电流 $I_{aN} = 1.2$ A, 额定转速 $n_N = 1\ 600$ r/min,额定励磁电流 $I_{fN} < 0.16$ A; 校正直流测功机 MG 作为测功机使用;测速发电机 TG 用来测量电动机的转速;直流电流表 A_1、A_2 选用 200 mA 挡,A_3、A_4 选用 5 A 挡;直流电压表 V_1、V_2 选用 1 000 V 挡。 他励直流电动机励磁回路串联的电阻 $R_{pf1} = 1\ 800$ Ω (900 Ω + 900 Ω),测功机励磁回路串联的电阻 $R_{pf2} = 1\ 800$ Ω(900 Ω + 900 Ω),他励直流电动机电枢回路串联的电阻 $R_{p1} = 180$ Ω(90 Ω + 90 Ω),测功机的负载电阻 $R_{p2} = 2\ 250$ Ω(900 Ω + 900 Ω + 900 Ω//900 Ω)。接好线后,检查 M、MG 及 TG 之间是否用联轴器直接连接好,然后按以下步骤操作:

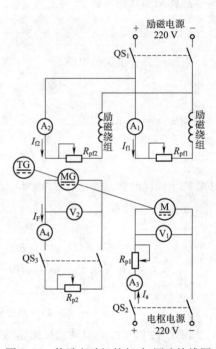

图 3-36 他励电动机的起动、调速接线图

①检查接线是否正确,电表的极性、量程选择是否正确,电动机励磁回路接线是否牢靠。然后将电动机电枢回路串联的电阻 R_{p1}、测功机的负载电阻 R_{p2} 及励磁回路的电阻 R_{pf2} 调到阻值最大位置,电动机的励磁调节电阻 R_{pf1} 调到最小位置,断开开关 QS_1、QS_2、QS_3,做好起动准备。

②合上励磁电源开关 QS_1,观察电动机及测功机的励磁电流值,调节 R_{pf2} 使 I_{f2} 等于校正值 (100 mA)并保持不变,再接通电动机的电枢电源开关 QS_2,使电动机起动。

③电动机起动后观察转速表指针偏转方向,应为正向偏转。若不正确,可拨动转速表上正、反向开关来纠正。保持电动机的电枢电源电压为 220 V,调小电阻 R_{p1} 阻值,直至短接。

④合上校正直流测功机的负载开关 QS_3,调节 R_{p2} 阻值,使测功机的负载电流 I_F 改变,即改变直流电动机的输出转矩 T_2。

⑤调节他励直流电动机的转速。分别调节 R_{p1} 和 R_{pf1},观察转速变化的情况。

（2）他励直流电动机的反转

将图 3-36 中 R_{p1} 的阻值调回到最大值,先关断实验台上的电源总开关,然后再断开 QS_1,使他励直流电动机停转。在断电情况下,将电动机的电枢电源的两端接线对调后,再按他励直流电动机的起动步骤起动电动机,并观察电动机的转向及转速表指针偏转的方向。

（3）调速特性测试

①电枢回路串电阻（即在电枢电源电压不变的情况下，改变直流电动机电枢两端电压 U_a）调速。保持 $U = U_N$，$I_{f1} = I_{f1N}$，$T_L = $ 常数，测取 $n = f(U_a)$。

按图 3-36 接线。直流电动机起动运行后，将电阻 R_{p1} 调至零，I_{f2} 调至校正值，再调节 R_{p2}、R_{pf1}，使电动机的 $U = U_N$，$I_a = 0.5I_{aN}$，$I_{f1} = I_{f1N}$，记下此时校正测功机的 I_F 值。

保持此时的 I_{f2} 值和 $I_{f1} = I_{f1N}$ 不变，逐次增大 R_{p1} 的阻值，降低电枢两端的电压 U_a，使 R_{p1} 从零调至最大值，每次测取电动机的端电压 U_a、转速 n 和电枢电流 I_a，填入表 3-3 中。

表 3-3　他励电动机电枢回路串电阻调速

$[\,I_{f1} = I_{f1N} = \underline{\hspace{1.5cm}} \text{mA}, I_F = \underline{\hspace{1.5cm}} \text{A}\,(\,T_2 = \underline{\hspace{1.5cm}} \text{N·m}\,), I_{f2} = 100 \text{ mA}\,]$

U_a/V										
n/(r/min)										
I_a/A										

②改变励磁电流调速。保持 $U = U_N$，$T_L = $ 常数，测取 $n = f(I_{f1})$。

按图 3-36 接线。直流电动机起动运行后，将 R_{p1} 和 R_{pf1} 调至零，调节 R_{p2} 使 I_{f2} 调至校正值，再调节 R_{p2}，使电动机的 $U_a = U_{aN}$，$I_a = 0.5I_{aN}$，记下此时的 I_F 值。

保持此时的 I_F 值（T_L 值）和电动机的 $U = U_N$ 不变，逐次增加磁场电阻 R_{f1} 的阻值，直至 $n = 1.3n_N$，每次测取电动机的 n、I_{f1} 和 I_a，填入表 3-4 中。

表 3-4　他励直流电动机改变励磁电流调速

$[\,I_{f1} = I_{f1N} = \underline{\hspace{1.5cm}} \text{mA}, I_F = \underline{\hspace{1.5cm}} \text{A}\,(\,T_L = \underline{\hspace{1.5cm}} \text{N·m}\,), I_{f2} = 100 \text{ mA}\,]$

U_a/V										
n/(r/min)										
I_a/A										

（4）观察能耗制动过程

①在图 3-36 的基础上自行设计直流电动机的能耗制动电路图。为限制制动电流，在制动时，需在电动机的电枢回路串联一个能耗制动电阻 R_{bk}，选用 2 250 Ω（900 Ω + 900 Ω + 900 Ω//900 Ω）。

②将 R_{pf1} 调至零，使电动机的励磁电流最大；将 R_{p1} 调至最大，合上 QS_1，把 QS_2 合于电枢电源位置，使电动机起动。

③待电动机稳定运行后，将开关 QS_2 合于中间位置，断开电枢电源，电动机处于自由停车，记录停车的时间。

④将 R_{p1} 调回最大位置，重新起动电动机，待稳定运行后，再把 QS_2 合于 R_{bk} 端，记录电动机停车的时间。

⑤选择 R_{bk} 不同的阻值，观察对电动机停车时间的影响。

5. 注意事项

（1）他励直流电动机起动时，必须先将励磁回路串联的电阻 R_{f1} 调至最小，先接通励磁电源，使励磁电流最大，同时必须将电枢串联的电阻 R_{p1} 调至最大，然后方可接通电枢电源，使电动机处于电枢回路串电阻起动。起动后，将起动电阻 R_{p1} 调至零，使电动机正常工作。

（2）他励直流电动机停车时，必须先切断电枢电源，然后断开励磁电源（与起动时的顺序相反）。同时必须将电枢串联的电阻 R_{p1} 调回到最大值，励磁回路串联的电阻 R_{pf1} 调回到最小值。为下次起动做好准备。

（3）测量前注意仪表的量程、极性及其接法是否符合要求。

（4）若要测量电动机的转矩 T_L，必须将校正直流测功机 MG 的励磁电流调整到校正值（100 mA）。

【思考题】

①对直流电动机的起动有哪些要求？有哪些常用的起动方法？各种起动方法的主要特点是什么？为什么一般直流电动机不能采用直接起动？

②起动直流电动机时为什么一定要先加励磁电压后加电枢电压？如果未加励磁电压，而将电枢电源接通，将会发生什么后果？

③串励直流电动机为什么不能在空载下运行和起动？

④为什么他励式和并励式直流电动机通常是通过改变电枢电压的极性来改变转向的？

⑤直流电动机的调速方法有哪些？各种调速方法的主要特点是什么？

⑥为什么直流电动机不能增磁调速？为什么不能采用升压调速？

⑦直流电动机各种制动方法的优缺点是什么？

⑧直流电动机电动状态与制动状态有何本质区别？

3.4　直流电动机的选择、维护与检修

直流电动机的主要优点是起动性能和调速性能好，过载能力大，主要应用于对起动和调速性能要求较高的生产机械上。直流电动机的主要缺点是存在电流换向问题。由于这个问题的存在，使其结构、生产工艺复杂化，使用有色金属多，价格昂贵，运行可靠性差。

直流电动机合理选择是保证直流电动机安全、可靠、经济运行的重要环节。直流电动机在长期使用过程中，经常发生各种故障，影响正常的生产，为了提高生产效率，避免较大故障的发生。应定期或不定期对电动机进行检修。本节介绍直流电动机的选择、维护与检修方面的知识。

3.4.1　直流电动机的选择原则

直流电动机的合理选择是保证直流电动机安全、可靠、经济运行的最重要环节。直流电动机的选择包括：直流电动机的额定功率、直流电动机的种类、直流电动机的结构形式、直流电动机的额定电压、直流电动机的额定转速等。

1. 直流电动机额定功率的选择

直流电动机额定功率的选择是直流电动机选择中的主要内容。额定功率选择小了，直流电动机处于过载状态下运行，发热过大，造成直流电动机损坏或寿命降低，还会造成起动困难。额定功率选择过大，不仅增大投资，而且运行的效率会降低，不经济。合理选择额定功率具有很现实的意义。

额定功率选择的原则：所选额定功率要能满足生产机械在拖动的各个环节（起动、调速、制动等）对功率和转矩的要求并在此基础上使直流电动机得到充分利用。

额定功率选择的方法：根据生产机械工作时负载（转矩、功率、电流）大小变化特点，预选直流电动机的额定功率，再根据所选直流电动机额定功率校验过载能力和起动能力。

直流电动机额定功率大小是根据直流电动机工作发热时其温升不超过绝缘材料的允许温升来确定的,其温升变化规律是与工作特点有关的。同一台直流电动机在不同工作状态时的额定功率大小是不相同的。

2. 直流电动机种类的选择

选择直流电动机种类应在满足生产机械对拖动性能的要求下,优先选用结构简单、运行可靠、维护方便、价格便宜的直流电动机。直流电动机种类选择时应考虑的主要内容有以下几项。

①直流电动机的机械特性应与所拖动生产机械的负载特性相匹配。

②直流电动机的调速性能(调速范围、调速的平滑性、经济性)应满足生产机械要求.对调速性能的要求在很大程度上决定了直流电动机的种类、调速方法以及相应控制方法。

③直流电动机的起动性能应满足生产机械对直流电动机起动性能的要求.直流电动机的起动性能主要是起动转矩的大小,同时还应注意电网容量对直流电动机起动电流的限制。

④经济性:一是直流电动机及其相关设备(如起动设备、调速设备等)的经济性;二是直流电动机拖动系统运行的经济性,主要是要效率高,节省电能。

3. 直流电动机结构形式的选择

(1)安装方式

直流电动机的工作环境是由生产机械的工作环境决定的。直流电动机的安装方式有卧式安装和立式安装两种。卧式安装时直流电动机的转轴处于水平位置,立式安装时转轴则为垂直地面的位置。两种安装方式的直流电动机使用的轴承不同,通常情况下采用卧式安装。

(2)防护方式

在很多情况下,直流电动机工作场所的空气中含有不同程度的灰尘和水分,有的还含有腐蚀性气体甚至含有易燃、易爆气体;有的直流电动机则要在水中或其他液体中工作。灰尘会使直流电动机绕组黏结上污垢而妨碍散热;水分、瓦斯、腐蚀性气体等会使直流电动机的绝缘材料性能退化,甚至会完全丧失绝缘能力;易燃、易爆气体与直流电动机内产生的电火花接触时将有发生燃烧、爆炸的危险。为了保证直流电动机能够在其工作环境中长期安全运行,必须根据实际环境条件合理地选择直流电动机的防护方式。

直流电动机的防护方式有开启式、防护式、封闭式和防爆式几种。

开启式直流电动机的定子两侧与端盖上都有很大的通风口,其散热条件好、价格便宜,但灰尘、水滴、铁屑等杂物容易从通风口进入直流电动机内部,它只适用于清洁、干燥的工作环境。

防护式直流电动机在机座下面有通风口,散热较好,可防止水滴、铁屑等杂物从与垂直方向成小于45°的方向落入直流电动机内部,但不能防止潮气和灰尘的侵入,它适用于比较干燥、少尘、无腐蚀性和爆炸性气体的工作环境。

封闭式直流电动机的机座和端盖上均无通风孔,是完全封闭的。这种直流电动机仅靠机座表面散热,散热条件不好。封闭式直流电动机又可分为自冷式、自扇冷式、他扇冷式、管道通风式以及密封式等。对前四种,直流电动机外的潮气、灰尘等不易进入其内部,它们多用于灰尘多、潮湿、易受风雨、有腐蚀性气体、易引起火灾等各种较恶劣的工作环境。封闭式直流电动机能防止外部的气体或液体进入其内部,它适用于在液体中工作的生产机械,如潜水泵。

防爆式直流电动机是在封闭式结构的基础上制成防爆形式,机壳有足够的强度,适用于有易燃、易爆气体的工作环境,如有瓦斯的煤矿井下、油库、煤气站等。

4. 直流电动机额定电压的选择

直流电动机的电压等级要与其供电电源一致。直流电动机的额定电压应根据其运行场所的供电电网的电压等级来确定。

直流电动机的额定电压一般为 110 V、220 V、440 V，最常用的电压等级为 220 V。直流电动机一般由单独的电源供电，选择额定电压时通常只要考虑与供电电源配合即可。

5. 直流电动机额定转速的选择

对直流电动机本身来说，额定功率相同的直流电动机，额定转速越高，体积就越小，造价就越低，效率也越高，所以选用额定转速较高的直流电动机，从直流电动机角度看是合理的，但是如果生产机械要求的转速较低，那么选用较高转速的直流电动机时，就需增加一套传动较高、体积较大的减速传动装置。故在选择直流电动机的额定转速时，应综合考虑直流电动机和生产机械两方面因素来确定。

①对不需要调速的高、中速生产机械（如泵、鼓风机），可选择相应额定转速的直流电动机，从而省去减速传动机构。

②对不需要调速的低速生产机械（如球磨机、粉碎机），可选用相应的低速直流电动机或者传动比较小的减速机构。

③对经常起动、制动和反转的生产机械，选择额定转速时则应主要考虑缩短起动、制动时间以提高生产率。起动、制动时间的长短主要取决于直流电动机的飞轮矩和额定转速。应选择较小的飞轮矩和额定转速。

④对调速性能要求不高的生产机械，可选用多速直流电动机或者选择额定转速稍高于生产机械的额定转速的直流电动机，再配以减速机构，也可以采用电气调速的直流电动机拖动系统。在可能的情况下，应优先选用电气调速方案。

⑤对调速性能要求较高的生产机械，应使直流电动机的最高转速与生产机械的最高转速相适应，直接采用电气调速。

3.4.2　直流电动机的维护保养

直流电动机在使用前应按产品使用维护说明书认真检查，以避免发生故障，损坏直流电动机和有关设备。

要使直流电动机具有良好的绝缘性能并延长它的使用寿命，保持直流电动机的内外清洁是非常重要的。直流电动机必须安装在清洁的地点，防止腐蚀性气体对直流电动机的损害。防护式直流电动机不应装在多灰尘的地方，过多的灰尘不但降低其绝缘性，还会使换向器急剧磨损。直流电动机必须牢固安装在稳固的基础上，应将直流电动机的振动减至最小限度。直流电动机上所有紧固零件（螺栓、螺母等）、端盖盖板、出线盒盖等均需拧紧。

在使用直流电动机时，应经常观察直流电动机的换向情况，包括在运转中、起动过程中换向情况，还应注意直流电动机各部分是否有过热情况。

3.4.3　直流电动机的常见故障与处理方法

在运行中，直流电动机的故障多种多样，产生故障的原因较为复杂，并且互相影响。当直流电动机发生故障时，首先要对电动机的电源、线路、辅助设备和电动机所带的负载进行仔细的检查，看它们是否正常。然后再从电动机机械方面加以检查,如检查电刷架是否有松动、电刷接触是否良好、轴承转动是否灵活等。就直流电动机的内部故障来说,多数故障会从换向火花增大和运行性能异常反映出来,所以要分析故障产生的原因,就必须仔细观察换向火花的显现情况和运行时出现的其他异常情况。通过认真分析,根据直流电动机内部的结构特点和积累的经验做出判断,找到原因。表 3-5 列出了直流电动机的常见故障与处理方法。

表 3-5 直流电动机的常见故障与处理方法

故障现象	可能原因	处理方法
电刷电火花过大	电刷与换向器接触不良	研磨电刷接触面,并在轻载下运转 30 ~ 60 min
	刷握松动或装置不正	紧固或纠正刷握装置
	电刷与刷握配合太紧	略微磨小电刷尺寸
	电刷压力大小不当或不均	用弹簧秤校正电刷压力,使其为 12 ~ 17 kPa
	换向器表面不光洁、不圆或有污垢	清洁或研磨换向器表面
	换向片间云母凸出	将换向器刻槽、倒角,再研磨
	电刷位置不在中性线上	调整刷杆座至原有记号的位置,或按感应法确定中性线位置
	电刷磨损过度,或所用牌号及尺寸不符	更换新电刷
	过载	恢复正常负载
	电动机底脚松动,发生振动	固定底脚螺钉
	换向磁极绕组短路	检查换向磁极绕组,修理绝缘损坏处
	电枢绕组断路或电枢绕组与换向器脱焊	查找断路部位,进行修复
	换向磁极绕组接反	检查换向磁极的极性,加以纠正
	电刷之间的电流分布不均匀	调整刷架使其等分或按原牌号及尺寸更换新电刷
	电刷分布不等分	校正电刷等分
	电枢平衡未校好	重校电枢,使其平衡
电动机不能起动	无电源	检查线路是否完好,起动器连接是否准确,熔丝是否熔断
	过载	减少负载
	起动电流太小	检查所用起动器是否合适
	电刷接触不良	检查刷握弹簧是否松弛或改善接触面
	励磁回路断路	检查变阻器及磁场绕组是否断路,更换绕组
电动机转速不正常	电动机转速过高且有剧烈火花	检查磁场绕组与起动器连接是否良好,是否接错,磁场绕组或调速器内部是否断路
	电刷不在正常位置	按所刻记号调整刷杆座位置
	电枢绕组或磁场绕组短路	查找短路部位,并进行修复
	串励电动机轻载或空载运转	增加负载
	串励磁场绕组接反	把绕组两接线端对调
	磁场回路电阻过大	检查磁场变阻器和励磁绕组电阻,并检查接触是否良好
电枢冒烟	长时间过载	立即恢复正常负载
	换向器或电枢短路	查找短路部位,并进行修复
	负载短路	查找短路部位,并进行修复

续表

故障现象	可能原因	处理方法
电枢冒烟	电动机端电压过低	恢复电压至正常值
	电动机直接起动或反向运转过于频繁	使用合适的起动器，避免频繁的反向运转
	定子、转子相擦	检查相擦的原因，并进行修复
磁场线圈过热	并励磁场绕组部分短路	查找短路的部位，并进行修复
	电动机转速太低	提高转速至额定值
	电动机端电压长期超过额定值	恢复电压
机壳漏电	接地不良	查找原因，并采取相应的措施
	绕组绝缘老化或损坏	查找绝缘老化或损坏的部位，进行修复并进行绝缘处理

3.4.4 直流电动机修理后的检查和试验

直流电动机拆装、修理后，必须经检查和试验才能使用。

1. 检查项目

检修后欲投入运行的电动机，所有的紧固元件应拧紧，转子转动应灵活。此外，还应检查下列项目：

①检查出线是否正确，接线是否与端子的标号一致，电动机内部的接线是否碰触转动的部件。

②检查换向器的表面，应光滑、光洁，不得有毛刺、裂纹、裂痕等缺陷。换向片间的云母片不得高出换向器的表面，凹下深度为 $1 \sim 1.5$ mm。

③检查刷握。刷握应牢固而精确地固定在刷架上，各刷握之间的距离应相等，刷距偏差不超过 1 mm。

④检查刷握的下边缘与换向器表面的距离、电刷在刷握中装配的尺寸要求、电刷与换向片的吻合接触面积。

⑤检查电刷压弹簧的压力。一般电动机应为 $12 \sim 17$ kPa；经常受到冲击振动的电动机应为 $20 \sim 40$ kPa。一般电动机内各电刷的压力与其平均值的偏差不应超过 10%。

⑥检查电动机气隙的不均匀度。当气隙在 3 mm 以下时，其最大容许偏差值不应超过其算术平均值的 20%；当气隙在 3 mm 以上时，偏差值不应超过其算术平均值的 10%。测量时可用塞尺在电枢的圆周上检测各磁极下的气隙，每次在电动机的轴向两端测量。

2. 试验项目

（1）绝缘电阻测试

对 500 V 以下的电动机，用 500 V 的兆欧表分别测各绕组对地及各绕组与绕组之间的绝缘电阻，其阻值应大于 0.5 MΩ。

（2）绕组直流电阻的测量

采用直流双臂电桥来测量，每次应重复测量三次，取其算术平均值。测得的各绕组的直流电阻值，应与制造厂或安装时最初测量的数据进行比较，相差不得超过 2%。

（3）确定电刷中性线

常用的方法有以下几种：

①感应法。将毫伏表或检流计接到电枢相邻的两极下的电刷上，将励磁绕组经开关接到直流

低压电源上。使电枢静止不动,接通或断开励磁电源时,毫伏表将会左右摆动,移动电刷位置,找到毫伏表摆动最小或不动的位置,这个位置就是中线性位置。

②正反转发电机法。将电机接成他励发电机运行,使输出电压接近额定值。保持发电机的转速和励磁电流不变,使发电机正转和反转,慢慢移动电刷位置,直到正转与反转的电枢输出电压相等,此时电刷的位置就是中性线位置。

③正反转电动机法。对于允许可逆运行的直流电动机,在外加电压和励磁电流不变的情况下,使电动机正转和反转,慢慢移动电刷位置,直到正转与反转的转速相等,此时电刷的位置就是中性线位置。

(4)耐压试验

在各绕组对地之间和各绕组之间,施加频率为 50 Hz 的正弦交流电压,施加的电压值为:对 1 kW 以下、额定电压不超过 36 V 的电动机,加 500 V + 2 倍额定电压,历时 1 min 不击穿为合格;对 1 kW 以上、额定电压在 36 V 以上的电动机,加 1 000 V + 2 倍额定电压,历时 1 min 不击穿为合格。

(5)空载试验

应在上述各项试验都合格的条件下进行。将电动机接入电源和励磁,使其在空载下运行一段时间,观察各部位,看是否有过热现象、异常噪声、异常振动或出现火花等,初步鉴定电动机的接线、装配和修理的质量是否合格。

(6)负载试验

一般情况下可以不进行此项试验,必要时可结合生产机械来进行。负载试验的目的是考验电动机在工作条件下的输出是否稳定。对发电机,主要是检查输出电压、电流是否合格;对电动机,主要是看转矩、转速等是否合格。同时检查负载情况下各部位的温升、噪声、振动、换向以及产生的火花等是否合格。

(7)超速试验

目的是考核电动机的机械强度及承受能力。一般在空载下进行,使电动机超速达 120% 的额定转速,历时 2 min,机械结构没有损坏及没有残余变形为合格。

【思考题】

①直流电动机的常见故障有哪些?

②直流电动机不能正常旋转的主要原因有哪些?

③直流电动机冒烟的主要原因有哪些?

④检修后的直流电动机应进行哪几项主要的检测工作?

⑤他励直流电动机电源电压正常而转速过高的原因是什么?

⑥他励直流电动机在电源电压正常时转速偏低的原因何在?

习　　题

一、填空题

1. 直流电动机主要由定子和转子(又称＿＿＿＿＿)两部分组成,其中定子由＿＿＿＿＿、＿＿＿＿＿、＿＿＿＿＿、＿＿＿＿＿和＿＿＿＿＿组成,电枢由＿＿＿＿＿、＿＿＿＿＿、＿＿＿＿＿、＿＿＿＿＿和

_____组成。

2. 直流电动机换向磁极的作用是_____，它安装在相邻两个_____的中心线上。主磁极的作用是_____，它主要由_____和_____组成。

3. 电刷装置的作用是使_____的电刷与_____的换向器保持_____接触。

4. 直流电机的可逆原理是指：直流电机既可作_____运行，又可作_____运行。

5. 直流发电机是将_____转变成_____的电力机械，而直流电动机是将_____转换成_____的电力机械。

6. 直流电机换向器的作用对发电机而言，是将电枢线圈内的_____转换成电刷间的_____；对电动机而言，是将电刷间的_____转换成电枢线圈内的_____。

7. 直流发电机的额定功率 P_N = _____，指的是_____功率；而直流电动机的额定功率 P_N = _____，指的是_____功率。

8. 直流电机电枢旋转时，电枢线圈将切割_____产生感应电动势；当电流流过电枢线圈且切割磁场时，便产生了_____。在直流发电机中，电枢电流 I_a 与感应电动势 E_a 方向_____；电磁转矩 T 与电枢转速 n 方向_____；在直流电动机中，电枢电流 I_a 与感应电动势 E_a 方向_____；电磁转矩 T 与电枢转速 n 方向_____。

9. 直流电机产生火花的电磁原因是换向元件中产生的_____电势和_____电势引起的_____电流造成的。

10. 改善直流电机换向的方法有_____、_____、_____、_____和_____五种，其中最有效的方法是_____。

11. 电磁式直流电动机分为_____、_____、_____、_____四类。

12. 当直流电动机的 $U = U_N$，$\Phi = \Phi_N$ 时，若在电枢回路串入的电阻 R_{pa} 越大，则_____不变，斜率 β _____，稳定性_____，损耗_____。

13. 当直流电动机的 $\Phi = \Phi_N$，$R = R_a$ 时，降低电枢电压 U_a，若 U_a 越小，则 n_0 _____，β _____，Δn _____。

14. 当直流电动机的 $U = U_N$，$R = R_a$，减弱磁通 Φ，若 Φ 越小，则 n_0 _____，β 与 Φ^2 _____，n _____。

15. 直流电动机实现反转的方法有_____和_____，其中常用的方法是_____。

16. 在串励直流电动机中，I _____ I_a _____ I_f，当磁路不饱和时，T 与_____成正比；当磁路饱和时，T 与_____成正比。

17. 串励直流电动机有较大的_____，常用于_____中；但不允许_____起动和_____运行，否则将造成_____。

18. 直流电机工作于电动状态时，作用在电机转轴上有三个转矩，分别是_____起_____作用；_____起_____作用；_____起_____作用。

19. 直流电动机的起动方法有_____、_____和_____三种。其中_____起动方法只适用于功率很小的直流电动机。

20. 直流电动机的调速方法有_____、_____和_____三种。一般要求从额定转速向下调速可以采用_____和_____方法；从额定转速向上调速可以采用_____方法。

21. 直流电动机电气制动方法有_____、_____和_____三种。其中_____制动最经济,_____制动最不经济,_____制动电枢绕组承受的电压最高。

二、选择题

1. 直流电机的感应电势 $E_a = C_e \Phi n$,式中 Φ 是指(   )。

    A. 主磁通   B. 漏磁通   C. 气隙合成磁通

2. 小容量直流电机定子与电枢之间气隙 δ 为(   )mm。

    A. 0. 5 ~ 1. 5   B. 0. 5 ~ 5   C. 6 ~ 10

3. 当直流电机的电刷位于几何中性线上,且磁路饱和时,则电枢反应的性质是(   )。

    A. 不变   B. 增磁   C. 去磁

4. 造成直流电机换向不良的电磁原因是(   )。

    A. 电枢电流 I_a B. 附加电流 i_K C. 励磁电流 I_f

5. 为了在直流电机正负电刷间获得最大感应电势,电刷应放在(   )。

    A. 几何中性线上   B. 物理中线性上   C. 任意位置上

6. 对于未装换向磁极的直流电机,可采用移动电刷位置改善换向。对于直流电动机应将电刷(   )转动一个 α 角。

    A. 顺着电枢旋转方向   B. 逆着电枢旋转方向   C. 任意选定一个方向

7. 当换向片间的沟槽被电刷粉、金属屑或其他导电物质填满时,会造成换向片间(   )。

    A. 接地   B. 断路   C. 短路

8. 直流电动机励磁电压是指在励磁绕组两端的电压,对(   )直流电动机,励磁电压等于电动机的电枢电压。

    A. 他励   B. 并励   C. 串励   D. 复励

9. 直流电机工作在电动机状态时,其电压与电势的关系为(   )。

    A. $U = E_a$ B. $U < E_a$ C. $U > E_a$

10. 在直流电动机中,磁通 Φ 随电枢电流 I_a 而变化的电动机是(   )。

    A. 并励直流电动机   B. 他励直流电动机   C. 串励直流电动机

11. 直流电动机人为机械特性曲线与固有机械特性曲线平行,它是(   )的人为机械特性。

    A. 电枢回路串电阻   B. 降低电源电压   C. 减弱磁通

12. 串励直流电动机与生产机械可以采用(   )连接。

    A. 传送带   B. 直轴   C. 链条

13. 直流电动机固有机械特性曲线有(   )条。

    A. 1   B. 2   C. 无限

14. 并励直流电动机改变旋转方向,常采用的方法是(   )。

    A. 励磁绕组反接法   B. 电枢反接法   C. 励磁绕组、电枢同时反接法

15. 直流电动机全压起动时,起动电流 I_a(   )。

    A. 很大   B. 很小   C. 为额定电流

16. 直流电动机全压起动时,一般适用于(   )电动机。

    A. 大容量   B. 很小容量   C. 大、小容量

17. 在做直流电动机试验时,应在电动机未起动前先将励磁回路的调节电阻 R_{pf} 调至(   )。

  A. 最大值   B. 最小值   C. 中间值

18. 一台正在运行的并励直流电动机,其转速为 1 470 r/min,现仅将电枢两端电压反接(励磁绕组两端电压极性不变),在刚刚接入反向电压瞬时,其转速为( )。

  A. 1 470 r/min B. >1 470 r/min C. <1 470 r/min

19. 直流电动机稳定运行时,其电枢电流大小主要由( )决定。

  A. 转速的大小 B. 电枢电阻的大小 C. 负载的大小

20. 直流电机工作在电动状态稳定运行时,电磁转矩 T 的大小由( )决定。

  A. 电压的大小   B. 电阻的大小   C. $T_0 + T_L$

21. 欲使直流电动机调速稳定性好,调速时人为机械特性曲线与固有机械特性曲线平行,则应采用( )。

  A. 改变电枢回路电阻 B. 降低电枢电压 C. 减弱磁通

22. 一台他励直流电动机在拖动恒转矩负载运行中,若其他条件不变,只降低电枢电压,则在重新稳定运行后,其电枢电流将( )。

  A. 不变   B. 下降   C. 上升

23. 一台并励直流电动机拖动电力机车下坡时,若不采取措施,在重力作用下机车速度将越来越高,当转速超过理想空载转速时,电机进入发电状态,电枢电流将反向,电枢电势将( )。

  A. 小于外加电压 B. 大于外加电压 C. 等于外加电压

24. 运行中的并励直流电动机,若电枢回路电阻和负载转矩都一定,当电枢电阻降低后,主磁通仍维持不变,则电枢转速将会( )。

  A. 不变   B. 下降   C. 上升

25. 并励直流电动机所带负载不变的情况下稳定运行,若此时增大电枢回路电阻,待重新稳定运行时,电枢电流和电磁转矩( )。

  A. 不变   B. 减小   C. 增大

26. 并励直流电动机所带负载不变时,若在电枢回路串入一适当电阻,其转速将( )。

  A. 不变   B. 下降   C. 上升

三、判断题

1. 直流电动机稳定运行时,主磁通 Φ 在励磁绕组中也要产生感应电动势。 ( )

2. 直流电动机中,为了减小直流电动势脉动幅值,可增加每极下的线圈匝数。 ( )

3. 直流电动机轴上输出的功率 P_2 就是电动机的额定功率 P_N。 ( )

4. 直流电动机换向磁极的作用是改善换向。 ( )

5. 直流电动机换向磁极绕组与电枢绕组串联。 ( )

6. 直流电动机不论工作在什么状态,其感应电动势 E_a 总是反电动势。 ( )

7. 直流电动机换向磁极极性沿电枢旋转方向看,应与下一个主磁极极性相同。 ( )

8. 并励直流电动机当负载增加时,转速必将迅速下降。 ( )

9. 直流电机工作在电动状态下,电磁转矩 T 与转速 n 的方向始终相同。 ( )

10. 并励直流电动机实际空载转速等于理想空载转速。 ( )

11. 一台接在直流电源上的并励直流电动机,把电枢绕组两个端头对调,电动机就要反转。

  ( )

12. 串励直流电动机负载运行时,要求所带负载转矩不得小于(1/4)额定转矩。 ( )

13. 一台正在运行的并励直流电动机,可将励磁绕组断开。　　　　　　　　　　(　　)

14. 并励直流电动机的实际空载转速等于理想空载转速。　　　　　　　　　　　(　　)

15. 直流电动机起动时期的主要矛盾是起动电流 I_{st} 和起动转矩 T_{st} 的矛盾。　　(　　)

16. 直流电动机起动电阻 R_{st} 可以作为调速电阻 R_{sp} 使用。　　　　　　　　　(　　)

17. 直流电动机能耗制动时,外加电枢电压 $U_a = 0$。　　　　　　　　　　　　　(　　)

18. 直流电动机反接制动时,电枢绕组的两端所承受的电压 $U_a \approx 2U_{aN}$。　　　(　　)

19. 直流电动机回馈制动时,电枢转速 n 高于空载转速 n_0。　　　　　　　　　(　　)

四、计算题

1. 已知某台直流电动机的 $P_N = 4$ kW,$U_N = 220$ V,$n_N = 3\,000$ r/min,$\eta_N = 0.81$,试求额定电流 I_N。

2. 已知某台并励直流电动机的 $P_N = 17$ kW,$U_N = 220$ V,$I_N = 88.9$ A,$n_N = 3\,000$ r/min,$R_a = 0.114\ \Omega$,$R_f = 181.5\ \Omega$。试求:在额定负载情况,电枢回路串入电阻 $R_{pa} = 0.15\ \Omega$ 时的转速 n。

3. 已知某台并励直流电动机在 $U_N = 220$ V,$I_N = 80$ A 情况下运行,$R_a = 0.1\ \Omega$,$R_f = 90\ \Omega$,$\eta_N = 0.86$,试求:(1)额定输入功率 P_1;(2)额定输出功率 P_2;(3)总损耗 $\sum P$;(4)励磁回路的铜损耗 P_{fCu};(5)电枢回路的铜损耗 P_{aCu};(6)机械损耗和铁损耗之和 P_0。

4. 已知某台他励直流电动机的 $P_N = 30$ kW,$U_N = 220$ V,$I_{aN} = 110$ A,$n_N = 1\,200$ r/min,$R_a = 0.083\ \Omega$。试求:(1)若采用全压起动时,则起动电流 I_{ast} 是额定电流 I_{aN} 的多少倍?(2)若起动电流限制在 $2I_{aN}$,电枢回路应串入多大电阻 R_{st}?

5. 已知某台他励直流电动机的 $P_N = 30$ kW,$U_{aN} = 220$ V,$I_{aN} = 158$ A,$n_N = 1\,000$ r/min,$R_a = 0.1\ \Omega$。在额定负载情况下,试求:(1)电枢回路串入 $0.2\ \Omega$ 电阻时,电动机的稳定转速 n;(2)将电枢两端电压调至 $U_a = 185$ V 时,电动机的稳定转速 n;(3)将磁通减少到 $\Phi = 0.8\Phi_N$ 时,电动机的稳定转速 n,电动机能否长期运行?

6. 已知某台并励直流电动机的 $P_N = 17$ kW,$U_N = 110$ V,$I_N = 187$ A,$n_N = 1\,000$ r/min,$R_a = 0.036\ \Omega$,$R_f = 55\ \Omega$,若电动机的制动电流限制在 $1.8I_{aN}$,拖动额定负载进行制动。试求:(1)若采用能耗制动停车,在电枢回路中应串入多大制动电阻 R_{bk}?(2)若采用电源反接制动停车,在电枢回路中应串入多大制动电阻 R_{bk}?

7. 某台并励直流电动机的 $P_N = 22$ kW,$U_N = 110$ V,$n_N = 1\,000$ r/min,$\eta_N = 0.84$,$R_a = 0.04\ \Omega$,$R_f = 27.5\ \Omega$。试求:(1)额定电流 I_N、额定电枢电流 I_{aN} 及额定励磁电流 I_{fN};(2)铜损耗 P_{Cu}、空载损耗 P_0;(3)额定转矩 T_N;(4)反电动势 E_{aN}。

8. 某台他励直流电动机的 $P_N = 10$ kW,$U_{aN} = 220$ V,$I_{aN} = 53.8$ A,$n_N = 1\,500$ r/min,$R_a = 0.286\ \Omega$。(1)绘制固有机械特性曲线;(2)绘制下列三种情况:①电枢回路串入电阻 $R_{pa} = 0.8\ \Omega$ 时;②电枢两端电压降至 $0.6U_{aN}$ 时;③磁通减弱至 $(2/3)\Phi_N$ 时的人为机械特性曲线。

9. 某台并励直流电动机的 $I_{aN} = 26.6$ A,$U_{aN} = 110$ V,如果起动时不用起动电阻,直接接到额定电压上,则起动电流为 390 A。今欲使起动电流为额定值的 2 倍,应加入多大的起动电阻?

10. 某台他励直流电动机的 $U_{aN} = 220$ V,$I_{aN} = 68.6$ A,$n_N = 1\,200$ r/min,$R_a = 0.225\ \Omega$。将电压调至额定电压的一半,进行调速,磁通不变,若负载转矩为恒定,求它的稳定转速。

11. 某台并励直流电动机的 $P_N = 100$ kW,$U_N = 220$ V,$I_{aN} = 511$ A,$n_N = 1\,500$ r/min,$R_a = 0.04\ \Omega$,电动机带动恒转矩负载运行。现采用电枢串电阻方法将转速下调至 600 r/min,应串入 R_{sp}

为多大?

12. 某台他励直流电动机的 $P_N = 10$ kW, $U_{aN} = 220$ V, $I_{aN} = 53$ A, $n_N = 1\ 000$ r/min, $R_a = 0.3$ Ω, 电流最大允许值为 $2I_{aN}$。(1)电动机在额定状态下进行能耗制动,求制动开始瞬间电枢回路应串入的制动电阻值。(2)用此电动机拖动起重机,在能耗制动状态下以 300 r/min 的转速下放重物,电枢电流为额定值,求电枢回路应串入多大的制动电阻?

第 **4** 章

控 制 电 机

内容提要

控制电机是一种执行特定任务,且具有特殊性能的电机。在自动控制系统中作为检测元件、运算元件和执行元件,主要用来对运动的物体位置或速度进行快速、精确控制。控制电机的功率和体积都较小,质量较小。其工作原理与普通电机并无本质区别,但普通电机功率较大,侧重于电机的起动、运行和制动等方面的性能指标。而控制电机输出功率小,侧重于电机控制的精度和响应速度。

本章简要介绍伺服电动机、测速发电机、步进电动机和直线电动机等几种控制电机的结构特点、工作原理。

4.1 伺服电动机

伺服电动机的作用是将输入的电压信号转换为轴上的转速信号。在自动控制系统中,伺服电动机是作为执行元件来使用的,所以伺服电动机又称执行电动机。它具有服从控制信号的要求而动作的功能,在信号到来之前,转子静止不动;当信号到来后,转子立即转动;一旦信号消失,转子能快速地制动停转;若信号方向改变,转子也立即反转。由于这种"伺服"性能,因而把这类电动机称为伺服电动机。

根据自动控制系统的要求,伺服电动机应具有以下性能:

①调速范围宽。

②机械特性和调节特性为线性。

③无"自转"现象。

④快速响应性好。

⑤稳定性好。

⑥能耗小。

常用的伺服电动机分为直流伺服电动机和交流伺服电动机两大类。

4.1.1 直流伺服电动机

1. 直流伺服电动机的结构

传统型直流伺服电动机的结构形式和普通直流电动机基本相同,所不同的是直流伺服电动机的电枢电流很小,换向并不困难,因此都不装换向磁极。为提高控制精度和响应速度,直流伺服电动机的转子做得细长,气隙较小,磁路不饱和,电枢电阻较大。按照励磁方式不同,又可分为永磁式和电磁式两种。永磁式直流伺服电动机是在定子上装置由永久磁钢做成的磁极,其磁场不能调节。电磁式直流伺服电动机的定子通常由硅钢片冲制叠装而成,磁极和磁轭整体相连,在磁极铁芯上套有励磁绕组。

为了适应不同控制系统的需要,从结构上做了许多改进,又发展了低惯量的无槽电枢、空心杯电枢、印制绕组电枢和无刷直流伺服电动机。

2. 直流伺服电动机的工作原理

传统型直流伺服电动机的工作原理与他励直流电动机相同。依靠电枢电流与气隙磁通的作用产生电磁转矩,使伺服电动机转动。直流伺服电动机的控制方式有电枢控制和磁场控制。

电枢控制即励磁电压不变,控制电压加在电枢绕组上,通过改变控制电压的大小和极性来控制转子的转速大小和方向。电枢电压越小,则转速越低;电枢电压为零时,电动机停转。由于电枢电压为零时电枢电流为零,电动机不产生电磁转矩,不会出现"自转"现象。

磁场控制是在电枢绕组接恒压,将控制电压加在励磁绕组上进行的控制。

由于电枢控制可获得线性的机械特性和调节特性,电枢电感又较小,反应灵敏,故在自动控制系统中多采用电枢控制。而磁场控制只用于小功率放大器电机中。对于永磁式直流伺服电动机,则只有电枢控制一种方式。

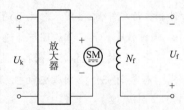

图 4-1　电枢控制直流伺服
电动机接线原理图

直流伺服电动机采用电枢控制时,其接线图原理图如图 4-1 所示。将励磁绕组接在额定电压 U_{fN} 的电源上,电枢绕组接控制电压 U_k,此时直流伺服电动机的机械特性与他励直流电动机的机械特性类似,即

$$n = \frac{U_k}{C_E \Phi} - \frac{R}{C_E C_T \Phi^2} T = n_0 - \beta T = n_0 - \Delta n \tag{4-1}$$

式中, $n_0 = \dfrac{U_k}{C_E \Phi}$ 为理想空载转速; $\beta = \dfrac{R_a}{C_E C_T \Phi^2}$ 为机械特性的斜率。

直流伺服电动机在电枢控制方式运行时,特性曲线的线性好、起动转矩大及调速范围广,具有较好的伺服性能。其缺点是电枢电流大,所需控制功率大,电刷与换向器之间的火花会产生较大的电磁干扰,需要定期更换电刷,维护换向器,接触电阻不稳定,对低速运行的稳定性有一定的影响。

4.1.2　交流伺服电动机

1. 交流伺服电动机的结构

交流伺服电动机的结构与单相分相式异步电动机相似,其定子槽内嵌放两套绕组:一套是励磁绕组,另一套是控制绕组,且这两套绕组在空间互差 90°电角度,两套绕组匝数可以相同也可以不相同。

转子结构有两种形式:一种是笼型转子,它与普通笼型异步电动机的转子相似,但为了减小转子的转动惯量,一般做成细长形,笼型导条和端环采用高电阻率的黄铜、青铜等导电材料制造;另一种是非磁性空心杯转子,具有非磁性空心杯转子交流伺服电动机的结构,如图 4-2 所示。其结构由内定子铁芯、外定子铁芯、空心杯转子、转轴、励磁绕组和控制绕组等组成。外定子铁芯由硅钢片冲制叠装而成,槽内放置空间相距90°电角度的励磁绕组和控制绕组,内定子铁芯也是由硅钢片冲制叠装而成,不放置绕组,仅作为主磁通磁路。空心杯转子位于内、外定子铁芯之间的气隙中,由其底盘和转轴固定。空心杯用非磁性材料铜或铝制成,杯壁很薄,一般只有0.2～0.3 mm,所以有较大的转子电阻和很小的转动惯量。杯形转子可在内、外定子之间气隙中灵活转动,杯形转子的转动惯量很小,反应迅速,并且运行平稳。

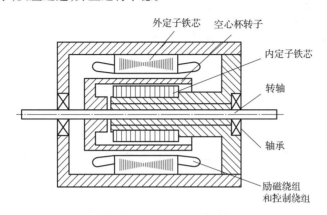

图4-2 非磁性空心杯转子交流伺服电动机的结构

这种结构交流伺服电动机的气隙较大,所需励磁电流也较大,所以其功率因数较低、效率也较低,体积和质量都比同容量的笼型伺服电动机大得多。同体积下,非磁性空心杯转子交流伺服电动机起动转矩比笼型小得多。虽然采用非磁性空心杯转子大大减小了转动惯量,但其快速响应性能不一定优于笼型,由于笼型伺服电动机在低速运行时有抖动现象,因此非磁性空心杯转子交流伺服电动机主要用于要求低噪声及低速平稳运行的系统。

2. 交流伺服电动机的基本工作原理

交流伺服电动机的工作原理与电容分相式单相异步电动机的工作原理相似。交流伺服电动机原理图,如图4-3所示。工作时励磁绕组接至额定励磁电压u_{fN}上,励磁绕组中产生的电流为i_f;控制绕组接控制电压u_k,控制绕组中产生的电流为i_k。

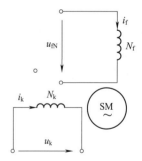

在没有控制电压u_k时,$i_k = 0$,气隙中只有励磁绕组中的电流i_f产生的脉动磁场,转子上没有起动转矩而静止不动。

当有控制电压u_k且控制绕组中的电流i_k和励磁绕组中的电流i_f相位不相同时,则在气隙中产生一个旋转磁场并产生电磁转矩,使转子沿旋转磁场方向旋转。但是对伺服电动机要求不仅是在控制电压作用下就能起动,且当控制电压消失后电动机应立即停转。如果伺服电动机控制电压消失后像一般单相异步电动机那样继续转动,则出现失控现象,这种因失控而自行旋转的现象称为"自转"。

图4-3 交流伺服
电动机的原理图

为消除交流伺服电动机的"自转"现象,采取增大转子电阻R_2的措施。这是因为当控制电压消失后,伺服电动机处于单相运行状态,若转子电阻很大,使临界转差率大于1,这时正序旋转磁场与转子作用产生的转矩,负序旋转磁场与转子作用产生的转矩,这两个转矩合成转矩与电动机旋

转方向相反,是一个制动转矩,这就保证了当控制电压消失后转子仍转动时,电动机将被迅速制动而停下。转子电阻增大后,不仅可以消除"自转",还具有扩大调速范围、改善调节特性、提高反应速度等优点。

3. 控制方式

从以上分析可知,当 i_k 与 i_f 大小相等,相位相差 90°时,两个绕组中的电流在气隙中建立的合成磁场是圆形旋转磁场。当 i_k 与 i_f 大小不相等或相位相差不是 90°时,在气隙中得到的将是椭圆形旋转磁场。所以,改变控制电压 u_k 的大小(即改变了 i_k 的大小)或改变它与 u_f 之间的相位差(即改变了 i_k 与 i_f 的相位差),都使得电动机气隙中旋转磁场的椭圆度发生变化,从而改变电磁转矩的大小,使转速变化。因此,当负载转矩一定时,可以通过调节控制电压 u_k 的大小或相位达到改变电动机转速的目的。故交流伺服电动机的控制方式有以下三种。

(1)幅值控制

幅值控制方式是指控制电压 u_k 和励磁电压 u_f 保持相位差 90°,只改变控制电压 u_k 的幅值。当控制电压 $u_k = 0$ 时,电动机停转;当控制电压 u_k 在 0 和额定值之间变化时,电动机的转速也相应地在 0 和额定值之间变化。

(2)相位控制

相位控制时控制电压和励磁电压均为额定电压,通过改变控制电压和励磁电压的相位差,实现对伺服电动机的控制。

设控制电压 u_k 与励磁电压 u_f 的相位差为 $\varphi(\varphi = 0° \sim 90°)$。根据 φ 的取值可得出气隙磁场的变化情况。当 $\varphi = 0°$时,控制电压 u_k 与励磁电压 u_f 同相位,气隙总磁场为脉动磁场,伺服电动机转速为零,不转动;当 $\varphi = 90°$时,气隙磁场为圆形旋转磁场,产生的转矩最大,电动机的转速也最大;当 φ 在 0°到 90°变化时,磁场从脉动磁场变为椭圆形旋转磁场,最终变为圆形旋转磁场,伺服电动机的转速由低向高变化。φ 值越接近 90°,旋转磁场就越接近圆形旋转磁场,电动机的转速就越高。

(3)幅-相控制

幅-相控制是对幅值和相位差都进行控制,通过改变控制电压的幅值及控制电压与励磁电压的相位差控制伺服电动机的转速。

交流伺服电动机运行平稳、噪声小,但控制特性为非线性且因转子电阻大而使损耗大,效率低。与同容量直流伺服电动机相比体积大、质量大,所以只适用于 0.5 ~ 100 W 的小功率自动控制系统中。

【思考题】

①对伺服电动机有什么基本要求? 在结构上如何满足这些要求?

②直流伺服电动机的工作原理是怎样的? 有哪些特点?

③交流伺服电动机的工作原理是怎样的? 有哪些控制方式?

④什么是"自转"现象? 如何解决"自转"现象?

4.2 测速发电机

测速发电机在自动控制系统中作为检测元件,可以将电动机轴上的机械转速转换为电压信号输出。输出电压的大小反映机械转速的高低,输出电压的极性反映电动机的旋转方向。测速发电机有交、直流两种形式。自动控制系统要求测速发电机的输出电压必须精确、迅速地与转速成正比。

4.2.1 交流测速发电机

交流测速发电机分为同步测速发电机和异步测速发电机两种。下面介绍在自动控制系统中应用较广的异步测速发电机。

交流异步测速发电机的结构与交流伺服电动机相似,它主要由定子(有内定子和外定子)、转子组成,根据转子的结构不同分为笼型转子和空心杯形转子。笼型转子异步测速发电机的线性度差,相位差较大,剩余电压较高,多用于精度要求不高的系统中。这里只介绍自动控制系统中广泛应用的空心杯转子异步测速发电机。

1. 空心杯转子异步测速发电机的结构

空心杯转子异步测速发电机应用较多,它的转子由电阻率较大、温度系数较小的非磁性材料制成,以使测速发电机的输出特性线性度好、精度高。杯壁通常只有 0.2 ~ 0.3 mm 的厚度,转子较轻以使测速发电机的转动部分惯性较小,其结构如图 4-4 所示。

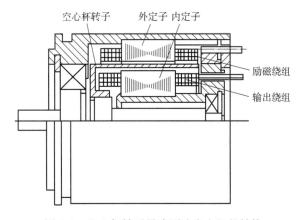

图 4-4 空心杯转子异步测速发电机的结构

转轴与空心杯转子固定在一起,一端用轴承支撑在机壳内,另一端用轴承支撑在内定子端部内。内定子一端悬空,另一端嵌压在机壳中。

在定子上嵌放有空间位置上相差 90°电角度的两套绕组,一套是励磁绕组,另一套是输出绕组。机座号较小(机座外壳直径小于 28 mm)的测速发电机中,两套绕组均嵌放在内定子上;而机座号在 36 号(外径 36 mm)以上的测速发电机中,励磁绕组嵌放在外定子上,输出绕组嵌放在内定子上,以便调整两套绕组的相对位置,使剩余电压最小。

2. 空心杯转子异步测速发电机的工作原理

异步测速发电机的工作原理可以由图 4-5 来说明。图中 N_1 是励磁绕组,N_2 是输出绕组。由于转子电阻较大,为分析方便起见,忽略转子漏抗的影响,认为感应电流与感应电动势同相位。

给励磁绕组 N_1 加单相交流电压 u_f,并且 u_f 的频率 f、有效值 U_f 都为常数,测速发电机的气隙中便会生成一个频率为 f、方向为励磁绕组 N_1 轴线方向(即 d 轴方向)的脉动磁动势及相应的脉动磁通,分别称为励磁磁动势及励磁磁通。

当转子不动时,励磁磁通在转子绕组(空心杯转子实际上是由无穷多导条构成的闭合绕组)中感应出变压器电动势,变压器电动势在转子绕组中产生电流,转子电流由 d 轴的一边流入而在另一边流出,转子电流所产生的磁动势及相应的磁通也是脉动的且沿 d 轴方向脉动,分别称为转子直轴磁动势及转子直轴磁通。

励磁磁动势与转子直轴磁动势都是沿 d 轴方向脉动的,两个磁动势合成而产生的磁通也是沿 d 轴方向脉动的,称为直轴磁通 ϕ_d。由于直轴磁通 ϕ_d 与输出绕组 N_2 不交链,所以输出绕组没有感应电动势,其输出电压 $U_2 = 0$。

当转子旋转时,转子绕组切割直轴磁通 ϕ_d 产生切割电动势 e_q。由于直轴磁通 ϕ_d 是脉动的,因此切割电动势 e_q 是交变的,其频率也就是直轴磁通的频率 f,切割电动势 e_q 在转子绕组中产生频率相同的交变电流 i_q,电流 i_q 由 q 轴的一侧流入而在另一侧流出,电流 i_q 形成的磁动势及相应的磁通是沿 q 轴方向以频率 f 脉动的,分别称为交轴磁动势 F_q 及交轴磁通 ϕ_q。交轴磁通与输出绕组 N_2 交链,在输出绕组中感应出频率为 f 的交变电动势 e_2。

以频率 f 交变的切割电动势 e_q 与其转子绕组所切割的直轴磁通 ϕ_d、切割速度 n 及由电动机本身结构决定的电动势常数 C_E 有关,其有效值为

$$E_q = C_E \Phi_d n \tag{4-2}$$

以频率 f 交变的输出绕组感应电势 e_2 与输出绕组交链的交轴磁通 ϕ_q 及输出绕组的匝数 N_2 有关,其有效值 E_2 为

$$E_2 = 4.44 f N_2 \Phi_q \tag{4-3}$$

由此看出,当励磁电压 U_f 及频率 f 恒定时,则

$$E_2 \propto \Phi_q \propto I_q \propto E_q \propto n \tag{4-4}$$

即 E_2 与 n 成正比关系。可见异步测速发电机可以将其转速值一一对应地转换成输出电压值。

3. 交流测速发电机的输出特性

交流测速发电机在一定的励磁和负载条件下,输出电压 U_2 与转速 n 的关系曲线 $U_2 = f(n)$ 称为输出特性。在理想情况下,输出电压 U_2 与转速 n 成正比关系,并且当转速 $n = 0$ 时,输出电压 $U_2 = 0$,输出特性为一条过原点的直线,如图 4-6 中的直线 2 所示。

实际上,由于存在漏阻抗、负载变化及在制造加工中总是或多或少机械上的不对称等问题,使输出电压与转速不是严格的正比关系及 $n = 0$ 时,$U_2 \neq 0$(此时的电压称为剩余电压),如图 4-6 中曲线 1 所示。

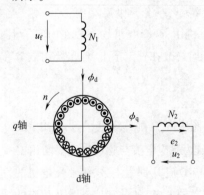

图 4-5 异步测速发电机的原理图

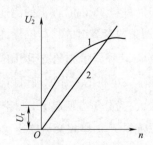

图 4-6 异步测速发电机的输出特性

1—实际输出特性;2—理想输出特性

剩余电压 U_r 一般只有几毫伏,剩余电压使控制系统的准确度大为降低,影响系统的正常运行,甚至会产生误动作。

减小剩余电压的方法是合理选择磁性材料,并提高加工和装配精度或装补偿绕组等,从而尽量减小剩余电压,以减少其影响。

交流测速发电机的优点是结构简单、稳定性好、精确度较高。缺点是由于存在相位误差和剩余电压,使测量精确度降低。

4.2.2 直流测速发电机

1. 直流测速发电机的结构

直流测速发电机按励磁方式可分为电磁式和永磁式两种。电磁式直流测速发电机的结构与普通小型直流发电机相同。而永磁式直流测速发电机的定子用永久磁铁制成,一般为凸极式,转子上有电枢绕组和换向器,通过电刷接通内、外电路,不需要另加励磁电源。

2. 直流测速发电机的工作原理

直流测速发电机的工作原理与一般小型直流发电机相同,不同的是直流测速发电机不对外输出功率或对外输出功率极小。电磁式直流测速发电机的接线如图4-7所示。励磁绕组接直流电压 U_f,产生恒定磁通 Φ,当电枢以转速 n 旋转时,电枢绕组切割磁感线产生电动势 E_a 为

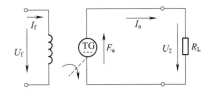

图4-7 电磁式直流测速发电机的接线

$$E_a = C_E \Phi n = C_E' n \qquad (4-5)$$

式中,Φ 为常数;C_E 为电动势常数,它仅与电动机结构有关。

①当直流测速发电机空载时,$I_a = 0$,输出电压 U_2 与 E_a 相等,因此,输出电压 U_2 与转速 n 成正比。

②当直流测速发电机负载时,由于电枢电阻、电刷和换向器之间有接触电阻等,会引起一定的电压降,因此测速发电机输出电压比空载时小,即 $U_2 = E_a - I_a R_a$。若负载电阻为 R_L,则输出电流 I_a 为

$$I_a = \frac{U_2}{R_L} \qquad (4-6)$$

将式(4-6)及 $E_a = C_E \Phi n$,代入 $U_2 = E_a - I_a R_a$ 中,整理得输出电压为

$$U_2 = \frac{E_a}{1 + \dfrac{R_a}{R_L}} = \frac{C_E \Phi n}{1 + \dfrac{R_a}{R_L}} = kn \qquad (4-7)$$

式中,$k = \dfrac{C_E \Phi}{1 + \dfrac{R_a}{R_L}}$ 为直流测速发电机输出特性曲线的斜率。

当 R_a、Φ、R_L 为常数时,k 为常数,直流测速发电机负载时输出特性为一组直线。不同的 R_L 对应不同斜率的特性曲线,如图4-8所示。当 R_L 值减小时,特性曲线的斜率也减小。

由于电枢反应的影响,会使输出电压 U_2 不再和转速 n 成正比,导致输出特性曲线向下弯曲,如图4-8中虚线所示。

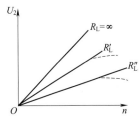

图4-8 直流测速发电机的输出特性

为改善输出特性,削弱电枢反应的影响,尽量使气隙磁通不变,可以采取在电磁式直流测速发电机的定子磁极上装补偿绕组。设计中,取较小的线负荷,适当加大电动机气隙;负载电阻不应小于规定值等措施。

另外,直流测速发电机因电刷有接触压降,在低速时,使输出特性出现不灵敏区;温度变化也会使电阻值增加,使输出特性改变。可以在励磁绕组回路中串一较大电阻值的附加电阻来解决,使整个支路的回路中电阻基本不变,输出特性可以保持不变,但功耗增大。

【思考题】

①测速发电机有哪些类型?

②什么是异步测速发电机的剩余电压?剩余电压对控制系统有什么影响?如何减小?

③改善直流测速发电机的输出特性,可以采取哪些措施?

4.3 步进电动机

步进电动机是一种将电脉冲信号转换成角位移或线位移的控制电机,在自动控制系统中作执行元件。给步进电动机输入一个电脉信号时,它就转过一定的角度或移动一定的距离。由于其输出的角位移或直线位移可以不连续,因此称为步进电动机。步进电动机的转速与脉冲频率成正比,而且转向与各相绕组通电方式有关。

步进电动机的种类较多,按运行方式分为旋转型和直线型两类;按工作原理分为反应式、永磁式和永磁感应式三种。其中,反应式步进电动机是目前使用最广泛的一种,它有两相、三相、多相之分。反应式步进电动机具有惯性小、反应快和速度高的特点。本节以三相反应式步进电动机为例简要介绍其工作原理。

4.3.1 步进电动机的结构

图4-9所示为三相反应式步进电动机的结构示意图。步进电动机由定子和转子两部分组成。其定子铁芯用硅钢片叠成,定子上均匀分布着六个磁极,在每两个相对的磁极上装有一相励磁绕组,共三相励磁绕组,分别为U、V、W三相控制绕组。转子铁芯由软磁材料制成或硅钢片叠成,在转子上均匀分布四个齿,齿上没有绕组。

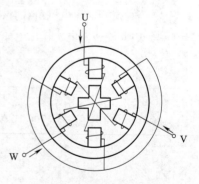

图4-9 三相反应式步进
电动机的结构示意图

4.3.2 步进电动机的工作原理

1. 三相反应式步进电动机的工作原理

(1)三相单三拍控制方式

①当U相控制绕组通电(V相、W相暂不通电)时,气隙中便产生一个磁场与U相绕组轴线U-U'重合,而磁通总是力图从磁阻最小的路径通过,于是产生一磁拉力,使转子齿1、齿3的轴线与U相绕组轴线U-U'对齐,此时仅有径向力而无切向力,致使转子停转,如图4-10(a)所示。

②若V相控制绕组通电(U相、W相不通电)时,气隙中产生的磁场轴线与V相绕组轴线V-

V′重合,同理,磁拉力使转子的齿2、齿4的轴线与V相绕组轴线V-V′对齐,如图4-10(b)所示。可见,转子按顺时针方向在空间转过了30°电角度,即前进了一步,转过的这个角称为步距角。实际应用中,通常采用机械角度表示步进电动机的步距角,用θ_b表示。

③若W相控制绕组通电(U相、V相不通电)时,用同样的方法分析得出,转子又在空间顺时针转过30°,使转子的齿1、齿3的轴线与W相绕组轴线W-W′对齐,如图4-10(c)所示。

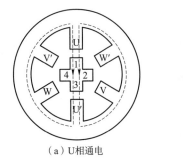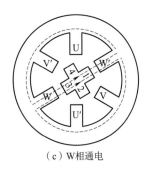

（a）U相通电　　　　　　　　（b）V相通电　　　　　　　　（c）W相通电

图4-10　三相单三拍控制方式步进电动机工作原理图

由此可见,如果定子绕组按U→V→W→U…的顺序轮流通电,则转子按顺时针方向一步一步地转动,每一步转过30°角。从一相通电转换到另一相通电称为一拍,每一拍转子转过一个步距角θ_b。如果通电顺序改为U→W→V→U…时,则电动机将反方向一步一步地转动,并且步进电动机的转子转速取决于脉冲的频率,频率越高,转速越高;其转向取决于通电相序。

上述通电方式称为三相单三拍,"单"是指每次只对一相控制绕组通电;"三拍"是指经过三次切换控制绕组的通电状态为一个循环,这种控制方式的步距角$\theta_b=30°$。

三相单三拍控制方式,在一相绕组断电,而另一相绕组开始通电时刻容易造成失步,同时单一绕组通电吸引转子,也容易造成转子在平衡位置附近产生振荡,从而导致运行稳定性较差,因此实际上很少采用三相单三拍的控制方式。

（2）三相双三拍控制方式

即通电顺序按UV→VW→WU→UV…(顺时针方向)或UW→WV→VU→UW…(逆时针方向)进行,可分析得出这种控制方式的步距角仍为30°。三相双三拍控制方式步进电动机工作原理如图4-11所示。由于双三拍控制每次都有两相绕组通电,而且在通电状态切换时总有一相绕组不断电,不会产生振荡,所以工作比较稳定。

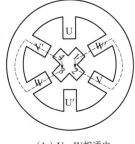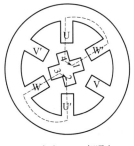

（a）U、V相通电　　　　　　（b）V、W相通电　　　　　　（c）W、U相通电

图4-11　三相双三拍控制方式步进电动机工作原理图

（3）三相单-双六拍控制方式

按 U → UV → V → VW → W → WU → U…顺序通电，即首先 U 相通电，然后 U 相不断电，V 相再通电，即 U、V 两相同时通电，接着 U 相断电而 V 相保持通电状态，然后再使 V、W 两相通电，依次类推，每切换一次，步进电动机顺时针转过 15°，如图 4-22 所示。

如通电顺序改为 U → UW → W → WV → V → VU → U…则步进电动机以步距角 15°逆时针旋转。

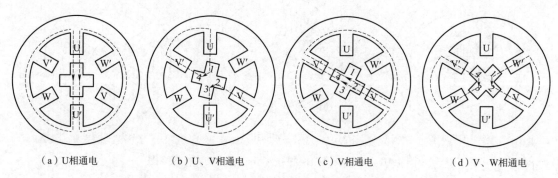

（a）U 相通电　　　　（b）U、V 相通电　　　　（c）V 相通电　　　　（d）V、W 相通电

图 4-12　三相单-双六拍控制方式步进电动机工作原理图

三相六拍控制方式比三相三拍控制方式步距角小一半，因而精度更高，并且通电状态切换过程中始终保证有一个绕组通电，所以工作稳定，因此这种方式被大量采用。

由以上分析可知，若步进电动机定子有三相绕组六个磁极，极距为 360°/6 = 60°；转子的齿数 Z_r = 4，齿距角为 360°/4 = 90°。当采用三拍控制方式时，每一拍转过 30°，即（1/3）齿距角；当采用六拍控制方式时，每一拍转过 15°，即（1/6）齿距角。因此，步进电动机的步距角 θ_b 与运行的拍数 C、转子的齿数 Z_r、控制绕组的相数 m 有关，具体的关系为

$$\theta_b = \frac{360°}{mZ_rC} \tag{4-8}$$

式中，C 为运行的拍数，采用单三拍或双三拍控制方式时，$C = 1$；采用单-双六拍控制方式时，$C = 2$。

当步进电动机通电的脉冲频率为 f（Hz）时，步距角 θ_b 的单位为弧度（rad），则当连续通入控制脉冲时，步进电动机的转速 n 为

$$n = \frac{60f}{mZ_rC} \tag{4-9}$$

所以，步进电动机的转速与脉冲频率 f 成正比，并与频率同步。

2. 小步距角三相反应式步进电动机的工作原理

在步进电动机控制的系统中，步进电动机的步距角决定着控制的精度，步距角 θ_b 越小，精度越高。因此，为了满足控制精度的要求，必须减小步距角 θ_b。实际在步进电动机中，常将定子每一个磁极分成许多小齿，转子也由许多小齿组成。图 4-13 为小步距角三相反应式步进电动机的结构示意图，它的定子上有六个极，每个极的极面上有五个齿，极身上装有励磁绕组（控制绕组）。转子上

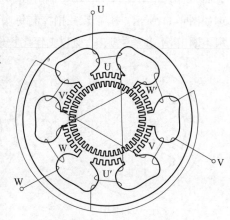

图 4-13　小步距角三相反应式步进电动机的结构示意图

均匀分布 40 个齿,定子、转子的小齿的齿距必须相等。

小步距角三相反应式步进电动机的工作原理与以上分析类似,当采用三相单三拍或三相双三拍控制方式时,由式(4-7)可求得其步距角为 3°;采用三相单-双六拍控制方式时,步距角为 1.5°。

同一相数的步进电动机可有两种步距角,常见的反应式步进电动机步距角有:1.2°/0.6°、1.5°/0.75°、1.8°/0.9°、3°/1.5°、4.5°/2.25°等。

步进电动机除了做成三相外,也可以做成两相、四相、五相、六相或更多的相数。电动机的相数和转子齿数越多,则步距角 θ_b 就越小,电动机在脉冲频率一定时,转速也越低。但电动机相数越多,相应电源就越复杂,造价也越高。所以步进电动机一般最多做到六相,只有个别电动机才做成更多相数。

【思考题】

①步进电动机有哪些类型?

②什么是反应式步进电动机的步距角?步距角的大小与哪些因素有关?一台步进电动机可以有两个步距角,例如 3°/1.5°,这是什么意思?

③什么是步进电动机的单三拍、双三拍和单-双六拍控制方式?

4.4 直线异步电动机

旋转电动机转轴上输出的圆周运动只有通过曲柄连杆或蜗轮蜗杆才能转化为直线运动,结构复杂、传动精度低。而直线电动机将电能转换成直线运动的机械能。直线电动机应用于要求直线运动的某些场合时,可以简化中间传动机构,使运动系统的传动效率、响应速度、稳定性、精度等都得以提高。直线电动机在工业、交通运输等行业中的应用日益广泛。

直线电动机可以由直流、同步、异步、步进等旋转电动机演变而成,由异步电动机演变而成的直线异步电动机使用最多。本节只介绍直线异步电动机的结构和工作原理。

4.4.1 直线异步电动机的结构

1. 平板型直线异步电动机

(1)单边平板型

直线异步电动机主要有平板型、管型等结构形式。平板型直线异步电动机可以看成是从旋转电动机演变而来的。它相当于将旋转电动机的定子和转子沿径向剖开,并展成平面,便得到平板型直线异步电动机,如图 4-14 所示。

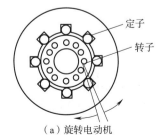

（a）旋转电动机

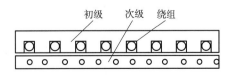

（b）平板型直线异步电动机

图 4-14　直线异步电动机的剖开示意图

旋转电动机中的定子和转子,在直线电动机中分别称为初级和次级。直线电动机与旋转电动机的区别在于:旋转电动机中是定子固定,转子旋转;而直线电动机的运行方式可以是固定初级,让次级运动,称为动次级;相反,也可以固定次级而让初级运动,则称为动初级。为了在运动过程中始终保持初级和次级耦合,初级和次级的长度不应相同,可以使初级长于次级,称为短次级;也可以使次级长于初级,称为短初级,如图4-15所示。由于短初级结构比较简单,制造和运行成本较低,故一般常采用短初级,如电动门就是这种形式。

图4-15 平板型直线异步电动机(单边型)

(2)双边平板型

图4-15所示的平板型直线异步电动机仅在次级的一边具有初级,这种结构形式称为单边型。单边型除了产生切向力外,还会在初、次级间产生较大的法向力,这在某些应用中是不希望的,为了更充分地利用次级和消除法向力,可以在次级的两侧都装上初级,这种结构形式称为双边型,如图4-16所示。

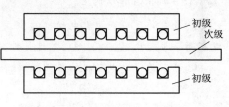

图4-16 双边型直线异步电动机

2. 管型(又称圆筒型)直线异步电动机

若将平板型直线异步电动机的初级沿着与移动方向垂直的方向卷成圆筒,即构成管型直线异步电动机,如图4-17所示,一般做成短初级、长次级。工作时,次级在初级管型筒内做直线运动。

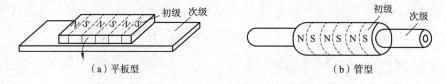

图4-17 管型直线异步电动机的形成示意图

3. 直线异步电动机中的初级、次级

(1)初级

平板型直线异步电动机的初级铁芯由硅钢片叠成,表面开有齿槽,槽中安放着三相、两相或单相绕组。旋转电动机定子铁芯和绕组沿圆周分布是连续的,而直线异步电动机初级则是断开的,形成了两个端部边缘,铁芯和绕组无法从一端连到另一端,对电动机的磁场有一定影响。

(2)次级

在短初级直线电动机中,常用的次级形式有三种。

①次级用整块钢板制成,称为钢次级或磁性次级。钢板既起导磁作用,又起导电作用。

②复合次级,在钢板上覆合一层铜板或铝板,称为复合次级,钢板主要用于导磁,而铜板或铝板用于导电。

③单纯的铜板或铝板,称为铜(铝)次级或非磁性次级,这种次级一般用于双边型电动机中。

另外,直线异步电动机的气隙比旋转电动机的气隙大,主要是为了保证在做直线运动中,避免初、次级之间发生摩擦。

4.4.2 直线异步电动机的工作原理

1. 工作原理

在直线异步电动机初级的三相绕组中通入三相对称正弦电流后,也会产生气隙磁场,不过此时气隙磁场不是旋转磁场,而是按 U → V → W → U…相序沿直线移动的磁场,称为行波磁场(或称为滑行磁场),如图 4-18 所示,这个磁场是平移的,不是旋转的。

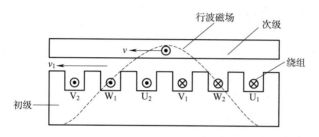

图 4-18　直线电动机的工作原理

行波磁场的移动速度与三相电动机旋转磁场在定子内圆表面上的线速度是一样的,即为 v_1(单位为 m/s),称为同步速度,其计算公式为

$$v_1 = \left(2\pi \times \frac{D_1}{2}\right) \times \frac{n_1}{60} = (2p\tau) \times \frac{n_1}{60} = (2p\tau) \times \frac{1}{60} \times \frac{60f_1}{p} = 2\tau f_1 \tag{4-10}$$

式中,D_1 为电动机定子直径,单位为 m;τ 为初级绕组的极距;f_1 为电源频率,单位为 Hz;p 为磁极对数。

行波磁场切割次级中的导体,产生电动势及电流。显然,载流导体与气隙中行波磁场相互作用,产生电磁推力,使次级跟随移动波磁场做直线运动,次级移动的速度 v 小于行波磁场的同步速度 v_1,直线异步电动机的滑差率 s 为

$$s = \frac{v_1 - v}{v_1} \tag{4-11}$$

则次级移动的速度 v 为

$$v = 2\tau f_1(1 - s) \tag{4-12}$$

由此可知,改变极矩 τ 和电源频率 f_1,均可改变次级的移动速度。

2. 直线异步电动机的反向运行

旋转电动机通过对换任意两相的电源线,可以实现反向旋转。同样,直线异步电动机对换任意两相的相序后,运动方向也会反过来。根据这一原理,可使直线电动机做往复直线运动。

3. 效率影响

直线异步电动机的长度总是有限的,即有一个始端和终端,这两个端部的存在必会引起端部效应,使得一个三相对称电压加在三相直线异步电动机的接线端上,不可能产生三相对称电流,这将使直线异步电动机的输出和效率降低,同时端部效应还会使其推力明显减小。

【思考题】

①平板型直线异步电动机由哪些部分组成？在结构上有何特点？

②简述直线异步电动机的工作原理。

习　题

一、填空题

1. 传统型直流伺服电动机的定子上＿＿＿＿换向磁极,直流伺服电动机的转子做得＿＿＿＿,并且电枢电阻＿＿＿＿,按照励磁方式分为＿＿＿＿和＿＿＿＿两种。

2. 直流伺服电动机的控制方式有＿＿＿＿和＿＿＿＿,在自动控制系统中多采用＿＿＿＿控制。

3. 交流伺服电动机转子结构有两种形式,一种是＿＿＿＿转子,另一种是＿＿＿＿转子;定子上有两套绕组,分别是＿＿＿＿绕组和＿＿＿＿绕组。

4. 交流伺服电动机控制方式有＿＿＿＿、＿＿＿＿和＿＿＿＿。

5. 直流测速发电机按励磁方式可分为＿＿＿＿和＿＿＿＿两种。直流测速发电机工作原理与小型直流发电机＿＿＿＿,不同的是直流测速发电机不对外输出＿＿＿＿。

6. 交流异步测速发电机有＿＿＿＿个定子,一个称为＿＿＿＿,它位于转子的＿＿＿＿,另一个称为＿＿＿＿,它位于转子的＿＿＿＿。在小号机座的测速发电机中,通常在＿＿＿＿槽中嵌放有空间相差90°电角度的两套绕组;在较大号机座的测速发电机中,常把励磁绕组嵌放在＿＿＿＿上,而把输出绕组嵌放在＿＿＿＿上。其内、外定子间的气隙中为空心杯形转子,转子是一个＿＿＿＿,通常采用高电阻率的＿＿＿＿或＿＿＿＿制成。

7. 交流异步测速发电机的误差主要有:＿＿＿＿、＿＿＿＿和＿＿＿＿。

8. 步进电动机根据励磁方式的不同,可分为＿＿＿＿、＿＿＿＿和＿＿＿＿三种。其中＿＿＿＿步进电动机应用较普遍。

9. 在步进电动机的三相单三拍控制方式中,其中的"单"是指每次只有＿＿＿＿相通电;"三拍"是指一个循环切换＿＿＿＿次通电。

10. 旋转异步电动机中的定子在直线异步电动机中称为＿＿＿＿,而转子称为＿＿＿＿。在旋转电机中是定子固定,转子旋转。而直线电动机的运行方式可以＿＿＿＿固定,而次级运动,称为＿＿＿＿;相反,也可以＿＿＿＿固定,而＿＿＿＿运动,称为＿＿＿＿。

二、选择题

1. 两相交流伺服电动机在运行上与一般异步电动机的根本区别是(　　)。

A. 具有下垂的机械特性

B. 具有两相空间上互差90°电角度的励磁绕组和控制绕组

C. 靠不对称运行来达到控制目的

2. 交流伺服电动机转子为减小转子转动惯量,转子做得(　　)。

A. 细而长　　　　　　B. 短而大　　　　　　C. 又长又大

3. 某台三相反应式步进电动机的$Z_r=40$,采用三相单三拍控制方式,则其步距角$\theta_b=($　　)。

A. 9°　　　　　　　　　B. 3°　　　　　　　　　C. 1.5°

4. 交流异步测速发电机转子是一个非磁性杯,杯壁厚为(　　　)。

　　A. 0.02～0.03 mm　　B. 0.2～0.3 mm　　C. 2～3 mm

5. 单边型直线异步电动机除了产生切向力外,它还产生单边磁拉力,即初级磁场与次级之间存在着较大的吸引力,导致直线运动难以进行。为克服此缺点,实际中都设计成(　　　)直线异步电动机。

　　A. 四边型　　　　　　B. 三边型　　　　　　C. 双边型

三、判断题

1. 交流伺服电动机的转子细而长,故转动惯量小,控制灵活。　　　　　　　　　(　　)

2. 步进电动机是将脉冲信号转换成角位移或直线位移的电动机。　　　　　　　(　　)

3. 测速发电机是将电信号转换成转速,以便用转速表测量。　　　　　　　　　(　　)

4. 为了使直线异步电动机在运动过程中始终保持初级和次级耦合,并且为节省成本,一般采用长次级、短初级。　　　　　　　　　　　　　　　　　　　　　　　　　　(　　)

5. 当电动机功率一定时,电动机的额定转速越高,其体积越大,质量越大,价格越高,运行的效率越低,因此选用高速电动机不经济。　　　　　　　　　　　　　　　　(　　)

四、计算题

一台三相六极反应式步进电动机,其步距角 $\theta_b = 1.5°$,试求转子有多少齿? 若脉冲频率 $f = 2\,000$ Hz,步进电动机的转速 n 应为多少?

第 **5** 章

三相交流异步电动机继电器– 接触器控制电路

✎ 内 容 提 要

在用交流电动机拖动的生产机械控制系统中,继电器-接触器控制是控制系统中最基本的控制方法,也是学习其他控制方法的基础。本章首先介绍继电器-接触器控制电路中的常用低压电器的结构、工作原理、选用方法,然后分析三相异步电动机的起动、顺序、限位、调速及制动控制电路等常用基本控制电路的工作原理及检修方法。

5.1 常用低压电器

低压电器是工作在交流额定电压 1 200 V、直流额定电压 1 500 V 及以下电路中起通断、保护、控制或调节作用的电气设备。它是构成电气控制电路的基本元件。低压电器的分类如下。

（1）按用途或所控制的对象分类

①低压配电电器。低压配电电器主要用于配电电路,对电路及设备进行保护以及通断、转换电源或负载的电器,如刀开关、转换开关、熔断器和断路器。

②低压控制电器。低压控制电器主要用于控制电气设备,使其达到预期要求的工作状态的电器,如接触器、控制继电器、主令控制器。

（2）按动作方式分类

①自动切换电器。依靠电器本身参数变化和外来信号(如电、磁、光、热等)而自动完成接通或分断的电器,如接触器、继电器和电磁铁。

②非自动切换电器。依靠人力直接操作的电器,如按钮、负荷开关等。

（3）按低压电器的执行机构分类

①有触点电器。这类电器具有机械可分动的触点系统,利用动、静触点的接触和分离来实现电路的通断。

②无触点电器。这类电器没有可分动的机械触点,主要利用功率晶体管的开关效应,即导通或截止来控制电路的阻抗,以实现电路的通断与保护。

5.1.1　常用开关类低压电器

1. 开启式负荷开关

（1）开启式负荷开关的结构及作用

开启式负荷开关又称胶盖闸刀开关，是一种手动电器。主要用作电气照明电路、电热回路的控制开关，也可作为分支电路的配电开关，并具有短路或过电流保护功能。还可作为小容量（功率在 5.5 kW 及以下）动力电路不频繁起动的控制开关。其结构及图形符号如图 5-1 所示，主要由刀开关和熔断器组合而成，瓷质底座上装有静触点（刀座）、熔丝接头等，并用上、下胶盖来遮盖电弧。开启式负荷开关的结构简单、价格便宜、安装使用及维修方便。

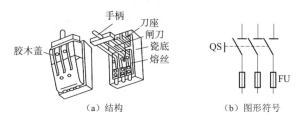

图 5-1　开启式负荷开关结构及图形符号

开启式负荷开关种类很多，分为两极（额定电压有 220 V 和 250 V）和三极（额定电压有 380 V 和 500 V），额定电流由 10 A 至 100 A 不等。常用的开启式负荷开关有 HK1 和 HK2 两个系列。

开启式负荷开关 HK2-30/2 的型号含义为：HK 表示开启式负荷开关，2 是设计序号，30 是额定电流，单位为 A，2 是极数。

（2）开启式负荷开关的选用

选用开启式负荷开关的注意事项如下：

①额定电压、额定电流及极数的选择应符合电路的要求。

额定电压的选择：开启式负荷开关的额定电压应等于或大于电路的额定电压。

额定电流的选择：控制照明电路或其他电阻性负载时，开关额定电流应等于（在通风良好的场合）或稍大于（在封闭的开关柜内或散热条件较差的工作场合，一般选 1.15 倍）负载额定电流之和。当控制电动机或其他电感性负载时，其开关额定电流是最大一台电动机额定电流的 2.5 倍加其余电动机额定电流之和；若只控制一台电动机，则开关额定电流为该电动机额定电流的 3 倍左右。

②选择开关时，应注意检查各刀片与对应刀座是否接触良好，各刀片与刀座开、合是否同步。如有问题，应予以修理或更换。

2. 封闭式负荷开关

（1）封闭式负荷开关的结构及作用

封闭式负荷开关与开启式负荷开关的不同之处是将熔断器和刀座等安装在薄钢板制成的防护外壳内，在铁壳内部有速断弹簧，用以加快刀片与刀座分断速度，减少电弧。封闭式负荷开关的外形如图 5-2 所示。在半封闭式负荷开关的外壳上，还设有机械联锁装置，使壳盖打开时开关不能闭合，开关断开时壳盖才能打开，从而保证了操作安全。

封闭式负荷开关一般用于电气照明、电力排灌、电热器线路的配电设备中，供手动不频繁地接

通和分断负荷电路及作为线路末端的短路保护,也可作为
15 kW 以下电动机不频繁全压起动的控制开关。常用的
封闭式负荷开关有 HH3 和 HH4 两个系列。

　　封闭式负荷开关 HH4-□/□的型号含义:HH 表示封
闭式负荷开关,4 是设计序号,第一个□表示额定电流,第
二个□表示极数。

　　(2)封闭式负荷开关的选用

　　①作为隔离开关或控制电热、照明等电阻性负载时,
铁壳开关的额定电流等于或稍大于负载的额定电流即可。

　　②用于控制电动机起动和停止时,封闭式负荷开关的
额定电流可按大于或等于 2 倍电动机的额定电流选取。

3. 组合开关

　　(1)组合开关的结构及作用

　　组合开关又称转换开关,也属于手动控制电器。组合

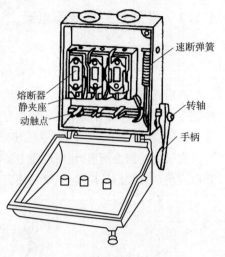

图 5-2　封闭式负荷开关的外形

开关的结构主要由静触点、动触点和绝缘手柄组成,静触点一端固定在绝缘垫板上,另一端伸出盒
外,并附有接线柱,以便和电源线及其他用电设备的导线相连;动触点装在另外的绝缘垫板上,绝
缘垫板套装在附有绝缘手柄的绝缘杆上,手柄能顺时针或逆时针方向转动,带动动触点分别与静
触点接通或断开。图 5-3 所示为组合开关的结构、接线和图形符号。

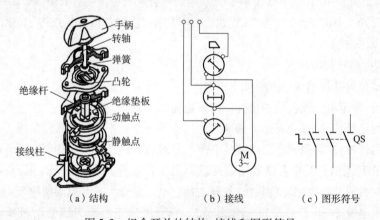

(a)结构　　　　　　(b)接线　　　　(c)图形符号

图 5-3　组合开关的结构、接线和图形符号

　　组合开关一般用于电气设备中作为电源引入开关,用来非频繁地接通和分断电路,换接电源
或作为 5.5 kW 以下电动机直接起动、停止、反转和调速等之用,其优点是体积小、使用寿命长、结
构简单、操作方便、灭弧性能好,多用于机床控制电路。其额定电压为 380V,额定电流有 6 A,
10 A,15 A,25 A,60 A,100 A 等多种。

　　常用的组合开关有 HZ5、HZ10、HZ15 等系列,其中 HZ5 系列类似万能转换开关,HZ10 系列为
全国统一设计产品,应用很广,而 HZ15 系列为新型号产品,可取代 HZ10 系列产品。

　　组合开关 HZ10-□□/□的型号含义:HZ 表示组合开关,10 是设计序号,第一个□表示额定电
流,第二个□表示开关专门用途代号,第三个□表示极数。

（2）组合开关的选用

①用于一般照明、电热电路，其额定电流应大于或等于被控电路的负载电流的总和。

②当用作设备电源引入开关时，其额定电流稍大于或等于被控制电路的负载电流的总和。

③当用于直接控制电动机时，其额定电流一般按电动机额定电流的 2～3 倍选取。

4. 低压断路器

（1）低压断路器的结构和工作原理

低压断路器又称自动空气开关，是低压电路中重要的开关电器。它不但具有开关的作用还具有保护功能，它能对电路或电气设备发生的短路、过载和失欠电压等进行保护，动作后不需要更换元件。

低压断路器由触点和灭弧系统、各种脱扣器、自由脱扣机构和操作机构等组成，其结构原理示意图及图形符号如图 5-4 所示，在图形符号中也可以标注其保护方式。在图 5-4（b）中的低压断路器图形符号中标注了过载和过电流两种保护方式。

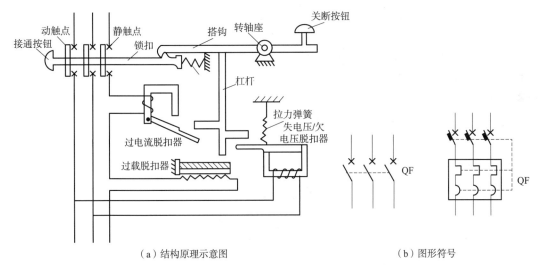

（a）结构原理示意图　　　　　　（b）图形符号

图 5-4　低压断路器的结构原理示意图及图形符号

主触点是低压断路器的执行机构，它是靠操作机构来接通和分断电路的。当主触点闭合后就被锁钩扣住。为提高其分断能力，主触点上装有灭弧装置。

脱扣器是低压断路器的感受元件，当电路发生故障时，自由脱扣器就在相关脱扣器的操作下动作，使锁扣打开，主触点在释放弹簧的作用下迅速断开。低压断路器的脱扣器有过电流脱扣器、过载脱扣器、欠电压/失电压脱扣器。

当被保护电路发生短路或严重过载时，由于电流很大，过电流脱扣器的衔铁被吸合，通过杠杆将搭钩顶开，主触点迅速切断短路或严重过载的电路。

当被保护电路发生过载时，通过热元件的电流增大，产生的热量使双金属片弯曲变形，推动杠杆顶开搭钩，主触点断开，切断过载电路。过载越严重，主触点断开越快，但由于热惯性，主触点不可能瞬时动作。

当被保护电路失电压或电压过低时，失电压/欠电压脱扣器中衔铁因吸力不足而将被释放，经过杠杆将搭钩顶开，主触点被断开；当电源恢复正常时，必须重新合闸后才能工作，实现了欠电压和失电压保护。

低压断路器 DZ15L-40/3902 的型号含义：DZ 表示塑料外壳式断路器，15 是设计序号，L 是派生代号(L 表示漏电保护),40 是额定电流(40 A),3902 为规格代号(第 1 位表示极数,3 极;第 2、第 3 位表示脱扣方式,90 为电磁液压脱扣;第 4 位表示用途,2 表示保护电动机用)。

（2）低压断路器的选用

①电压、电流的选择。低压电路器的额定电压和额定电流应等于或大于电路的额定电压和最大工作电流。

②脱扣器的整定电流的计算。热脱扣器的整定电流应与所控制负载的额定电流一致。电磁脱扣器的瞬时脱扣器整定电流应大于负载电路正常工作时的最大工作电流。

③选用低压断路器时,在类型、等级、规格等方面要配合上、下级开关的保护特性,不允许因本级保护失灵导致越级跳闸,扩大停电范围。

5.1.2 主令类低压电器

1. 按钮

（1）按钮的结构及作用

按钮又称控制按钮或按钮开关,是一种简单的手动电器。它不能直接控制主电路的通断,而是通过短时接通或分断 5 A 以下的小电流控制电路,向其他电器发出指令性的电信号,控制其他电器的动作。

按钮主要由按钮帽、复位弹簧、常闭触点、常开触点、接线柱及外壳组成,其种类很多,常用的有 LA10、LA18、LA19 和 LA25 等系列,其中 LA19 系列按钮结构、外形及图形符号如图 5-5 所示。

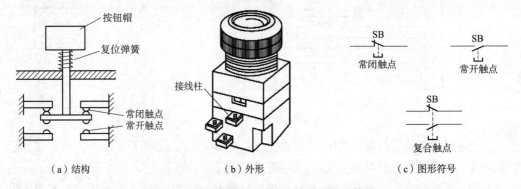

（a）结构　　　　　（b）外形　　　　　（c）图形符号

图 5-5　LA19 系列按钮结构、外形及图形符号

当用手按下按钮帽时,动触点向下移动,上面的常闭触点先断开,下面的常开触点后闭后;当松开按钮帽时,在复位弹簧的作用下,动触点自动复位,使得常开触点先断开,常闭触点后闭合。这种在一个按钮内分别安装有常闭和常开触点的按钮称为复合按钮。

由于按钮触点结构、数量和用途的不同,它又分为常开按钮、常闭按钮和复合按钮（既有常开触点又有常闭触点）。图 5-5 所示的 LA19 系列按钮即为复合按钮。

不同结构形式的按钮,分别用不同的字母表示,如"K"表示开启式;"H"表示保护式,"X"表示旋钮式,"D"表示带指示灯式,"DJ"表示紧急式带指示灯;"J"表示装有突起的蘑菇形按钮帽,以便紧急操作,"S"表示防水式;"F"表示防腐式;"Y"表示钥匙式;若无标示则为平钮式。

按钮 LA20-22DJ 的型号含义:L 表示主令电器,A 表示按钮,20 是设计序号,22 表示常开触点数为两对、常闭触点数为两对。

（2）按钮的颜色

为了表明各个按钮的作用，避免误操作，通常将按钮帽做成不同的颜色以示区别，其颜色有红、绿、黑、黄、蓝和白等。

红色按钮用于"停止"、"断电"或"事故"。绿色按钮优先用于"起动"或"通电"，但也允许选用黑、白或灰色按钮。按钮双用的，即交替按压后改变"起动"与"停止"或"通电"与"断电"功能的，不能用红色按钮，也不能用绿色按钮，而应用黑、白或灰色按钮。按压时运动，抬起时停止运动（如点动、微动），应用黑、白、灰或绿色按钮，最好是黑色按钮，而不能用红色按钮。用于单一复位功能的，用蓝、黑、白或灰色按钮。同时有"复位"、"停止"与"断电"功能的用红色按钮。灯光按钮不能用作"事故"按钮。

（3）按钮的选用

①根据使用场合，选择按钮的种类。如开启式、保护式、防水式和防腐式等。

②根据用途，选用合适的形式。如手把旋钮式、紧急式和带灯式等。

③按控制回路的需要，确定不同按钮数。如单钮、双钮、三钮和多钮等。

④按工作状态指示和工作情况要求，选择按钮和指示灯的颜色（参照相关国家标准）。

⑤核对按钮额定电压、电流等指标是否满足要求。

使用前，应检查按钮帽弹性是否正常，动作是否自如，触点接触是否良好可靠，触点及导电部分应清洁、无油污。

2. 行程开关

（1）行程开关的结构及作用

行程开关又称限位开关或位置开关，它属于主令电器的另一种类型，其作用与按钮相同，都是向继电器、接触器发出电信号指令，实现对生产机械的控制。不同的是，按钮靠手动操作，行程开关则是靠生产机械的某些运动部件与它的传动部位发生碰撞，令其内部触点动作，分断或切换电路，从而限制生产机械的行程、位置或改变其运动状态，控制生产机械停车、反转或变速等。

为了适应生产机械对行程开关的碰撞，行程开关与生产机械的碰撞部分有不同的结构形式，常用碰撞部分有直动式（按钮式）和滚轮式（旋转式），其中滚轮式又有单滚轮式和双滚轮式两种。

直动式行程开关的外形和内部结构，如图 5-6 所示。直动式行程开关的结构简单、成本低。但其触点的通断速度取决于生产机械的运动速度，当运动速度低于 0.4 m/min 时，触点通断的速度太慢，电弧存在的时间长，触点的烧蚀严重。

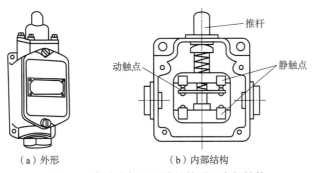

（a）外形　　　　　（b）内部结构

图 5-6　直动式行程开关的外形和内部结构

为克服直动式行程开关的缺点，可采用能瞬时动作的滚轮式行程开关。滚轮式行程开关适用于低速运动的机械。滚轮式行程开关的外形及单滚轮式行程开关内部结构，如图 5-7 所示。

　　单滚轮式行程开关的工作原理为当滚轮 1 受向左外力作用后,推杆 4 向右移动,并压缩右边弹簧 10,同时下面的小滚轮 5 也很快沿着擒纵件 6 向右滚动,小滚轮滚动又压缩弹簧 9,当小滚轮 5 滚过擒纵件 6 的中点时,盘形弹簧 3 和弹簧 9 都被擒纵件 6 迅速转动,从而使动触点迅速地与右边静触点分开,并与左边静触点闭合。外力作用消失后,行程开关复位。

　　双滚轮式行程开关与单滚轮式行程开关工作原理不同,具有两个稳态方向,不能自动复位,当挡铁压其中一个滚轮时,其触点瞬时切换,挡铁离开滚轮后,触点不复位。当部件返回时,挡铁碰撞另一只滚轮,触点才再次切换。

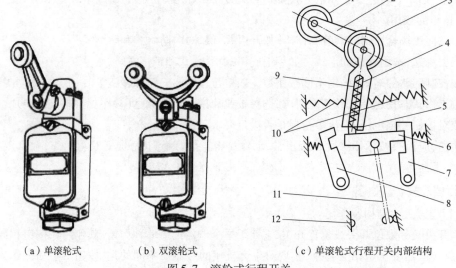

（a）单滚轮式　　　　（b）双滚轮式　　　　（c）单滚轮式行程开关内部结构

图 5-7　滚轮式行程开关

1—滚轮;2—上转臂;3—盘形弹簧;4—推杆;5—小滚轮;6—擒纵件;7、8—压板;
9—弹簧;10—弹簧;11—动触点;12—静触点

　　常用行程开关有 LX19 系列和 JLXK1 系列。各种系列的行程开关结构基本相同,区别仅在于使行程开关动作的传动装置和动作速度不同。行程开关的图形符号如图 5-8 所示。

　　行程开关 LX19-□□□的型号含义:L 表示主令电器,X 表示行程开关,19 是设计序号,第一个□表示基本类型(1 表示单滚轮,2 表示双滚轮,3 表示直动无滚轮,4 表示直动带滚轮),第二个□表示滚轮位置(0 表示仅有径向传动杆;1 表示滚轮装在传动杆内侧;2 表示滚轮装在传动杆外侧;3 表示滚轮装在传动杆凹槽内侧),第三个□表示复位方式(1 表示自动复位,2 表示不能自动复位)。

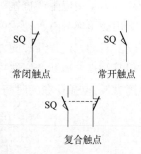

图 5-8　行程开关的
图形符号

　　(2)行程开关的选用

　　行程开关触点允许通过的电流较小,一般不超过 5 A。选用行程开关时,应根据被控制电路的特点、要求及使用环境和所需触点数量等因素综合考虑。

5.1.3　保护类低压电器

1. 低压熔断器的认识与使用

　　熔断器有高压熔断器和低压熔断器,这里只介绍低压熔断器。低压熔断器是低压电路和电动机控制电路中最简单、最常用的过载和短路保护电器,它以金属导体作为熔体,串联于被保护电器或电路中。当电路或设备过载或短路时,大电流使熔体发热熔化,从而分断电路。

　　熔断器的结构简单,分断能力强,使用、维修方便,体积小,价格低,在电气系统中得到广泛的使用。但熔断器大多只能一次性使用,功能简单,且更换需要一定时间,使系统恢复供电时间较长。熔断器的图形符号如图 5-9 所示。

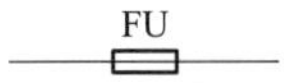

FU

图 5-9　熔断器的
图形符号

　　常用的低压熔断器有瓷插式、螺旋式、无填料封闭管式、填料封闭管式等几种,如 RCL、RL1、RT0 系列。

　　(1)常用低压熔断器

　　①瓷插式熔断器。瓷插式熔断器主要用于 380 V 三相电路和 220 V 单相电路作为短路保护,其外形及结构如图 5-10 所示。

　　瓷插式熔断器主要由瓷座、瓷盖、静触点、动触点、熔丝等组成,瓷座中部有一个空腔,与瓷盖的凸出部分组成灭弧室。60 A 以上的瓷插式熔断器在空腔中垫有编织石棉层,以加强灭弧能力。当电路短路时,大电流将熔丝熔化,分断电路而起保护作用。它具有结构简单、价格低廉、熔丝更换方便等优点,应用非常广泛。

　　②螺旋式熔断器。螺旋式熔断器用于交流 380 V、电流 200 A 以内的线路和用电设备的短路保护,其外形及结构如图 5-11 所示。螺旋式熔断器主要由瓷帽、熔断管、瓷套、上接线端、下接线端及底座等组成。熔芯内除装有熔丝外,还填有灭弧的石英砂。熔芯上盖中心装有标有红色的熔断指示器,当熔丝熔断时,指示器自动跳出,因此从瓷帽上的玻璃窗口可检查熔芯是否完好。

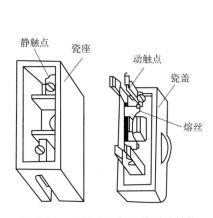

图 5-10　瓷插式熔断器外形及结构

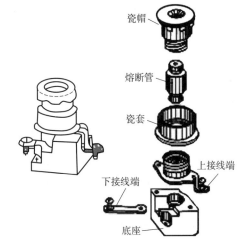

图 5-11　螺旋式熔断器外形及结构

　　螺旋式熔断器具有体积小、结构紧凑、熔断快、分断能力强、熔丝更换方便、使用安全可靠、熔丝熔断后能自动指示等优点,在机床电路中广泛应用。

　　③无填料封闭管式熔断器。无填料封闭管式熔断器用于交流 380 V、额定电流 1 000 A 以内的低压线路及成套配电设备做短路保护,其外形及结构如图 5-12 所示。

　　无填料封闭管式熔断器主要由熔断管、夹座组成。熔断管内装有熔体,当大电流通过时,熔体在狭窄处被熔断,钢纸管在熔体熔断所产生的电弧的高温作用下,分解出大量气体,增大管内压

力,起到灭弧作用。

这种熔断器具有分断能力强、保护特性好、熔体更换方便等优点,但结构复杂、材料消耗大、价格较高。一般熔体被熔断和拆换三次以后,就要更换新熔断管。

④填料封闭管式熔断器。填料封闭管式熔断器主要由熔断管、触刀、夹座、底座等部分组成,如图 5-13 所示,熔断管内填满直径为 0.5~1.0 mm 的石英砂,以加强灭弧功能。

填料封闭管式熔断器主要用于交流 380 V、额定电流 1 000 A 以内的高短路电流的电力网络和配电装置中作为电路、电机、变压器及其他设备的短路保护电器。它具有分断能力强、保护特性好、使用安全、有熔断指示等优点,但价格较高,熔体不能单独更换。

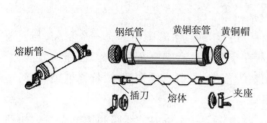

图 5-12 无填料封闭管式熔断器外形及结构

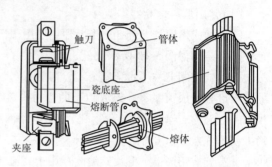

图 5-13 填料封闭管式熔断器外形及结构

(2)低压熔断器的主要参数

①额定电压。从灭弧的角度出发,规定熔断器长期工作时和分断后能承受的电压值。

②额定电流。熔断器的额定电流是指熔断器长期工作时,各部件温升不超过允许温升的电流值。

注意:熔断器的额定电流有两个,一个是熔断管的额定电流,另一个是熔体的额定电流。生产厂家在生产时为了减少熔断管额定电流的规格,在设计时,使一种电流规格的熔断管可以装入多种电流规格的熔体,但熔断管的额定电流应大于或等于所装熔体的额定电流。

③极限分断能力。极限分断能力是指熔断器在额定电压下能可靠分断的最大短路电流值,它反映了熔断器的灭弧能力。

④熔断电流。熔断电流是指通过熔体并使之熔化的最小电流值。

以熔断器 RT20-100/80 为例说明熔断器型号的含义:R 表示熔断器;T 表示结构形式(T 表示有填料封闭管式,C 表示瓷插式,L 表示螺旋式,M 表示无填料封闭管式,S 表示快速式,Z 表示自复式);20 表示设计序号;100 表示熔断管和底座的额定电流,单位为 A;80 表示熔体的额定电流,单位为 A。

(3)低压熔断器的选用

选择熔断器时,根据被保护电路的要求,首先选择熔体的规格,再根据熔体来确定熔断器的规格。主要考虑熔断器的种类、额定电压、额定电流等级和熔体的额定电流。

①熔断器的额定电压 U_N 应大于或等于线路的工作电压 U_L,即 $U_N \geqslant U_L$。

②熔断器的额定电流 I_N 必须大于或等于所装熔体的额定电流 I_{RN},即 $I_N \geqslant I_{RN}$。

③熔体额定电流 I_{RN} 的选择:

a. 当熔断器保护电阻性负载时,熔体的额定电流等于或稍大于电路的工作电流即可,即 $I_{RN} \geqslant I_L$。

b. 当熔断器保护一台电动机时,熔体的额定电流可按下式计算,即

$$I_{RN} \geq (1.5 \sim 2.5) I_N \tag{5-1}$$

式中，I_N 为电动机的额定电流。轻载起动或起动时间短时，系数可取得小一些；重载起动或起动时间长时，系数可取得大一些。

c. 当熔断器保护多台电动机时，熔体的额定电流可按下式计算，即

$$I_{RN} \geq (1.5 \sim 2.5) I_{Nmax} + \sum I_N \tag{5-2}$$

式中，I_{Nmax} 为容量最大的电动机的额定电流；$\sum I_N$ 为其余电动机额定电流之和；系数的选取方法与前面一样。

2. 热继电器

热继电器是一种电气保护元件，是利用电流的热效应来推动动作机构使触点闭合或断开的保护电器，主要用于电动机的过载保护、断相保护、电流不平衡保护以及其他电气设备发热状态时的控制。

（1）双金属片式热继电器的结构和工作原理

双金属片式热继电器的结构如图 5-14 所示，它由热元件、双金属片、触点、传动机构（导板、杠杆、弹簧等）、复位按钮和整定电流装置（偏心凸轮、旋钮等）等部分组成。

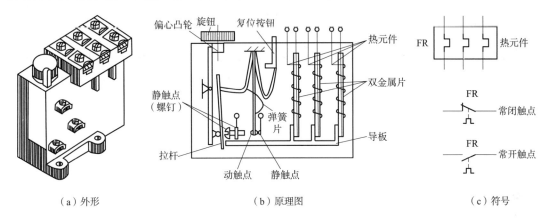

（a）外形　　　　　　　　　（b）原理图　　　　　　　　　（c）符号

图 5-14　双金属片式热继电器

热元件由发热电阻丝做成，双金属片由两种热膨胀系数不同的金属片辗压而成。发热电阻丝绕在双金属片上，当双金属片受热时，就会发生弯曲变形。使用时，将热元件串联于电动机的主电路中，用于检测主电路电流的大小，而将热继电器的触点串联于电动机的控制电路中。

当线路正常工作时，热元件产生的热量虽能使双金属片弯曲，但还不足以使热继电器的触点动作。当设备过载，且负载电流超过整定电流值并经过一段时间后，热元件所产生的热量足以使双金属片受热弯曲而推动导板，使热继电器的常闭触点断开，常开触点闭合。通过控制线路使负载断电，停止工作。

热继电器的整定电流是指热继电器长期运行而不动作的最大电流。通常只要负载电流超过整定电流 1.2 倍，热继电器必须动作。整定电流的调整可通过旋转外壳上方的旋钮完成，旋钮上刻有整定电流标尺，作为调整时的依据。

常用的热继电器有 JR0、JR2、JR16 等系列。以热继电器 JR16-150/3D 为例说明热继电器型号的含义：JR 表示产品代号（热继电器），16 表示设计代号，150 表示额定电流（150 A），3 表示极数（3 极），D 表示特征代号（带有断相保护）。

（2）热继电器的选用

应根据保护对象、使用环境等条件选择相应的热继电器类型。

①对于一般轻载起动、长期工作或间断长期工作的电动机，可选择两相保护式热继电器；当电源平衡性较差、工作环境恶劣或很少有人看守时，可选择三相保护式热继电器；对于三角形接线的电动机应选择带断相保护的热继电器。

②额定电流或热元件整定电流均应大于电动机或被保护电路的额定电流。当电动机起动时间不超过 5 s 时，热元件整定电流可以与电动机的额定电流相等。若电动机频繁起动、正反转、起动时间较长或带有冲击性负载等情况下，热元件的整定电流应为电动机额定电流的 1.1 ~ 1.5 倍。

注意：热继电器可以作为过载保护但不能作为短路保护；对于点动、重载起动、频繁正反转及带反接制动等运行的电动机，一般不宜采用热继电器作为过载保护。

5.1.4 交流接触器

接触器是一种电磁式自动开关，它通过电磁机构动作，实现远距离频繁地接通和分断电路。按其触点通过电流种类不同，分为交流接触器和直流接触器两类。其中，直流接触器用于直流电路中，它与交流接触器相比具有噪声低、寿命长、冲击小等优点，其组成、工作原理基本与交流接触器相同。

接触器的优点是动作迅速、操作方便和便于远距离控制，所以广泛地应用于电动机、电热设备、小型发电机、电焊机和机床电路中。由于它只能接通和分断负荷电流，不具备短路和过载保护作用，故必须与熔断器、热继电器等保护电路配合使用。

1. 交流接触器的结构

交流接触器主要由电磁机构、触点系统、灭弧装置和辅助部件等部分组成，其结构图、原理图及图形符号如图 5-15 所示。

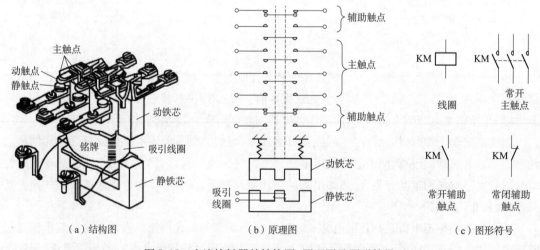

（a）结构图　　　　　（b）原理图　　　　　（c）图形符号

图 5-15　交流接触器的结构图、原理图及图形符号

（1）电磁机构

交流接触器的电磁系统由线圈、静铁芯、动铁芯（衔铁）组成，其作用是操纵触点的闭合与分断。

铁芯一般用硅钢片叠压铆成,以减少交变磁场在铁芯中产生的涡流及磁滞损耗,避免铁芯过热。为了减少接触器吸合时产生的振动和噪声,在铁芯上装有一个短路铜环(又称减振环)。

交流接触器线圈在其额定电压的 85%~105% 时,能可靠地工作。若电压过高,则磁路严重饱和,线圈电流将显著增大,交流接触器有被烧坏的危险;若电压过低,则其静铁芯吸不牢衔铁,触点跳动,影响电路的正常工作。

(2)触点系统

接触器的触点按功能不同分为主触点和辅助触点两类。主触点用于接通和分断电流较大的主电路,体积较大,一般由三对常开触点组成;辅助触点用于接通和分断小电流的控制电路,体积较小,有常开和常闭两种触点。如 CJ0-20 系列交流接触器有三对常开主触点、两对常开辅助触点和两对常闭辅助触点。为使触点导电性能良好,通常用紫铜制成。由于铜的表面容易氧化,生成不良导体氧化铜,故一般都在触点的接触点部分镶上银块,使之接触电阻小,导电性能好,使用寿命长。

(3)灭弧装置

交流接触器在分断大电流或高电压电路时,其动、静触点间气体在强电场作用下产生放电,形成电弧,电弧发光、发热、灼伤触点,并使电路切断时间延长,引发事故。因此,主触点额定电流在 10 A 以上的接触器都有灭弧装置,其作用是减小或消除触点电弧,确保操作安全。

(4)辅助部件

交流接触器的辅助部件包括反作用弹簧、复位弹簧、缓冲弹簧、触点压力弹簧、传动机构、接线柱、外壳等部件。

2. 交流接触器的工作原理

当交流接触器的电磁线圈接通电源时,线圈电流产生磁场,使静铁芯产生足以克服弹簧反作用力的吸力,将动铁芯向下吸合,使常开主触点和常开辅助触点闭合,常闭辅助触点断开。主触点将主电路接通,辅助触点则接通或分断与之相连的控制电路。

当接触器线圈断电时,静铁芯吸力消失,动铁芯在反作用弹簧力的作用下复位,各触点也随之复位,将有关的主电路和控制电路分断。

3. 交流接触器的主要技术参数

①额定电压。指交流接触器主触点正常工作时的电压,该值标注在交流接触器的铭牌上。常用的额定电压等级有 127 V、220 V、380 V 及 660 V 等。

②额定电流。指交流接触器主触点正常工作时的电流,该值也标注在交流接触器的铭牌上。常用的额定电流等级有 10 A、20 A、40 A、60 A、100 A 等。

③电磁线圈的额定电压。指交流接触器电磁线圈的正常工作电压。常用的电磁线圈额定电压有 36 V、127 V、220 V 及 380 V 等

④动作值。指交流接触器的吸合电压和释放电压。规定交流接触器的吸合电压大于线圈额定电压的 85% 时应可靠吸合,释放电压不高于线圈额定电压的 70%。

另外,还有额定操作频率、机械寿命和电气寿命等参数。

常用的交流接触器有 CJ0、CJ10、CJ12 等系列产品。如 CJ10Z-40TH 型号的含义:CJ 表示产品代号(交流接触器),10 表示设计代号,Z 表示派生重任务,40 表示额定电流(40 A),TH 表示湿热带型。

4. 交流接触器的选用

交流接触器在选用时,其工作电压不低于被控制电路的最高电压,交流接触器主触点额定电流应大于被控制电路的最大工作电流。用交流接触器控制电动机时,电动机最大电流不应超过交流接触器额定电流允许值。用于控制可逆运转或频繁起动的电动机时,交流接触器要增大一至二级使用。

交流接触器电磁线圈的额定电压应与被控制辅助电路电压一致。对于简单电路,多用 380 V 或 220 V;在线路较复杂或有低压电源的场合或工作环境有特殊要求时,也可选用 36 V、127 V 等。

接触器触点的数量、种类等应满足控制线路的要求。

5.1.5 继电器

1. 时间继电器的认识与使用

(1)时间继电器的种类及符号

时间继电器是一种利用电磁原理或机械原理来延迟触点闭合或分断的自动控制电器。它的种类很多,按其工作原理可分为电磁式、空气阻尼式、电子式、电动式;按延时方式可分为通电延时和断电延时两种。

图 5-16 所示为时间继电器的图形和文字符号。通常时间继电器上有多组触点,分为瞬动触点、延时触点。延时触点又分为通电延时触点和断电延时触点。所谓瞬动触点,是指当时间继电器的感测机构接收到外界动作信号后,该触点立即动作,而通电延时触点则是指当接收输入信号(例如线圈通电)后,要经过一定时间(延时时间)后,该触点才动作。断电延时触点,则在线圈断电后要经过一定时间后,该触点才恢复。

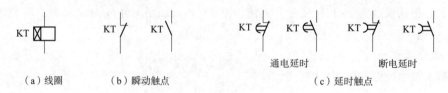

| (a)线圈 | (b)瞬动触点 | (c)延时触点 |

图 5-16 时间继电器的图形和文字符号

(2)电子式时间继电器的特点及主要性能指标

电子式时间继电器具有体积小、延时范围大、精度高、寿命长以及调节方便等特点。目前在自动控制系统中的使用十分广泛。

下面以 JSZ3 系列电子式时间继电器为例进行介绍。JSZ3 系列电子式时间继电器是采用集成电路和专业制造技术生产的新型时间继电器,具有体积小、质量小、延时范围广、抗干扰能力强、工作稳定可靠、精度高、延时范围宽、功耗低、外形美观、安装方便等特点,广泛应用于自动化控制中做延时控制之用。JSZ3 系列电子式时间继电器采用插座式结构,所有元件装在印制电路板上,用螺钉使之与插座紧固,再装上塑料罩壳组成本体部分,在罩壳顶部装有铭牌和整定电位器旋钮,并有动作指示灯。

以 JSZ3 □-□ 为例,说明型号的含义:JS 表示时间继电器;Z 表示综合式;3 表示设计代号;第一个 □ 代表型式特点:A 表示基型(通电延时,多挡式),C 表示瞬动型(通电延时,多挡式),F 表示断电延时,K 表示断开延时,Y 表示星形起动延时(通电延时),R 表示往复循环定时(通电延时);第二个□表示延时范围代号。

JSZ3A 延时范围为 0 ~ 0.5 s/5 s/30 s/3 min。

JSZ3 系列电子式时间继电器的性能指标有:电源电压(AC 50 Hz,12 V、24 V、36 V、110 V、220 V、380 V;DC 12 V、24 V 等)、电寿命(不小于 10×10^4 次)、机械寿命(不小于 100×10^4 次)、触点容量(AC 220 V、5 A,DC 220 V、0.5 A)、重复误差(小于 2.5%)、功耗(不大于 1 W)、使用环境($-15 \sim +40$ ℃)。

JSZ3 系列电子式时间继电器接线图如图 5-17 所示。

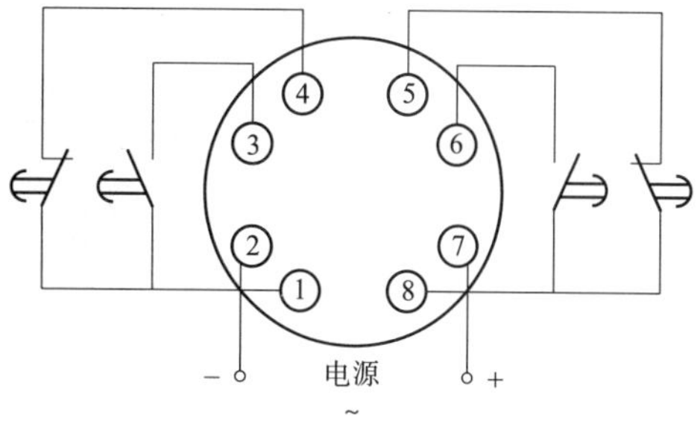

电子式时间继电器在使用时,先预置所需延时时间,然后接通电源,此时红色发光管闪烁,表示计时开始。当达到所预置的时间时,延时触点实行转换,红色发光管停止闪烁,表示所设定的延时时间已到,从而实现定时控制。

图 5-17　JSZ3 系列电子式时间继电器接线图

(3)时间继电器的选用

①应根据被控制线路的实际要求选择不同延时方式及延时时间、精度的时间继电器。

②应根据被控制电路的电压等级选择电磁线圈的电压,使两者电压相符。

2. 中间继电器

中间继电器一般用来控制各种电磁线圈使信号得到放大,或将信号同时传给几个控制元件,也可以代替接触器控制额定电流不超过 5 A 的电动机控制系统。

常用的交流中间继电器有 JZ7 系列,直流中间继电器有 JZ12 系列,交、直流两用的中间继电器有 JZ8 系列。中间继电器 JZ□-□□的型号含义:JZ 表示中间继电器,第一个□表示设计序号,第二个□表示常开触点数,第三个□表示常闭触点数。

JZ7 系列中间继电器的外形结构及图形符号如图 5-18 所示,它主要由线圈、静铁芯、动铁芯、触点系统常开、常闭触点、反作用弹簧及复位弹簧等组成。它有八对触点,可组成四对常开、四对常闭,或六对常开、两对常闭,或 8 对常开三种形式。

中间继电器的工作原理与 CJ10-10 等小型交流接触器基本相同,只是它的触点没有主、辅之分,每对触点允许通过的电流大小相同。它的触点容量与接触器辅助触点差不多,其额定电流一般为 5 A。

选用中间继电器主要依据的是控制电路的电压等级,同时还要考虑所需触点数量、种类及容量是否满足控制线路的要求。

3. 电压继电器

电压继电器是根据线圈电压大小而动作的继电器。线圈与负载并联,以反映负载电压,其线圈匝数多而导线细,阻抗大。因线圈两端电压高于整定值而动作的继电器称为过电压继电器;因线圈两端电压低于整定值而动作的继电器称为欠电压继电器。

过电压继电器只有电压继电器线圈电压超过整定值时,继电器才动作。过电压继电器的动作电压整定值范围为(105% ~ 120%) U_N(U_N 为额定电压),在电路中用于过电压保护。

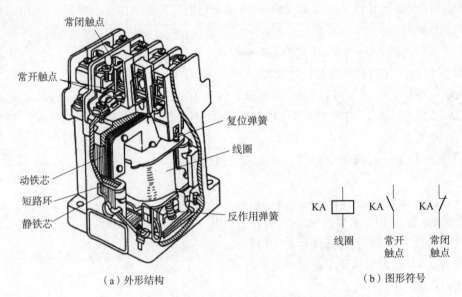

（a）外形结构　　　　　　　　　　　　　　　　　　（b）图形符号

图 5-18　JZ7 系列中间继电器的外形结构及图形符号

欠电压继电器当线圈两端电压等于额定值时衔铁吸合,于是常开触点闭合,常闭触点断开。当被测电路的电压降低到低于整定值时,衔铁释放,常开触点断开,常闭触点闭合。欠电压继电器动作电压整定值范围为 $(7\% \sim 20\%)U_N$,在电路中用于欠电压保护。

电压继电器的图形符号如图 5-19 所示。

过电压继电器线圈　　　　欠电压继电器线圈　　　　常开触点　　　　常闭触点

图 5-19　电压继电器的图形符号

4. 电流继电器

电流继电器是根据线圈中电流的大小而动作的继电器。电流继电器的线圈串联在被测量的电路中,以反映电路电流的变化。其触点串联在控制电路中,用于控制接触器的线圈或信号指示灯的通断。为了不影响电路正常工作,电流继电器的线圈匝数少,导线粗,线圈阻抗小。因线圈中的电流高于整定值而动作的继电器称为过电流继电器;因线圈中的电流低于整定值而动作的继电器称为欠电流继电器。

过电流继电器在正常工作时,电磁力不足以克服反作用弹簧的作用力,衔铁处于释放状态,触点不动作,电路正常工作。当其线圈中的电流超过整定值时,衔铁动作,于是常开触点闭合,常闭触点断开,切断控制电路,从而保护电路或负载。交流过电流继电器的动作电流整定值范围为 $(1.1 \sim 3.5)I_N$(I_N 为额定电流);直流过电流继电器的动作电流整定值范围为 $(0.7 \sim 3.0)I_N$。由于过电流继电器在出现过电流时衔铁吸合动作,其触点切断电路,故电流继电器无释放电流值。在电力系统中常用过电流继电器构成过电流和短路保护。

欠电流继电器在正常工作时,继电器线圈流过负载额定电流,衔铁吸合,其常开触点闭合,常闭触点断开;当负载电流降低至继电器的释放电流时,衔铁释放,常开触点断开,常闭触点闭合。欠电流继电器在电路中起欠电流保护作用。

欠电流继电器的吸合电流调节范围为$(0.3 \sim 0.5)I_N$,释放电流调节范围为$(0.1 \sim 0.2)I_N$。欠电流继电器一般是可以自动复位的。

电流继电器的图形符号如图 5-20 所示。

过电流继电器线圈　　欠电流继电器线圈　　常开触点　　常闭触点

图 5-20　电流继电器的图形符号

5. 速度继电器

速度继电器又称反接制动继电器,它的作用是与接触器配合,实现对电动机的反接制动。机床控制线路中常用的速度继电器有 JY1、JFZ0 系列。

(1)JY1 系列速度继电器的结构

JY1 系列速度继电器的外形、结构及图形符号如图 5-21 所示。图 5-21(a)是速度继电器的外形图,它主要由永久磁铁制成的转子、用硅钢片叠成的铸有笼形绕组的定子、支架、胶木摆杆和触点系统等组成,其中转子与被控电动机的转轴相连接。

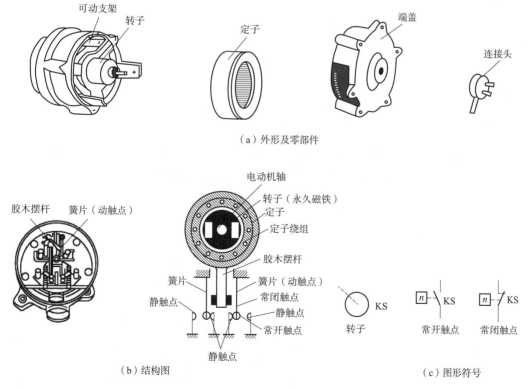

(a)外形及零部件

(b)结构图　　　　　　　　　　　　(c)图形符号

图 5-21　JY1 系列速度继电器的外形、结构及图形符号

（2）JY1 系列速度继电器的工作原理

由于速度继电器与被控电动机同轴连接,当电动机制动时,由于惯性,它要继续旋转,从而带动速度继电器的转子一起转动,该转子的旋转磁场在速度继电器定子绕组中感应出电动势和电流,由左手定则可以确定。此时,定子受到与转子转向相同的电磁转矩的作用,使定子和转子沿着同一方向转动,定子上固定的胶木摆杆也随着转动,推动簧片(端部有动触点)与静触点闭合(按轴的转动方向而定)。静触点又起挡块作用,限制胶木摆杆继续转动,因此转子转动时,定子只能转过一个不大的角度。当转子转速接近于零(低于 100 r/min)时,胶木摆杆恢复原来状态,触点断开,切断电动机的反接制动电路。

速度继电器的动作转速一般不低于 300 r/min,复位转速约在 100 r/min 以下。使用时,应将速度继电器的转子与被控制电动机同轴连接,而将其触点(一般用常开触点)串联在控制电路中,通过控制接触器实现反接制动。

【技能训练】——常用低压电器的拆装与检测

1. 技能训练的内容

按钮、开启式负荷开关、封闭式负荷开关、低压断路器、交流接触器、热继电器、时间继电器的拆装与检测。

2. 技能训练的要求

①熟悉常用低压电器的结构,了解各部分的作用。

②正确进行常用低压电器的拆装。

③正确进行常用低压电器的检测。

3. 设备器材

①按钮、开启式负荷开关、封闭式负荷开关、低压断路器(各 1 只)。

②交流接触器、热继电器、时间继电器(各 1 只)。

③钢丝钳、尖嘴钳、螺丝刀、镊子、扳手、万用表、兆欧表等(1 套)。

4. 技能训练的步骤

①把一个按钮开关拆开,观察其内部结构,将主要零部件的名称及作用记入表 5-1 中。然后将按钮开关组装还原,用万用表电阻挡测量各触点之间的接触电阻,将测量结果记入表 5-1 中。

表 5-1　按钮开关的结构与测量记录

型　号		额定电流/A		主要零部件	
				名　称	作　用
触点数量(副)					
常　开		常　闭			
触点电阻/Ω					
常　开		常　闭			
最大值	最小值	最大值	最小值		

②把一个开启式负荷开关拆开,观察其内部结构,将主要零部件的名称及作用记入表 5-2 中。然后合上闸刀开关,用万用表电阻挡测量各触点之间的接触电阻,用兆欧表测量每两相触点之间的绝缘电阻,测量后将开关组装还原,将测量结果记入表 5-2 中。

表 5-2　开启式负荷开关的结构与测量记录

型　号		极　数	主要零部件	
			名　称	作　用
触点接触电阻/Ω				
L$_1$相	L$_2$相	L$_3$相		
相间绝缘电阻/Ω				
L$_1$ - L$_2$间	L$_1$ - L$_3$间	L$_2$ - L$_3$间		

③把一个交流接触器拆开,观察其内部结构,将拆装步骤、主要零部件的名称及作用、各对触点动作前后的电阻值、各类触点的数量、线圈的相关数据等记入表 5-3 中。然后再将这个交流接触器组装还原。

表 5-3　交流接触器的结构与测量记录

型　号		额定电流/A		拆卸步骤	主要零部件	
					名　称	作　用
触点数量(对)						
主触点	辅助触点	常开触点	常闭触点			
触点电阻/Ω						
常　开		常　闭				
动作前	动作后	动作前	动作后			
电磁线圈						
线径	匝数	工作电压/V	直流电阻/Ω			

④把一个热继电器拆开,观察其内部结构,用万用表测量各热元件的电阻值,将主要零部件的名称、作用及有关电阻值记入表 5-4 中。然后再将热继电器组装还原。

表 5-4　热继电器的结构与测量记录

型　号		极　数	主要零部件	
			名　称	作　用
热元件电阻/Ω				
L$_1$相	L$_2$相	L$_3$相		
整定电流调整值/A				

⑤观察时间继电器的结构,用万用表测量线圈的电阻值,将主要零部件的名称、作用、触点数量及种类记入表5-5中。

表5-5 时间继电器结构与测量记录

型 号		线圈电阻/Ω		主要零部件	
				名 称	作 用
常开触点数(对)		常闭触点数(对)			
延时触点数(对)		瞬时触点数(对)			
延时断开触点数(对)		延时闭合触点数(对)			

5. 注意事项

在拆装低压电器时,要仔细,不要丢失零部件。

【思考题】

①什么是低压电器? 怎样分类?

②试简述常用低压电器(如开启式负荷开关、封闭式负荷开关、按钮、交流接触器、热继电器、自动开关等)基本结构和工作原理,以及如何选用。

③熔断器和热继电器能否相互替代?

④额定电压为220 V的交流线圈,若误接到交流380 V或交流110 V的电路上,分别会引起什么后果? 为什么?

⑤有人为了观察接触器主触点的电弧情况,将灭弧罩取下后起动电动机,这样的做法是否允许? 为什么?

⑥中间继电器和交流接触器各有何异同处? 在什么情况下,中间继电器可以代替交流接触器起动电动机?

5.2 三相异步电动机直接起动控制电路

生产机械的运动部件大多数是由电动机来拖动的,要使工业实际中的生产机械各部件按设定的要求进行运动,保证满足生产加工过程和工艺的需要,就必须对电动机进行自动控制,即控制电动机的起动、停止、单向旋转、双向旋转、调速、制动等。到目前为止,由继电器、接触器、按钮等低压电器构成的继电器-接触器控制电路仍然是应用极为广泛的控制方式。本节首先介绍电气控制的基本知识,然后较详细地分析三相异步电动机的点动控制、连续运行控制、点动与连续运行混合控制、正反转控制及多地控制等直接起动控制电路。

5.2.1 电气控制的基本知识

生产机械的控制可以采用机械、电气、液压和气动等方式来实现。现代化生产机械大多都以三相异步电动机作为动力,采用继电器-接触器组成的电气控制系统进行控制。电气控制电路主要根据生产工艺要求,以电动机或其他执行器为控制对象。各种生产机械的电气控制设备有着各种各样的电气控制电路。这些控制电路不论是简单的还是复杂的,一般都是由一些基本控制环节组成的。在分析控制电路的原理和判断其故障时,一般都是从这些基本环节入手。因此,掌握电气控制电路的基本环节,对生产机械整个电气控制电路工作原理的分析及电路维修有着很大的帮助。

电气控制电路是用导线将电动机、电器以及仪表等各种电气元件连接起来并实现某种要求的电路。为了便于电气元件的安装、接线、调试、运行及维修,需要将电气控制电路中的各种电气元件及其连接电路用统一规定的图形符号和文字符号表达出来,这种图就是电气控制系统图。

电气控制系统图常用的有电气原理图、电气元件布置图和电气安装接线图。

1. 电气原理图

电气原理图是根据电气控制系统的工作原理将电路中各个电气元件的导电部分连接起来的图。它具有结构简单、层次分明、便于研究和分析电路工作原理等特征。利用电气原理图便于详细了解控制系统的工作原理,指导系统或设备的安装、调试与维修。适用于分析、研究电路的工作原理,是绘制其他电气控制图的依据,所以在设计部门和生产现场获得广泛应用。在电气原理图中只包括电气元件的导电部件和接线端之间的相互关系,并不按照电气元件的实际位置来绘制,也不反映电气元件的大小。

(1)电气原理图绘制的基本原则

以图 5-22 所示的某车床控制系统的电气原理图为例,说明电气原理图的绘制原则。

①电气原理图一般由主电路、控制电路和辅助电路三部分组成。

a. 主电路是从电源到电动机大电流通过的电路,一般由电源开关、熔断器、接触器的主触点、热继电器的热元件以及电动机组成。主电路的电流较大,主电路图要画在电路图的左侧。

b. 控制电路是控制主电路工作状态的电路。

c. 辅助电路包括信号电路、照明电路等。

控制电路和辅助电路由主令电器的触点、接触器的线圈及辅助触点、继电器的线圈及触点、指示灯和照明灯等组成。控制电路和辅助电路通过的电流都较小,一般不超过 5 A。一般按照控制电路、指示电路和照明电路的顺序依次垂直画在主电路的右侧,且电路中与下边电源线相连的耗能元件(如接触器、继电器的线圈、指示灯、照明灯等)要画在电路图的下方,而电器的触点要画在耗能元件与上边电源线之间。为读图方便,一般应按照自左至右、自上而下的排列来表示操作顺序。

②在电气原理图中,各电气元件的触点位置都按电路未通电或电气元件未受外力作用时的常态位置画出。分析电气原理图时,应从触点的常态位置出发。

③在电气原理图中,不画各电气元件实际的外形图,而采用国家统一规定的电气控制系统图形符号画出。使触点动作的外力方向必须是:当图形垂直放置时从左到右,即垂直线左侧的触点为常开触点,垂直线右侧的触点为常闭触点;当图形水平放置时为从下到上,即水平线下方的触点为常开触点,水平线上方的触点为常闭触点。

④电气原理图中,同一电器的各电气元件不按它们的实际位置画在一起,而是按其在线路中所起的作用分别画在不同电路中,但它们的动作却是相互关联的,因此,必须标明相同的文字符号。若图中相同的电器较多时,需要在电气元件文字符号的后面加注不同的数字下标,以示区别,如 KM_1、KM_2 等。

⑤电气元件应按功能布置,并尽可能地按工作顺序,其布局应是从上到下,从左到右。

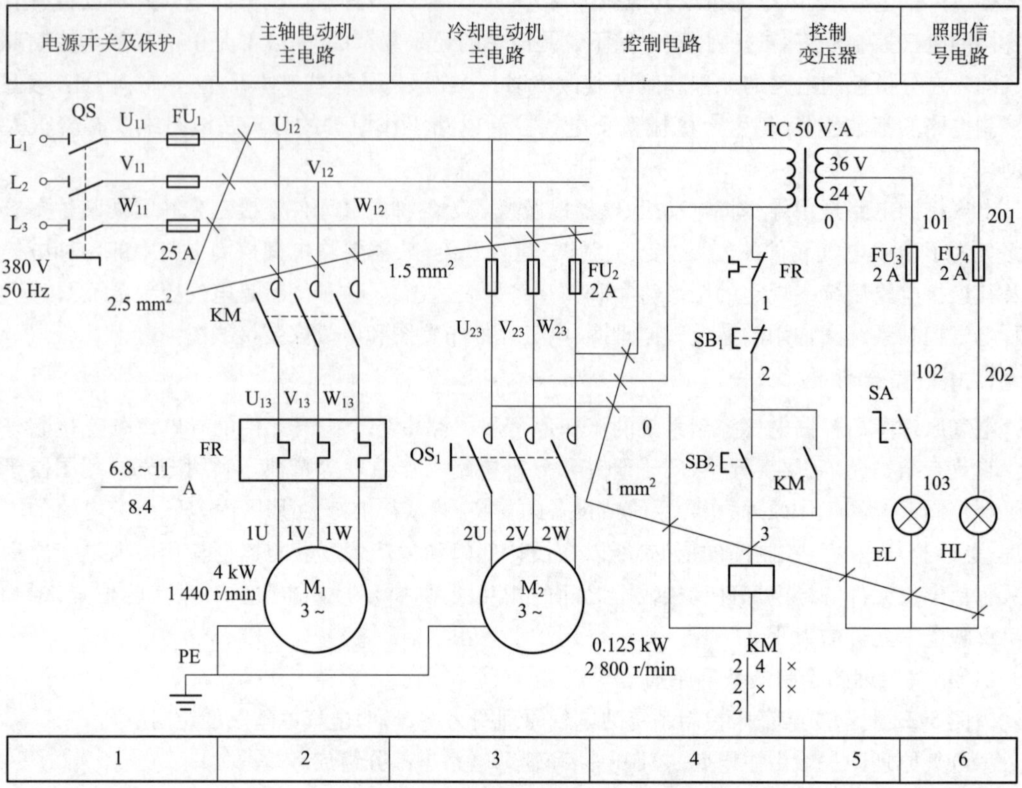

电源开关及保护	主轴电动机 主电路	冷却电动机 主电路	控制电路	控制 变压器	照明信 号电路

图 5-22　某车床控制系统的电气原理图

⑥画电气原理图时,应尽可能减少线条和避免线条交叉。对于需要测试和拆接的外部引线的端子,采用"空心圆"表示;有直接电联系的导线连接点,用"实心圆"表示;无直接电联系的导线交叉点不画实心圆点。

⑦电气原理图导线编号。电气原理图导线编号举例如图 5-22 所示。对电路中各个连接点的导线用字母或数字编号。

a. 主电路在电源开关的出线端按相序依次编号为 U_{11}、V_{11}、W_{11}。然后按从上至下、从左至右的顺序,每经过一个电气元件后,编号要递增,如 U_{12}、V_{12}、W_{12},U_{13}、V_{13}、W_{13},…。单台三相交流电动机的三根引出线按相序依次编号为 U、V、W,对于多台电动机引出线的编号,为了不致引起误解和混淆,可在字母前用不同的数字加以区别,如 1U、1V、1W,2U、2V、2W,…。

b. 控制电路和辅助电路编号按"等电位"原则从上至下、从左至右的顺序用数字依次编号,每经过一个电气元件后,编号要依次递增。控制电路编号的起始数字必须是 1,其他辅助电路编号的起始数字依次递增 100,如照明电路编号从 101 开始,指示电路编号从 201 开始等。

（2）图幅分区

为了便于确定图上的内容,也为了在用图时查找图中各项目的位置,往往需要将图幅分区。图幅分区的方法是在图的边框处,竖边方向用大写英文字母,横边方向用阿拉伯数字,编号顺序应从左上角开始,应按照图的复杂程度选分区的个数。建议组成分区的长方形的任何边长不小于 25 mm、不大于 75 mm。图区编号一般在图的下面;每个电路的功能,一般在图的顶部标明。图幅分区以后,相当于在图上立了一个坐标系。项目和连接线的位置可用如下方式表示:用行的代号

(英文字母)表示;用列的代号(阿拉伯数字)表示;用区的代号表示(区的代号为字母和数字的组合,且字母在左、数字在右)。

(3)符号位置的索引

符号位置采用图号、页次和图区编号的组合索引法,索引代号的组成如下:

$$□ / □ \cdot □$$

图号　　页次　　图区编号(行号、列号)

当某图号仅有一页图样时,只写图号和图区的行、列号;在只有一个图号时,则图号可省略。而元器件的相关触点只出现在一张图样时,只标出图区编号。

在电气原理图中,接触器和继电器的线圈与触点的从属关系应用附图表示。即在电气原理图相应线圈的下方,给出触点的文字符号,并在其下面注明相应触点的索引代号,对未使用的触点用"×"标明(或不标明),有时也可采用省去触点图形符号的表示法。

对接触器,附图中各栏表示的含义如下:

KM		
左栏	中栏	右栏
主触点所在图区编号	辅助常开触点所在图区编号	辅助常用触点所在图区编号

KM		
4	6	×
4	×	×
5		

对继电器,附图中各栏表示的含义如下:

KA、KT	
左栏	右栏
常开触点所在图区编号	常闭触点所在图区编号

KA	
9	×
13	8
×	×
×	×

(4)电气原理图中技术数据的标注

电气元件的技术数据,除在电气元件明细表中标明外,也可用小号字标注在电气元件符号的下面。如图 5-22 所示,FU_1 的额定电流标注为 25 A。

(5)电气原理图的识读方法

一般设备的电气原理图可划分为主电路(或主回路)、控制电路和辅助电路三个部分。

在读电气原理图之前,先要了解被控对象对电力拖动的要求;了解被控对象有哪些运动部件以及这些部件是怎样动作的,各种运动之间是否有相互制约的关系;熟悉电路图的制图规则及电气元件的图形符号。

读电气原理图时先从主电路入手,掌握电路中电器的动作规律,根据主电路的动作要求再看与此相关的电路,一般步骤如下:

①看本设备所用的电源。一般设备多用三相电源(380 V、50 Hz),也有用直流电源的设备。

②分析主电路有几台电动机,分清它们的用途、类别(笼型、绕线型异步电动机,直流电动机或同步电动机)。

③分清各台电动机的动作要求,如起动方式、转动方式、调速及制动方式,各台电动机之间是否有相互制约的关系。

④了解主电路中所用的控制电器及保护电器。前者是指除常用接触器之外的控制元件,如电源开关(转换开关及断路器)、万能转换开关。后者是指短路及过载保护器件,如空气断路器中的电磁脱扣器及热过载脱扣器的规格,熔断器及过电流继电器等器件的用途及规格。

一般在了解了主电路的上述内容后就可阅读和分析控制电路、辅助电路了。由于存在着各种不同类型的生产机械,它们对电力拖动也就提出了各式各样的要求,表现在电路图上有各种不同的控制及辅助电路。

分析控制电路时首先分析控制电路的电源电压。一般生产机械,如仅有一台或较少电动机拖动的设备,其控制电路较简单。为减少电源种类,控制电路的电压也常采用 380 V,可直接由主电路引入。对于采用多台电动机拖动且控制要求又比较复杂的生产设备,控制电压采用 110 V 或 220 V,此时的交流控制电压应由隔离变压器供给。然后了解控制电路中所采用的各种继电器、接触器的用途,如采用了一些特结构的控制电器时,还应了解它们的动作原理。只有这样,才能理解它们在电路中如何动作和具有何种用途。

控制电路总是按动作顺序画在两条垂直或水平的直线之间。因此,也就可从左到右或从上而下地进行分析。对于较复杂的控制电路,还可将它分成几个功能模块来分析。如起动部分、制动部分、循环部分等。对控制电路的分析必须随时结合主电路的动作要求来进行。只有全面了解主电路对控制电路的要求后,才能真正掌握控制电路的动作原理。不可孤立地看待各部分的动作原理,而应注意各个动作之间是否有相互制约的关系,如电动机正反转之间设有机械或电气互锁等。

辅助电路一般比较简单,通常包含照明和信号部分。信号灯是指示生产机械动作状态的,工作过程中可供操作者随时观察,掌握各运动部件的状况,判别工作是否正常。通常以绿色或白色灯指示正常工作,以红色灯指示出现故障。

2. 电气元件布置图

电气元件布置图用来表明电气原理图中各电气设备、元器件的实际位置,为电气设备的安装及维修提供必要的资料。电气元件布置图可根据电气设备的复杂程度集中绘制或单独绘制。图中各电气元件代号应与有关电气原理图和电气元件明细表上所列元件代号相同。图 5-23 为三相异步电动机单向连续运行控制的电气元件布置图。

在绘制电气元件布置图时应注意以下几方面:

①体积大和较重的元器件应安装在下方,发热元件安装在上方。

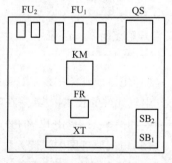

图 5-23　三相异步电动机单向
连续运行控制的电气元件布置图

②强、弱电之间要分开,弱电部分要加屏蔽。

③需要经常调整、检修的元器件安装高度要适中。

④元器件的布要要整齐、对称和美观。

⑤元器件布置不要过密,以利于布线和维修。

3. 电气安装接线图

电气安装接线图用于表示各电气设备之间的实际接线情况,以及各电气元件的实际位置,以便在具体施工、检修以及维护中使用。图 5-24 为三相异步电动机单向连续运行控制电路的电气安装接线图。

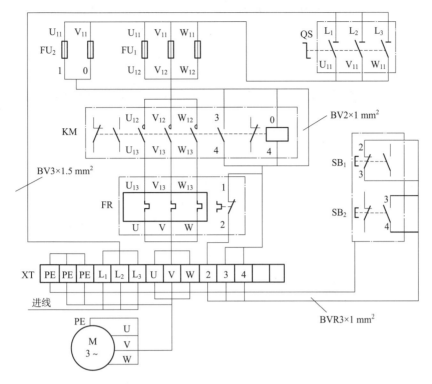

图 5-24 三相异步电动机单向连续运行控制电路的电气安装接线图

绘制电气安装接线图的规则如下：

①电气安装接线图应把同一电器的各个元件绘在一起,而且各个电气元件的布置要尽可能符合这个电器安装的实际情况。

②图形符号和文字符号、元器件连接顺序及线路号码编制应与电气原理图一致,以便检查。

③电气安装接线图上应详细标明导线(有时包含走线管)的型号、规格和数量。

④元器件上凡需接线的部件端子都应绘出,控制板内外元器件的电气连接一般要通过端子排进行,各端子的标号必须与电气原理图上的标号一致。

⑤走向相同的多根导线可用单线或线束表示。

5.2.2 三相异步电动机单向点动及连续运行控制电路

1. 单向点动控制电路

生产机械不仅需要连续运行,有的生产机械还需要点动运行,还有的生产机械要求用点动运行来完成调整工作。所谓点动控制就是按下起动按钮时电动机得电起动运转,松开起动按钮时电动机断电停止工作的控制。用按钮和接触器组成的三相异步电动机单向点动控制的电路原理图,如图 5-25 所示。

原理图分为主电路和控制电路两部分。主电路是从电源 L_1、L_2、L_3 经电源开关 QS、熔断器 FU_1、接触器 KM 的主触点到电动机 M 的电路,主电路中的电流较大。由熔断器 FU_2、按钮 SB 和接触器 KM 的线圈构成控制电路,线路接在两根相线之间(或一根相线、一根中性线,视低压电器的额定电压而定),流过的电流较小。

电路中电源开关 QS 起接通和断开电源的作用,熔断器 FU_1 对主电路进行短路保护;接触器 KM 的主触点控制电动机 M 的起动、运行和停车。由于电路控制电动机只做短时间运行,且操作者在近处监视,所以,点动控制一般不设过载保护环节。

电路的工作原理:当需要电路工作时,首先合上电源开关 QS,按下点动按钮 SB,接触器 KM 的线圈得电,衔铁吸合,带动它的三对主触点 KM 闭合,电动机 M 接通三相电源起动运转;当松开按钮 SB 后,接触器 KM 的线圈失电,其三对主触点断开,电动机 M 脱离三相电源而停止工作。

2. 单向连续运行控制电路

前面介绍的点动控制电路不便于电动机长时间动作,所以不能满足许多需要连续工作的状况。电动机的连续运行又称长动,是相对点动而言的,它是指在按下起动按钮起动电动机后,松开按钮后电动机仍然能够得电连续运行。实现连续运行控制的关键是在起动电路中增设了"自锁"环节。用按钮和接触器组成的三相异步电动机单向连续运控制的电路原理图,如图 5-26 所示。

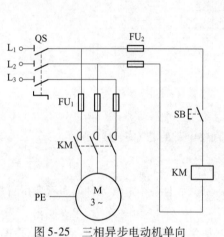

图 5-25 三相异步电动机单向
点动控制的电路原理图

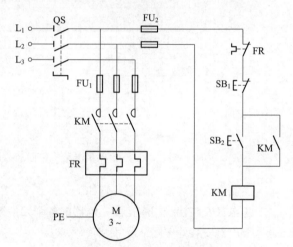

图 5-26 三相异步电动机单向
连续运行控制的电路原理图

此电路,在按下起动按钮 SB_2 时,交流接触器 KM 的线圈得电,与 SB_2 并联的 KM 常开辅助触点闭合,使接触器的线圈有两条电路通电。这样当松开 SB_2 时,接触器 KM 的线圈仍可通过自己的常开辅助触点继续得电。这种依靠接触器自身的常开辅助触点而使线圈保持得电的现象称为自锁,起自锁作用的辅助触点称为自锁触点,触点的上、下连线称为"自锁线"。

在带自锁的控制电路中,因起动后,起动按钮 SB_2 即失去了控制作用,所以在控制回路中串联了常闭按钮 SB_1 作为停止按钮。另外,因为该电路中电动机是长时间运行的,所以增设了热继电器 FR 进行过载保护。FR 的常闭触点串联在 KM 的电磁线圈回路中。

自锁控制的另一个作用是实现欠电压和失电压保护。在图 5-26 中,当电网电压消失(如停电)后又重新恢复供电时,若不重新按下起动按钮 SB_2,电动机就不能起动,从而实现了失电压保护,这样就防止了在电源电压恢复时,电动机突然起动而造成设备和人身事故;当电网电压较低(低到接触器的释放电压)时,接触器的衔铁就会释放,其主触点和常开辅助触点都断开,同样电动机不能工作,这样可防止电动机在低压下运行,实现了欠电压保护。

3. 点动与连续运行混合控制电路

在实际生产过程中,同一个控制电路既能实现点动控制也能实现连续控制。图 5-27 所示控制电路是常见的既能实现点动控制又能实现连续控制的控制回路,其主电路与图 5-26 中的主电路相同。

　　各控制电路工作原理如下:在图 5-27(a)中,点动控制与连续运转控制由转换开关 SA 进行选择,当 SA 断开时,自锁电路断开,成为点动控制,工作原理与前述的点动控制电路工作原理相同;当 SA 闭合时,由于自锁电路接入成为连续控制,工作原理与前述的连续运行控制电路工作原理相同。

　　在图 5-27(b)中增加了一个中间继电器 KA。按下点动按钮 SB_3,接触器 KM 的线圈得电,主电路中 KM 主触点闭合,三相异步电动机得电起动运行;松开 SB_3 时,KM 的线圈断电,其主触点断开,电动机断电停转,为点动控制。按下按钮 SB_2,中间继电器 KA 的线圈得电,其两对常开触点都闭合,其中一对闭合实现自锁,另一对闭合接通接触器 KM 的线圈支路,使 KM 的线圈得电,主电路 KM 主触点闭合,电动机起动运行。此时,按下停止按钮 SB_1,KA、KM 的线圈都断电,触点均恢复到初始状态,电动机断电停转,实现连续控制。

　　在图 5-27(c)中采用了复合按钮 SB_3。将 SB_3 的常闭触点串联在接触器自锁电路中,其常开触点与连续工作的起动按钮 SB_2 常开触点并联,SB_3 为点动控制按钮。当按下 SB_3 时,其常闭触点先断开,切断自锁电路,SB_3 的常开触点后闭合,接触器 KM 的线圈得电并吸合,其主触点闭合,电动机得电起动运行。当松开 SB_3 时,其常开触点先恢复断开,使 KM 的线圈断电并释放,KM 主触点及与 SB_3 常闭触点串联的常开辅助触点都断开,电动机断电停止;SB_3 的常闭触点恢复闭合,因 KM 的常开辅助触点已断开,所以无法接通自锁电路,KM 的线圈不能得电,其主触点不能闭合,电动机也不能得电。当需要电动机连续工作时,按下连续运转起动按钮 SB_2,停机时按下停止按钮 SB_1,便可实现电动机的连续工作和停止控制。

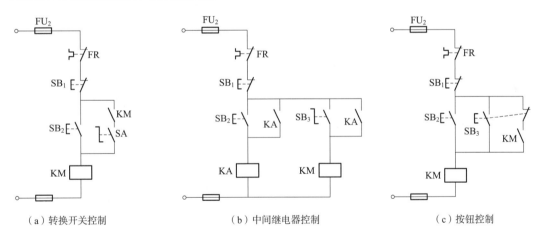

(a) 转换开关控制　　　　　　　(b) 中间继电器控制　　　　　　　(c) 按钮控制

图 5-27　点动与连续运行正转混合控制电路

5.2.3　三相异步电动机正反转控制电路

　　生产机械的运动部件往往要求实现正、反两个方向的运动,如机床主轴的正转和反转,起重机吊钩的上升与下降,机床工作台的前进与后退,机械装置的夹紧与放松等。这些都要求拖动此类机械的电动机能实现正反转。在第 2 章中已经介绍了交流异步电动机的反转方法是将接至三相异步电动机的三相交流电源三根相线的任意两根对调,即可实现三相异步电动机的反转。

　　根据单向连续运行的控制原理可知,要使电动机双向旋转可用两个接触器来改变电动机电源的相序,显然这两个接触器不能同时得电动作,否则将造成电源两相间短路。常见的电动机正反转控制电路有以下几种。

1. 按钮互锁的正反转控制电路

按钮互锁的正反转控制电路原理图如图 5-28 所示。图中 SB_1 与 SB_2 分别为正、反转起动按钮,每个按钮的常闭触点都与另一个按钮的常开触点串联,这种接法称为按钮互锁(又称联锁)或称为机械互锁。每个按钮上起互锁作用的常闭触点称为"互锁触点",其两端的连接线称为"互锁线"。当按下任意一只按钮时,其常闭触点先分断,使相反转向的接触器断电释放,可防止两个接触器同时得电造成电源短路。

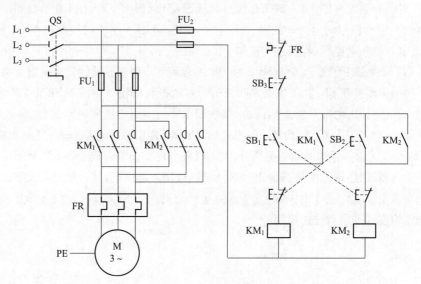

图 5-28　按钮互锁的正反转控制电路原理图

电路的工作原理:正向起动运行时,合上电源开关 QS,按下正转起动按钮 SB_1,其常闭触点先分断,使 KM_2 的线圈不得电,实现互锁作用;然后 SB_1 的常开触点闭合,KM_1 的线圈得电并自锁,KM_1 主触点闭合,电动机 M 得电正向起动运行。

当需要反向运行时,按下反转起动按钮 SB_2,其常闭触点先分断,使 KM_1 的线圈断电,解除自锁;KM_1 主触点断开,电动机断电。在 SB_3 常开触点闭合时,KM_2 的线圈得电并自锁,KM_2 主触点闭合,接到电动机的两根电源线对调,使电动机反向运行。

按钮互锁的正反转控制电路的优点是,电动机可以直接从一个转向过渡到另一个转向而不需要按停止按钮 SB_3,但存在的主要问题是容易产生短路事故。例如,电动机正转接触器 KM_1 主触点因弹簧老化或剩磁的原因而延迟释放时、因触点熔焊或者被卡住而不能释放时,如此时按下 SB_2,会造成 KM_1 因故不释放或释放缓慢而没有完全将其触点断开,KM_2 接触器的线圈又得电使其主触点闭合,电源会在主电路出现相间短路。所以按钮互锁的正反转控制电路虽然方便但不安全,这种电路的控制方式是"正转→反转→停止"。

2. 接触器互锁的正反转控制电路

将 KM_1、KM_2 正反转接触器的常闭辅助触点分别串联到对方线圈电路中,形成相互制约的控制,这两对起互锁作用的常闭触点称为互锁触点。由接触器或继电器常闭触点构成的互锁,称为电气互锁。接触器互锁的正反转控制电路,如图 5-29 所示。

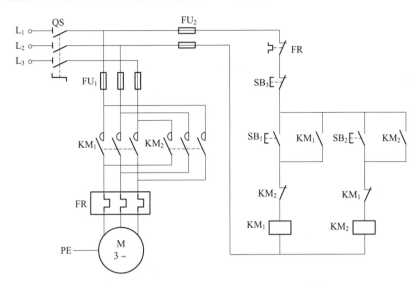

图 5-29　接触器互锁的正反转控制电路

在接触器互锁正反转控制电路中,按下正转起动按钮 SB_1,正转接触器 KM_1 的线圈得电,一方面 KM_1 主电路中的主触点和控制电路中的自锁触点闭合,使电动机连续正转;另一方面 KM_1 的常闭互锁触点断开,切断反转接触器 KM_2 的线圈支路,使得它无法得电,实现互锁。此时即使按下反转起动按钮 SB_2,反转接触器 KM_2 的线圈因 KM_1 互锁触点断开也不会得电。要实现反转控制,必须先按下停止按钮 SB_3,切断正转接触器 KM_1 的线圈支路,KM_1 主电路中的主触点和控制电路中的自锁触点恢复复断开,互锁触点恢复闭合,解除对 KM_2 的互锁,然后按下反转起动按钮 SB_2,才能使电动机反向起动运转。

同理可知,按下反转起动按钮 SB_2 时,反转接触器 KM_2 的线圈得电,一方面主电路中 KM_2 三对常开主触点闭合,控制电路中自锁触点闭合,实现反转;另一方面反转互锁触点断开,使正转接触器 KM_1 的线圈支路无法接通,进行互锁。

接触器互锁的正反转控制电路的优点是,可以避免由于误操作以及因接触器故障引起电源短路的事故发生,但存在的主要问题是,从一个转向过渡到另一个转向时要先按停止按钮 SB_3,不能直接过渡,显然这是十分不方便的。可见接触器互锁的正反转控制电路的特点是安全但不方便,运行状态转换必须是"正转→停止→反转"。

3. 双重互锁的正反转控制电路

采用按钮和接触器双重互锁的正反转控制电路如图 5-30 所示。这个控制电路克服了上述两种正反转控制电路的缺点。图中,SB_1 与 SB_2 是两个复合按钮,它们各具有一对常开触点和一对常闭触点,该电路具有按钮和接触器双重互锁作用。

电路的工作原理:合上电源开关 QS。正转时,按下正转起动按钮 SB_1,正转接触器 KM_1 的线圈得电,KM_1 主触点闭合,电动机得电正方向起动运行。与此同时,SB_1 的常闭触点和 KM_1 的常闭辅助触点都断开,双重保证反转接触器 KM_2 的线圈不会同时获电。

需要反转时,只要直接按下反转起动按钮 SB_2,其常闭触点先断开,使正转接触器 KM_1 的线圈断电,KM_1 的主触点、辅助触点复位,电动机停止正转。SB_2 常开触点闭合,使反转接触器 KM_2 的线

圈得电,KM$_2$主触点闭合,接到电动机的两根电源线对调,使电动机反转,串联在正转接触器 KM$_1$的线圈电路中的 KM$_2$常闭辅助触点断开,起到互锁作用。

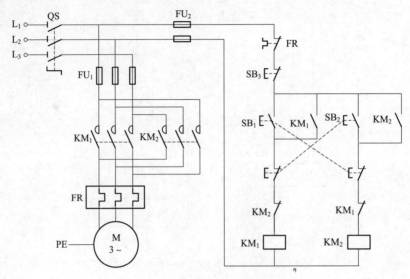

图 5-30　双重互锁的正反转控制电路

5.2.4　三相异步电动机多地控制电路

所谓多地控制,是指能够在两个及两个以上不同的地方对同一台电动机的工作进行控制。在一些大型机床设备中,为了工作人员操作方便,经常采用多地控制方式,在机床的不同位置各安装一套起动和停止按钮。如万能铣床控制主轴电动机起动、停止的两套按钮,分别装在床身上和升降台上,这些都是多地控制。

1. 单向连续运行两地控制电路

图 5-31 所示为接触器自锁的单向连续运行两地控制电路,图中 SB$_{11}$和 SB$_{12}$分别为安装在甲地的起动按钮和停止按钮;SB$_{21}$和 SB$_{22}$分别为安装在乙地的起动按钮和停止按钮。

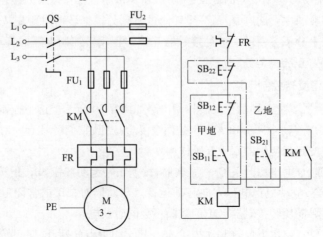

图 5-31　接触器自锁的单向连续运行两地控制电路

起动时,合上电源开关 QS,按下起动按钮 SB₁₁ 或 SB₂₁,接触器 KM 的线圈得电,主电路中 KM 的三对常开主触点闭合,三相异步电动机 M 得电起动运转,控制电路中 KM 的自锁触点闭合,实现自锁,保证电动机连续运转。

停止时,按下停止按钮 SB₁₂ 或 SB₂₂,接触器 KM 的线圈断电,主电路中 KM 的三对常开主触点恢复断开,三相异步电动机 M 断电停止,控制电路中 KM 自锁触点恢复断开,解除自锁。

2. 正反转两地控制电路

图 5-32 为接触器互锁的正反转两地控制电路。图中 KM₁ 为控制电动机正转接触器,KM₂ 为控制电动机反转接触器,SB₁₁、SB₁₂ 和 SB₁₃ 分别为安装在甲地的正转起动按钮、反转起动按钮和停止按钮;SB₂₁、SB₂₂ 和 SB₂₃ 分别为安装在乙地的正转起动按钮、反转起动按钮和停止按钮。

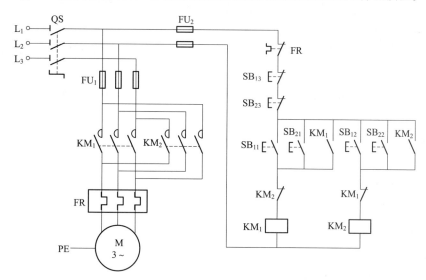

图 5-32　接触器互锁的正反转两地控制电路

起动时,合上电源开关 QS,按下正转起动按钮 SB₁₁(甲地)或 SB₂₁(乙地),正转接触器 KM₁ 的线圈得电,主电路中 KM 的三对常开主触点闭合,三相异步电动机得电正转,同时正转接触器 KM₁ 自锁触点闭合,实现正转自锁。此时按下停止按钮 SB₁₃(甲地)或 SB₂₃(乙地),正转接触器 KM₁ 的线圈断电,主电路 KM₁ 三对常开主触点复位,电动机断电停止,同时正转接触器 KM₁ 自锁触点也恢复断开,解除正转自锁。再按下反转起动按钮 SB₁₂(甲地)或 SB₂₂(乙地),反转接触器 KM₂ 的线圈得电,主电路中 KM₂ 三对常开主触点闭合,电动机改变相序实现反转,同时反转接触器 KM₂ 自锁触点闭合,实现反转自锁。

通过对以上多地控制电路工作原理的分析,不难看出,多地控制电路的接线原则是控制同一台电动机的几个起动按钮相互并联接在控制电路中,几个停止按钮相互串联接在控制电路中。

【技能训练】——三相异步电动机直接起动控制电路的安装与调试

1. 技能训练的内容

三相异步电动机单向点动、连续运行控制,正反转控制电路的安装与调试。

2. 技能训练的要求

(1)元器件安装工艺要求

①自动空气开关、熔断器的受电端子安装在网孔板的外侧,便于手动操作。

②各元器件间距合理,便于元器件的检修和更换。

③紧固各元器件时应用力均匀,紧固程度适当。可用手轻摇,以确保其稳固。

（2）布线工艺要求

①布线通道要尽可能减少。主电路、控制电路要分类清晰,同一类线路要单层密排,紧贴安装板面布线。

②同一平面内的导线要尽量避免交叉。当必须交叉时,布线线路要清晰,便于识别。布线应横平竖直,走线改变方向时,应垂直转向。

③布线一般按照先主电路,后控制电路的顺序。主电路和控制电路要尽量分开。

④导线与接线端子或接线柱连接时,应不压绝缘层、不反圈及不露铜过长,并做到同一电气元件、同一回路的不同接点的导线间距离保持一致。

⑤一个电气元件接线端子上的连接导线不得超过两根。每节接线端子板上的连接导线一般只允许连接一根。

⑥布线时,严禁损伤线芯和导线绝缘,不在控制板(网孔板)上的电气元件,要从端子排上引出。布线时,要确保连接牢靠,用手轻拉不会脱落或断开。

3. 设备器材

工具:测电笔、螺丝刀、尖嘴钳、斜口钳、剥线钳、电工刀等常用电工工具,1套。

仪器:兆欧表、钳形电流表、万用表等各1块。

器材:控制板(网孔板),1块;三相笼型异步电动机,1台;自动空气开关,1个;熔断器,5个;热继电器,1个;交流接触器,2个;复式按钮,3个;端子排、塑铜线、紧固体及编码套管,若干。

4. 技能训练的步骤

基本操作步骤:选用电气元件及导线→电气元件检查→固定安装电气元件→布线→安装电动机并接线→连接电源→自检→交验→通电试车。

①电气元件检查:

a. 电气元件的技术数据(如型号、规格、额定电压、额定电流等)应完整并符合要求,外观无损伤,备件、附件齐全完好。

b. 检查电气元件的电磁机构动作是否灵活,有无衔铁卡阻等不正常现象。用万用表检查电磁线圈的通断情况以及各触点的分、合情况。

c. 检查接触器线圈额定电压与电源电压是否一致。

d. 对电动机的质量进行常规检查。

②布置和固定电气元件。根据点动、连续运行、接触器互锁的正反转控制电路的电气原理图,画出各自的电气元件布置图并固定元器件,并贴上醒目的文字符号。

③画出三相异步电动机的点动、连续运行、接触器互锁的正反转控制电路的电气安装接线图。

④分别连接三相异步电动机的点动、连续运行、接触器互锁的正反转控制电路。安装时,先连接主电路,再连接控制电路。板前明线布线的工艺要求如上所述。

⑤根据电气原理图及安装接线图,检查布线的正确性。

⑥安装电动机,可靠连接电动机和各电气元件金属外壳的保护接地线。

⑦连接电源、电动机等控制板(网孔板)外部的导线。

⑧自检。安装完毕的控制电路,必须经过认真检查后,才允许通电试车,以防止接错、漏接造成不能正常运转和短路事故。

　　a. 按电路图或接线图从电源端开始,逐段核对连线是否正确,连接点是否符合要求。

　　b. 用万用表进行检查时,应选用电阻挡的适当倍率,并进行校零,以防错漏短路故障。检查控制电路时,可将表笔分别搭在连接控制电路的两根电源线的接线端上,读数应为"∞",按下起动按钮 SB 时,读数应为接触器线圈的直流电阻阻值。

　　c. 检查主电路时,可以用手动来代替接触器受电线圈励磁吸合时的情况。

　　d. 用兆欧表检查电路的绝缘电阻,应不得小于 1 MΩ。

⑨交验。检查无误后可通电试车,试车前应检查与通电试车有关的电气设备是否有不安全的因素存在,若有应立即整改,然后方能试车。在试车时,要认真执行安全操作规程的有关规定,一人监护,一人操作。

⑩通电试车前,必须经过指导教师的许可。接通三相电源 L_1、L_2、L_3,指导教师在现场监护。

　　a. 合上电源开关 QS 后,用验电笔检查熔断器出线端,氖管亮说明电源接通。按下起动按钮,观察接触器情况是否正常,是否符合功能要求,观察元器件动作是否灵活,有无卡阻及噪声过大等现象,观察电动机运行是否正常。观察中若有异常现象应立即停车。当电动机运转平稳后,用钳形电流表测量三相电流是否平衡。

　　b. 试车成功率以第一次按下按钮时计算。

　　c. 出现故障后,应进行检查。若需带电检查时,指导教师必须在现场进行监护。检修完毕后,若需再次通车,也应有指导教师在现场进行监护,并做好事故记录。

　　d. 通电试车完毕,停转,切断电源。先拆除三相电源线,再拆除电动机的接线。

5. 注意事项

①电动机等设备的金属外壳必须可靠接地。

②接至电动机的导线必须牢固,同时要有良好的绝缘性能。

③故障检测训练前要熟练掌握电路图中各个环节的作用。

【思考题】

①什么是电气控制原理图?绘制电气控制原理图的原则有哪些?如何识读电气控制原理图?

②什么是三相异步电动机的点动控制?什么是连续控制?各有什么特点?

③什么是"自锁"?自锁线路由什么部件组成?如何连接?如果用接触器的常闭触点作为自锁触点,将会出现什么现象?

④什么是"互锁"?电气控制电路中有哪几种互锁?各是由什么实现的?

⑤在具有双重互锁的三相异步电动机正反转控制电路中,已采用了控制按钮的机械互锁,为什么还要采用接触器的电气互锁?

⑥为什么说接触器自锁控制电路具有欠电压和失电压保护作用?

⑦多地控制电路的接线原则是什么?

5.3　限位控制和自动往复循环控制电路

在生产过程中,一些生产机械运动部件的行程和位置要受到限制,或者需要在一定范围内自动往返循环,以便实现对工件的连续加工。例如,在应用平面磨床加工时,工件被固定在工作台上,由工作台带动做往复运动,工作台的往复运动通常由电动机来拖动。通过工作台的往复运动和刀具的进给运动便可完成对工件的加工,而工作台的往复运动是通过电动机的正反转来实现的。在限位控制和自动往复循环控制电路中都要用到行程开关。本节介绍限位控制和自动往复循环控制电路。

5.3.1 限位控制电路

限位控制(又称行程控制或位置控制)就是利用生产机械运动部件上的挡铁与行程开关碰撞,使其触点动作,来接通或断开电路,以实现对生产机械运动部件的位置或行程的自动控制。限位控制电路如图5-33所示。

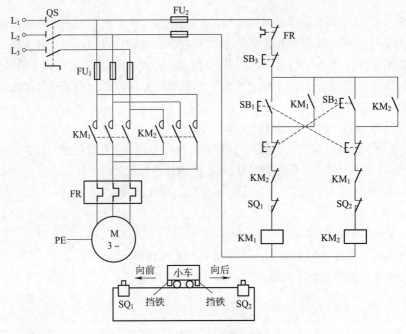

图 5-33 限位控制电路

小车在规定的轨道上运行时,可用行程开关实现行程控制和限位保护,控制小车在规定的范围内运行。小车在轨道上的向前、向后运动是利用电动机的正反转实现的。若要实现限位,应在小车行程的两个终端位置各安装一个限位开关,将限位开关的触点接于电路中,当小车碰撞限位开关后,使拖动小车的电动机停转,就可达到限位保护的目的。

电路的工作原理:合上电源开关 QS,按下按钮 SB₁ 后,KM₁ 的线圈得电并自锁,其互锁触点(常闭辅助触点)断开,使 KM₂ 的线圈不能得电,实现互锁作用,同时 KM₁ 的主触点吸合,电动机得电正转,拖动小车向前运动。运动一段距离后,小车下面的挡铁碰撞行程开关 SQ₁,SQ₁ 的常闭触点断开,使 KM₁ 的线圈失电,KM₁ 的主触点断开,电动机断电停转,同时 KM₁ 的自锁触点(常开辅助触点)断开,KM₁ 的互锁触点闭合。小车向后运动情况类似,不再叙述,读者可自行分析。

5.3.2 自动往复循环控制电路

有的生产机械的运动部件往往要求在规定的区域内实现正、反两个方向的自动往复循环运动。例如,生产车间的行车运行到终点位置时需要及时停车,并能按控制要求回到起点位置,即要求工作台在一定距离内能做自动往复循环运动。这种要求的行程控制,称为自动往复循环控制,如图 5-34 所示。

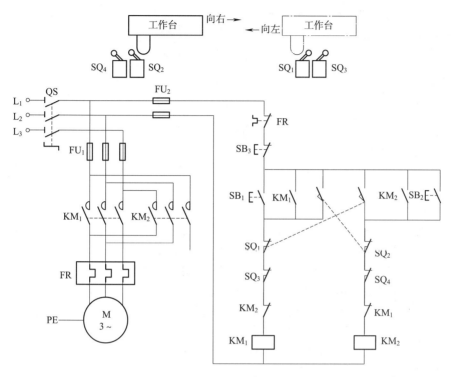

图 5-34 自动往复循环控制电路

电路的工作原理:合上电源开关 QS,按下 SB$_1$,KM$_1$ 的线圈得电,其自锁触点闭合,实现自锁;互锁触点断开,实现对 KM$_2$ 的互锁,使 KM$_2$ 的线圈不能得电;主电路中 KM$_1$ 的主触点闭合,电动机得电正转,拖动工作台向右运动。到达右边终点位置后,安装在工作台下边限定位置的撞块碰撞 SQ$_1$,其常闭触点先断开,切断 KM$_1$ 的线圈支路,KM$_1$ 的线圈断电,KM$_1$ 的主触点分断,电动机断电停止,工作台停止向右运动,KM$_1$ 的自锁触点分断,解除自锁,KM$_1$ 的互锁触点恢复闭合,解除对接触器 KM$_2$ 的互锁。SQ$_1$ 的常开触点后闭合,接通 KM$_2$ 的线圈支路,KM$_2$ 的线圈得电,KM$_2$ 的自锁触点闭合,实现自锁,KM$_2$ 的互锁触点断开,实现对接触器 KM$_1$ 的互锁,KM$_2$ 的主触点闭合,换接电动机的电源两根相线,改变相序反转,拖动工作台向左运动。到达左边终点位置后,安装在工作台的撞块碰撞行程开关 SQ$_2$,其常闭触点、常开触点按先后顺序动作。后续动作过程请读者自行分析。

以后重复上述过程,工作台在 SQ$_1$ 和 SQ$_2$ 之间周而复始地做往复循环运动,直到按下停止按钮 SB$_1$ 为止。整个控制电路失电,KM$_1$(或 KM$_2$)的主触点分断,电动机断电停转,工作台停止运动。

从以上分析可以看出,行程开关在电气控制电路中,若起行程限位控制作用时,总是用其常闭触点串联于被控制的接触器的线圈电路中;若起自动往返控制作用时,总是以复合触点形式接于电路中,其常闭触点串联于将被切除的电路中,其常开触点并联于待起动的换向按钮两端。

【技能训练】——自动往复循环控制电路的安装与调试

1. 技能训练的内容

自动往复循环控制电路的安装与调试

2. 技能训练的要求

元器件安装工艺要求及布线工艺要求见5.2节中技能训练的相关内容。

3. 设备器材

工具:测电笔、螺丝刀、尖嘴钳、斜口钳、剥线钳、电工刀等常用电工工具,1套。

仪器:兆欧表、钳形电流表、万用表等,各1块。

器材:控制板(网孔板),1块;三相笼型异步电动机,1台;自动空气开关,1个;熔断器,5个;热继电器,1个;交流接触器,2个;复式按钮,3个;行程开关,4个;端子排、塑铜线、紧固体及编码套管,若干。

4. 技能训练的步骤

①电气元件检查。按图5-34所示控制电路,配齐所有电气元件,并进行校验。重点检查各元器件的动作情况,注意检查行程开关的滚轮、传动部件和触点是否完好,滚轮转动是否正常,检查、调整小车上的挡铁与行程开关滚轮的相对位置,保证控制动作准确可靠。

②根据图5-34所示的电气原理图,画出电气元件布置图,并固定元器件。

③画出图5-34所示控制电路的电气安装接线图,然后进行控制板(网孔板)配线。配线时特别注意区别行程开关的常开、常闭触点端子,防止接错。

④安装电动机。可靠连接电动机和各电气元件金属外壳的保护接地线。

⑤连接电源、电动机、行程开关等控制板(网孔板)外部的导线。

⑥自检。安装完毕的控制电路板,必须经过认真检查后,才允许通电试车,以防止错接、漏接造成不能正常运转和短路事故。自检的主要内容见5.2节中技能训练的相关内容。

⑦通电试车前,必须经过指导教师的许可,接通三相电源L_1、L_2、L_3,指导教师在现场监护。

⑧通电试车的步骤及注意事项见5.2节中技能训练的相关内容。

5. 注意事项

①电动机等设备的金属外壳必须可靠接地。

②接至电动机的导线必须牢固,同时要有良好的绝缘性能。

③故障检测训练前要熟练掌握电路图中各个环节的作用。

【思考题】

①在图5-34中的控制电路中,为何设置两个起动按钮SB_1、SB_2?

②在自动往复循环控制电路中,行程开关的作用和接线特点是什么?

③自动往复循环控制电路,在试车过程中发现行程开关不起作用,若行程开关本身无故障,则故障的原因是什么?

5.4 三相异步电动机顺序控制电路

在装有多台电动机的生产机械上,由于各电动机所起的作用不同,根据实际需要,有时需按一定的先后顺序起动或停止,才能符合生产工艺规程的要求,保证操作过程的合理和工作的安全可靠,如自动加工设备必须在前一工步完成,转换控制条件具备时,方可进入新的工步。像这种要求几台电动机的起动或停止必须按一定的先后顺序来完成的控制方式,称为电动机的顺序控制。顺序控制的具体要求可以各不相同,但实现的方法有两种:一种是通过主电路来实现顺序控制,另一种是通过控制电路来实现顺序控制。本节以两台三相异步电动机的顺序控制为例介绍顺序控制电路。

5.4.1　主电路实现顺序控制的控制电路

图 5-35 所示为用插接器主电路实现两台电动机顺序控制的电路,此控制电路的特点是:电动机 M_2 是通过接插器 X 和热继电器 FR_2 的热元件,接在接触器 KM 的主触点下的,因此,只有当 KM 的主触点闭合,电动机 M_1 起动运转后,M_2 才有可能接通电源运转。

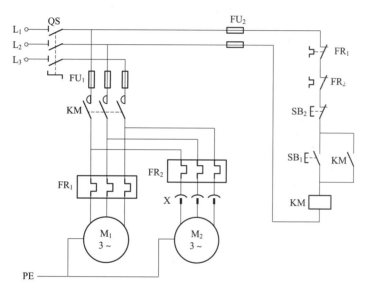

图 5-35　用插接器主电路实现两台电动机顺序控制的电路

其控制过程为:合上电源开关 QS,按下起动按钮 SB_1,KM 的线圈得电,其主触点闭合,电动机 M_1 得电起动运转,KM 的自锁触点闭合,实现自锁。M_1 起动运转后,M_2 可随时通过接插器 X 与电源相连或断开,使 M_2 起动运转或停止。按下 SB_2 时,KM 的线圈断电,其主触点分断,使 M_1、M_2 均断电而停止。同时 KM 的自锁触点分断,解除自锁。

由以上分析可知,图 5-35 所示的控制电路实现了 M_1 先起动,M_2 后起动;M_1 运行时,M_2 可以单独停止;M_1 停止时,M_2 也停止的顺序控制功能。

图 5-36 为用接触器通过主电路实现两台电动机顺序控制的电路。此电路的特点是:电动机 M_1 和 M_2 分别通过接触器 KM_1、KM_2 来控制,KM_2 的主触点接在 KM_1 主触点的下方,这样也保证了当 KM_1 主触点闭合、电动机 M_1 起动运转后,M_2 才有可能接通电源运转。

其控制过程为:合上电源开关 QS,按下起动按钮 SB_1,KM_1 的线圈得电,其主触点闭合,电动机 M_1 得电起动运转,KM_1 的自锁触点闭合,实现自锁。再按下 SB_2,KM_2 的线圈得电,其主触点闭合,M_2 得电起动运转,KM_2 的自锁触点闭合,实现自锁。停止时,按下 SB_3,KM_1 和 KM_2 的线圈均断电,它们的主触点均分断,M_1、M_2 同时断电停止运转,KM_1 和 KM_2 的自锁触点均断开,解除各自的自锁。所以,图 5-36 所示的控制电路实现了 M_1 先起动,M_2 后起动;M_1、M_2 同时停止的顺序控制功能。

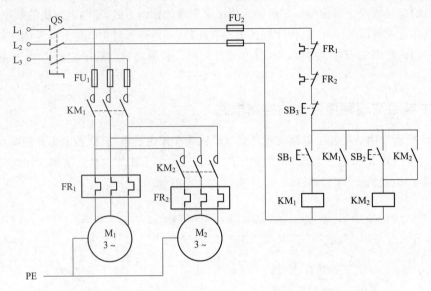

图 5-36　接触器通过主电路实现两台电动机顺序控制的电路

5. 4. 2　控制电路实现顺序控制的控制电路

图 5-37 ~ 图 5-41 为几种常见的通过控制电路来实现两台电动机 M_1、M_2 顺序控制的电路(图 5-38 ~ 图 5-41 各图的主电路与图 5-37 的主电路相同)。该电路的特点是:电动机 M_1、M_2 的主电路并接在熔断器 FU_1 的下方。

①图 5-37 为实现 M_1 先起动,M_2 后起动;M_1 停止时,M_2 也停止;M_1 运行时,M_2 可以单独停止的控制电路。

图 5-37 所示的控制电路是将控制电动机 M_1 的接触器 KM_1 的常开辅助触点串入控制电动机 M_2 的接触器 KM_2 的线圈回路中。这样就保证了在起动时,只有在电动机 M_1 起动后,即 KM_1 得电,其常开辅助触点 KM_{1-2} 闭合,按下 SB_4 才能使 KM_2 的线圈得电,KM_2 的主触点闭合才能起动电电动机 M_2。实现了电动机 M_1 起动后,M_2 才能起动的功能。

在停止时,按下 SB_1,接触器 KM_1 的线圈断电,其主触点断开,电动机 M_1 断电停止,同时 KM_1 的常开辅助触点 KM_{1-1} 断开,解除自锁回路;KM_1 的常开辅助触点 KM_{1-2} 断开,使 KM_2 的线圈断电释放,其主触点断开,电动机 M_2 断电。实现了当电动机 M_1 停止时,电动机 M_2 立即停止。当电动机 M_1 运行时,按下控制电动机 M_2 停止的按钮 SB_3,电动机 M_2 停止,所以 M_2 可以单独停止。

所以,图 5-37 所示的控制电路实现了 M_1 先起动,M_2 后起动;M_1 停止时,M_2 也停止;M_1 运行时,M_2 可以单独停止的功能。

②图 5-38 为实现 M_1 先起动,M_2 后起动;M_1 和 M_2 同时停止的控制电路。

图 5-38 实现的顺序起动,同样是通过将接触器 KM_1 的常开辅助触点串入 KM_2 的线圈回路实现的。按下停止按钮 SB_1,两台电动机 M_1 和 M_2 同时停止。若一台电动机发生过载时,则两台电动机同时停止。

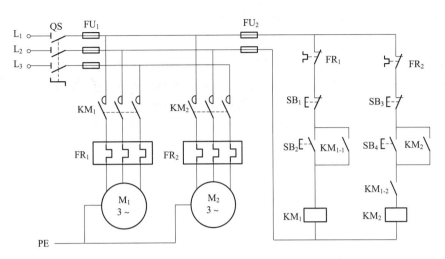

图 5-37　两台电动机控制电路实现顺序控制的电路(1)

③图 5-39 为实现 M_1 先起动, M_2 后起动; M_1 和 M_2 都可以单独停止的控制电路。

图 5-39 实现的顺序起动,也是通过将接触器 KM_1 的常开辅助触点 KM_{1-2} 串入 KM_2 的线圈回路实现的。 M_1 和 M_2 都可以单独停止,需要两个停止按钮分别控制两台电动机的停止,但是 KM_2 自锁回路应将 KM_1 的常开辅助触点 KM_{1-2} 与 SB_4 串联后再与联 KM_{2-1} 并联,这样当 KM_2 的线圈得电后,其常开辅助触点 KM_{2-1} 闭合, KM_1 的常开辅助触点 KM_{1-2} 则失去了作用。 SB_1 和 SB_3 可以单独使电动机 M_1 和 M_2 停止。

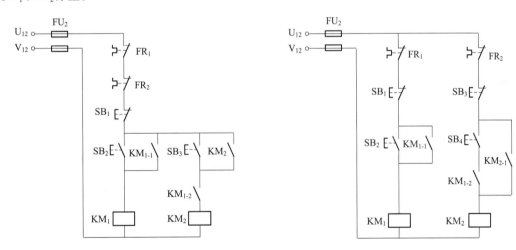

图 5-38　控制电路实现顺序控制的电路(2)　　　图 5-39　控制电路实现顺序控制的电路(3)

④图 5-40 实现为 M_1 先起动, M_2 后起动; M_2 停止后, M_1 才能停止;过载时两台电动机同时停止的控制电路。

图 5-40 所示的控制电路,在控制 M_1 停止的按钮 SB_1 两端并联 KM_2 的常开辅助触点 KM_{2-2} ,只有 KM_2 的线圈断电(即电动机 M_2 停止后),其常开辅助触点 KM_{2-2} 才断开,控制 M_1 停止的按钮 SB_1 才起作用,此时按下 SB_1 ,电动机 M_1 才能停止。这个控制电路的特点是:电动机顺序起动,而逆序停止,当发生过载时,两台电动机同时停止。

⑤图 5-41 为按时间控制电动机顺序起动的控制电路。

当按时间控制时,需要用时间继电器实现延时。图 5-41 所示的控制电路,时间继电器的延时时间设置为 5 s。按下控制 M_1 起动的按钮 SB_2,KM_1 的线圈得电并自锁,其主触点闭合,M_1 得电起动,同时时间继电器 KT 的线圈得电,开始延时。经过 5 s 的延时后,时间继电器的延时闭合的常开触点闭合,接触器 KM_2 的线圈得电,其主触点闭合,M_2 得电起动,KM_2 的常开辅助触点 KM_{2-2} 闭合自锁,同时其常闭辅助触点 KM_{2-1} 断开,KT 的线圈断电,KT 不再工作。读者可自行分析停止时的控制过程。

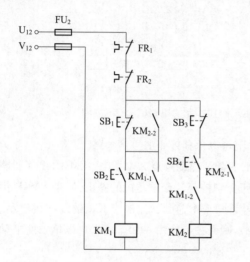

图 5-40　控制电路实现顺序控制的电路(4)

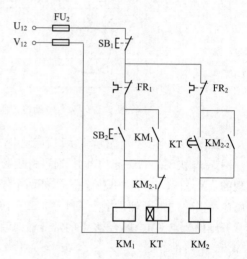

图 5-41　控制电路实现顺序控制的电路(5)

【技能训练】——三相异步电动机顺序控制电路的安装与调试

1. 技能训练的内容

三相异步电动机顺序控制控制电路的安装与调试

2. 技能训练的要求

元器件安装工艺要求及布线工艺要求见 5.2 节中技能训练的相关内容。

3. 设备器材

工具:测电笔、螺丝刀、尖嘴钳、斜口钳、剥线钳、电工刀等常用电工工具,1 套。

仪器:兆欧表、钳形电流表、万用表等,各 1 块。

器材:控制板(网孔板),1 块;三相笼型异步电动机,1 台;自动空气开关,1 个;熔断器,5 个;热继电器,2 个;交流接触器,2 个;复式按钮,4 个;端子排、塑铜线、紧固体及编码套管,若干。

4. 技能训练的步骤

①电气元件检查。配齐所有电气元件,并进行校验。

②根据图 5-37,画出电气元件布置图并固定元器件。

③根据图 5-37,画出电气安装接线图。然后进行控制板(网孔板)配线,配线时特别注意区别多个复合按钮开关的常开、常闭触点端子,防止接错。

④安装电动机。可靠连接电动机和各电气元件金属外壳的保护接地线。

⑤连接电源、电动机等控制板（网孔板）外部的导线。

⑥自检。安装完毕的控制电路板，必须经过认真检查后才允许通电试车，以防止错接、漏接造成不能正常运转和短路事故。自检的主要内容见 5.2 节中技能训练的相关内容。

⑦交验。检查无误后可通电试车。试车前应检查与通电试车有关的电气设备是否有不安全的因素存在。若检查出不安全因素，应立即整改，然后方能试车。试车时，要认真执行安全操作规程的有关规定，一人监护，一人操作。

⑧通电试车前，必须经过指导教师的许可。接通三相电源 L_1、L_2、L_3，指导教师在现场监护。通电试车的步骤及注意事项见 5.2 节中技能训练的相关内容。

5. 注意事项

①电动机等设备的金属外壳必须可靠接地。

②接至电动机的导线必须牢固，同时要有良好的绝缘性能。

③故障检测训练前要熟练掌握电路图中各个环节的作用。

【思考题】

①什么是顺序控制？实现顺序控制的方法有哪些？

②列举两台电动机顺序控制的实际应用的例子。

5.5　三相异步电动机降压起动控制电路

前面介绍的控制电路都是针对三相异步电动机直接起动进行控制的。由第 2 章介绍的知识可知，较大功率的三相笼型异步电动机不能直接起动，必须采用降压起动方式。本节介绍三相异步电动机的降压起动控制电路。

5.5.1　三相异步电动机定子串电阻降压起动控制电路

1. 用按钮控制的定子串电阻降压起动控制电路

定子串电阻降压起动控制是指起动时，通过定子回路串入的电阻来降低加在电动机定子绕组上的电压，待起动结束时，再将电阻短接，使定子绕组上的电压恢复至额定值，使其在额定电压下正常运行。定子串入电阻可降低起动电压，从而减小起动电流。但电动机的电磁转矩与定子端电压的二次方成正比，所以电动机的起动转矩相应减小，故降压起动适用于空载或轻载场合。

用按钮控制的定子串电阻降压起动控制电路，如图 5-42 所示。电路的工作原理：合上电源开关 QS，按下起动按钮 SB_2，接触器 KM_1 的线圈得电吸合，其常开主触点和并联在 SB_2 两端的自锁触点同时闭合，电动机 M 经三相电阻 R_{st} 接通三相交流电源得电起动。当电动机的转速升至接近额定转速时，再按下全压运行切换按钮 SB_3，KM_2 的线圈得电，其常闭辅助触点 KM_{2-1} 断开，KM_1 的线圈断电，KM_1 的触点复位；KM_2 常开主触点及常开辅助触点 KM_{2-2} 同时闭合，三相电阻 R_{st} 及 KM_1 主触点被短接，电动机在额定电压下运行。

停止时，按下停止按钮 SB_1，KM_2 的线圈断电，KM_2 的常开主触点、常开辅助触点 KM_{2-2} 均断开，切断电动机主电路和控制电路，电动机停止转动，同时 KM_2 的常闭辅助触点 KM_{2-1} 恢复闭合。

该电路从起动到全压运行都得由工作人员操作，很不方便，且若由于某种原因导致 KM_2 不能动作时,电阻不能被短接,电动机将长期在低电压下运行,严重时将烧毁电动机。

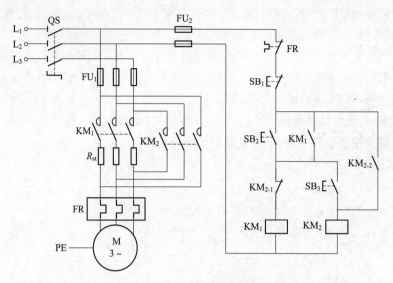

图 5-42　用按钮控制的定子串电阻降压起动控制电路

2. 用时间继电器控制的定子串电阻降压起动控制电路

用时间继电器控制的定子串电阻降压起动控制电路,如图 5-43 所示。电路的工作原理:电动机起动时,合上电源开关 QS,按下 SB_2,接触器 KM_1 的线圈得电,其主触点闭合,电动机经三相电阻 R_{st} 接通三相交流电源,得电起动;其常开辅助触点 KM_{1-1} 闭合,实现自锁;常开辅助触点 KM_{1-2} 闭合,使时间继电器 KT 的线圈得电,开始延时。当 KT 的延时时间到,其延时闭合的常开触点闭合,使接触器 KM_2 的线圈得电,其主触点闭合,三相电阻 R_{st} 及 KM_1 主触点被短接,电动机在额定电压运行;同时 KM_2 的常闭辅助触点 KM_{2-1} 断开,使 KM_1 和 KT 的线圈断电,它们的所有触点复位;KM_2 的常开辅助触点 KM_{2-2} 闭合,对 KM_2 实现自锁。

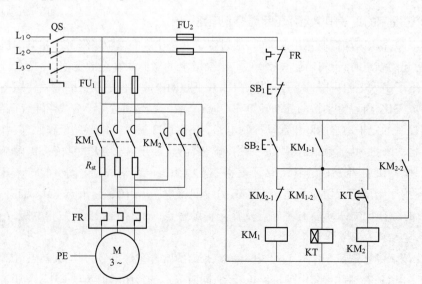

图 5-43　用时间继电器控制的定子串电阻降压起动控制电路

停止时,按下 SB_1,使 KM_2 的线圈断电,其常开主触点均断开,电动机断电,停止运行;其辅助触点均恢复到常态。

该电路在电动机运行时,只保留 KM_2 有电,增强了电路的可靠性,减少了能量损耗。电路从串电阻降压起动到全压运行是由时间继电器自动切换的,且延时时间可调,延时时间根据电动机起动时间的长短进行调整。

5.5.2　三相异步电动机星形–三角形换接降压起动控制电路

1. 用按钮控制的星形–三角形换接降压起动控制电路

用按钮控制的星形–三角形换接降压起动控制电路,如图 5-44 所示。电路的工作原理:起动时,合上电源开关 QS,按下 SB_2,接触器 KM_1、KM_3 的线圈同时得电,KM_1 的常开辅助触点闭合,实现自锁;KM_1 的主触点闭合,接通三相交流电源;KM_3 的主触点闭合,将电动机三相定子绕组尾端短接,电动机在星形接法下起动;KM_3 的常闭辅助触点断开,对 KM_2 实现互锁,使 KM_2 的线圈不能得电。当电动机转速上升至一定值时,按下 SB_3,SB_3 的常闭触点先断开,使 KM_3 的线圈断电,KM_3 的主触点断开,解除电动机定子绕组的星形连接;KM_3 的常闭辅助触点恢复闭合,为 KM_2 的线圈得电做好准备,SB_3 的常开触点闭合后,KM_2 的线圈得电,其常开辅助触点 KM_{2-2} 闭合,实现自锁;KM_2 的主触点闭合,电动机定子绕组首尾顺次连接成三角形,在全压下运行;KM_2 的常闭辅助触点 KM_{2-1} 断开,使 KM_3 的线圈不能得电,实现互锁。

停止时,按下 SB_1,接触器 KM_1 和 KM_2 的线圈均断电,KM_1 的所有触点均恢复常态,电动机断电停止转动。接触器 KM_2 的所有触点均恢复常态,解除电动机定子绕组的三角形接法,为下次星形降压起动做准备。

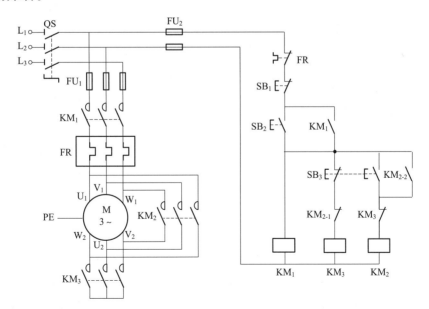

图 5-44　用按钮控制的星形–三角形换接降压起动控制电路

2. 用时间继电器控制的星形–三角形换接降压起动控制电路

用时间继电器控制的星形–三角形换接降压起动控制电路,如图 5-45 所示。

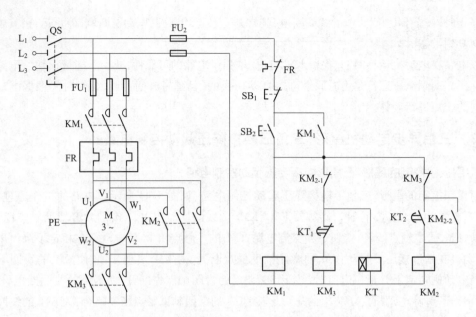

图 5-45　用时间继电器控制的星形-三角形换接降压起动控制电路

电路的工作原理:电动机起动时,合上电源开关 QS,按下 SB₂,KM₁、KM₃、KT 的线圈同时得电, KM₁ 主触点闭合接通三相交流电源,常开辅助触点闭合,实现自锁,KM₁、KM₃ 的主触点闭合将电动机三相定子绕组尾端短接,电动机在星形接法下起动;KM₃ 的常闭辅助触点断开,使 KM₂ 的线圈不能得电,实现互锁;KT 的线圈得电,开始延时。当 KT 的延时时间到,其延时断开的常闭触点 KT₁断开,KM₃ 的线圈断电,其主触点恢复断开,电动机断开星形接法;KM₃ 的常闭辅助触点恢复闭合,当 KT 延时闭合的常开触点 KT₂闭合时,KM₂ 的线圈得电,其主触点闭合,将电动机三相定子绕组首尾顺次连接成三角形,电动机接成三角形全压运行。同时 KM₂ 的常闭辅助触点 KM₂₋₁ 断开,使 KM₃和 KT 的线圈都断电;KM₂ 的常开辅助触点闭合,实现自锁。

停止时,按下 SB₁,使 KM₁、KM₂ 的线圈均断电。KM₁ 的线圈断电,其主触点断开,切断电动机的三相交流电源,电动机断电停转;KM₁ 的自锁触点恢复断开,解除自锁;KM₂ 的线圈断电,其主触点断开,解除电动机三相定子绕组的三角形接法,为电动机下次星形起动做准备;KM₂ 自锁触点恢复断开,解除自锁,KM₂ 常闭辅助触点恢复闭合,为下次星形起动时 KM₃、KT 的线圈得电做准备。

此电路中时间继电器的延时时间可根据电动机起动时间的长短进行调整,解决了切换时间不易把握的问题,且此降压起动控制电路投资少,接线简单。但由于起动时间的长短与负载大小有关,负载越大,起动时间越长。

5.5.3　三相异步电动机定子串自耦变压器降压起动控制电路

三相异步电动机定子串自耦变压器降压起动控制电路,如图 5-46 所示。

电路的工作原理:起动时,合上电源开关 QS,按下 SB₂,KM₁ 的线圈得电并自锁(因 KM₁₋₂闭合),其主触点吸合,将三相自耦变压器三相绕组接成星形;KM₁ 的常闭辅助触点 KM₁₋₁ 断开,互锁,保证 KM₃ 的线圈不能得电;KM₁ 的常开辅助触点 KM₁₋₃ 闭合,使 KT、KM₂ 的线圈同时得电,KM₂ 的主触点吸合,将电源电压加到自耦变压器的一次绕组,二次绕组的输出电压加到电动机定子绕组的首端,电动机经自耦变压器降压起动。KT 得电时开始延时,当 KT 的延时时间到,KT 延时闭合的常开触点闭合,KA 的线圈得电并自锁,KA 常闭触点 KA₁ 断开,使 KM₁ 的线圈断电,其主触点恢复断开,解除自耦变压器的星形连接;KM₁ 的常开辅助触点 KM₁₋₃ 恢复断开,使 KM₂、KT 同时断电;KM₁ 的常闭辅助触点 KM₁₋₁ 恢复闭合、KA 的常开触点 KA₃ 闭合使 KM₃ 的线圈得电,KM₃ 主触点吸合,电动机全压运行。

　　停止时,按下 SB₁,KM₃ 的线圈断电,其主触点断开,电动机断电,停止。

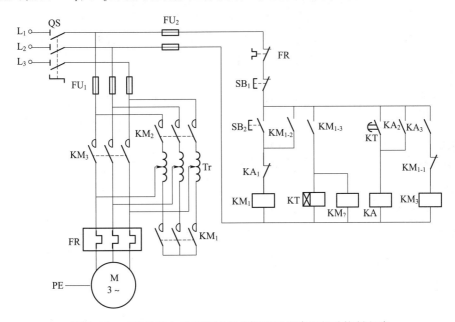

图 5-46　三相异步电动机定子串自耦变压器降压起动控制电路

【技能训练】——三相异步电动机星形–三角形换接降压起动控制电路的安装与调试

1. 技能训练的内容

三相异步电动机星形–三角形换接降压起动控制电路的安装与调试

2. 技能训练的要求

元器件安装工艺要求及布线工艺要求见 5.2 节中技能训练的相关内容。

3. 设备器材

工具:测电笔、螺丝刀、尖嘴钳、斜口钳、剥线钳、电工刀等常用电工工具,1 套。

仪器:兆欧表、钳形电流表、万用表等,各 1 块。

器材:控制板(网孔板),1 块;三相笼型异步电动机(三角形接法的),1 台;自动空气开关,1 个;熔断器,5 个;热继电器,1 个;交流接触器,3 个;复式按钮,2 个;时间继电器,1 个;端子排、塑铜线、紧固体及编码套管,若干。

4. 技能训练的步骤

①电气元件检查。配齐所有电气元件,并进行校验。

②根据图 5-45,画出电气元件布置图并固定元器件。

③根据图 5-45,画出电气安装接线图。根据电气原理图自行画出三相异步电动机星形-三角

形换接降压起动控制电路的安装接线图,然后进行控制板(网孔板)配线。

④安装电动机。可靠连接电动机和各电气元件金属外壳的保护接地线。

⑤连接电源、电动机等控制板(网孔板)外部的导线。

⑥时间继电器的调整。应在不通电时预先整定好,并在试车时校正。

⑦自检。安装完毕的控制电路板,必须经过认真检查后才允许通电试车,以防止错接、漏接造成不能正常运转和短路事故。自检的主要内容见5.2节中技能训练的相关内容。

⑧交验。检查无误后可通电试车。试车前应检查与通电试车有关的电气设备是否有不安全的因素存在。若检查出不安全因素,应立即整改,然后方能试车。试车时,要认真执行安全操作规程的有关规定,一人监护,一人操作。

⑨通电试车前,必须经过指导教师的许可。接通三相电源 L_1、L_2、L_3,指导教师在现场监护。学生应根据电气原理图的控制要求独立进行校验,若出现故障也应自行排除。通电试车的步骤及注意事项见5.2节中技能训练的相关内容。

⑩安装训练应在规定定额时间内完成。时时要做到文明操作和安全生产。

5. 注意事项

①电动机等设备的金属外壳必须可靠接地。

②接至电动机的导线必须牢固,同时要有良好的绝缘性能。

③故障检测训练前要熟练掌握电路图中各个环节的作用。

【思考题】

①图 5-42 中的接触器 KM_2 的常开辅助触点能否并联接在按钮 SB_3 的两端? 为什么?

②图 5-43 中的接触器 KM_2 的常开辅助触点 KM_{2-2} 能否并联接在时间继电器 KT 延时闭合的常开触点两端? 为什么? 并联在按钮 SB_2 两端的接触器 KM_1 的常开辅助触点 KM_{1-1} 能否用时间继电器 KT 的瞬动触点代替? 为什么?

③图 5-44 中的 SB_3 为什么用复合按钮? 能否用一个常闭和一个常开按钮分别代替 SB_3 的常闭触点和常开触点? 为什么?

④图 5-45 所示的电路中,有没有互锁作用? 怎么起动互锁作用?

⑤图 5-46 所示的电路中,中间继电器 KA 能否用接触器 KM 代替? 什么情况下用中间继电器比较合适?

5.6　三相异步电动机调速控制电路

在本书的2.3中,已经介绍了三相异步电动机的变极调速原理及双速异步电动机定子绕组的连接方式。本节介绍三相双速异步电动机的变极调速控制电路。

5.6.1　按钮控制的双速异步电动机控制电路

由2.3节中的变极调速知识可知,由于双速异步电动机的首尾端在主电路中换了相,若是首尾端同时通电,会造成两相短路事故,所以在低速和高速控制电路中应设置相应的互锁电路。图 5-47 所示为按钮控制的双速异步电动机控制电路,图中 SB_2 为低速起动按钮,SB_3 为高速起动按钮,SB_1 为停止按钮,电路中设置了机械互锁和电气互锁,可以在低速和高速间自由地转换,也可以在高速的自锁回路中串联 KM_2、KM_3 的常开辅助触点,使高速时的两个线圈必须都得电,双速异步电动机才能高速连续运行。

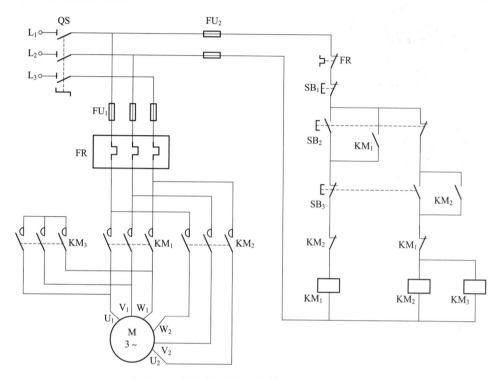

图 5-47　按钮控制的双速异步电动机控制电路

5.6.2　按时间原则控制的双速异步电动机控制电路

在采用时间原则进行双速的转换时,为了避免转换速度时的冲击过大,通常采用低速起动,运行一段时间后,再转换为高速运行。图 5-48 所示为转换开关 SA 选择电动机高、低速的双速控制电路。图中转换开关 SA 断开时选择低速,SA 闭合时选择高速。

电路的工作原理:低速控制时,将转换开关 SA 置于断开位置,此时时间继电器 KT 未接入电路,接触器 KM_2、KM_3 无法接通。合上电源开关 QS,按下起动按钮 SB_2,接触器 KM_1 的线圈得电,其自锁触点闭合,实现自锁。KM_1 主触点接通三相交流电源,电动机以三角形接法起动,低速运行。

当 SA 置于闭合位置时,选择低速起动、高速运行。按下起动按钮 SB_2,接触器 KM_1 的线圈、时间继电器 KT 的线圈同时得电。KM_1 的线圈得电,同上面所述,电动机低速起动运行。由于图 5-48 中所示的时间继电器为通电延时型,因此当 KT 的线圈得电时,开始延时。当时间继电器延时结束时,其延时断开的常闭触点先断开,切断 KM_1 的线圈支路,电动机处于暂时断电,自由停车状态;其延时闭合的常开触点后闭合,同时接通 KM_2、KM_3 的线圈支路,同上所述,电动机由三角形运行转入双星形运行,即实现高速运行。

注意:图 5-48 所示的控制电路,电动机在低速运行时可用转换开关直接切换到高速运行,但不能从高速运行直接用转换开关切换到低速运行,必须先按停止按钮后,再进行低速运行操作。

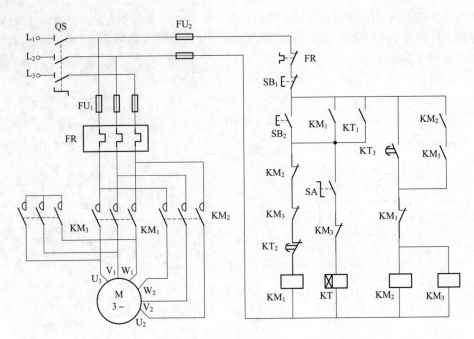

图 5-48　时间继电器控制的双速异步电动机控制电路

【技能训练】——三相异步电动机调速控制电路的安装与调试

1. 技能训练的内容

三相异步电动机调速控制电路的安装与调试

2. 技能训练的要求

元器件安装工艺要求及布线工艺要求见 5.2 节中技能训练的相关内容。

3. 设备器材

工具:测电笔、螺丝刀、尖嘴钳、斜口钳、剥线钳、电工刀等常用电工工具,1 套。

仪器:兆欧表、钳形电流表、万用表等,各 1 块。

器材:控制板(网孔板),1 块;三相双速异步电动机,1 台;自动空气开关,1 个;熔断器,5 个;热继电器,1 个;交流接触器,3 个;复式按钮,2 个;时间继电器,1 个;转换开关,1 个;端子排、塑铜线、紧固体及编码套管,若干。

4. 技能训练的步骤

①电气元件检查。配齐所有电气元件,并进行校验。

②根据图 5-48,画出电气元件布置图并固定元器件。

③根据图 5-48,画出电气安装接线图。然后进行控制板(网孔板)配线。布线时,注意主电路中接触器 KM$_1$、KM$_2$ 在两种转速下电源相序的改变,不能接错;否则,两种转速下电动机的转向相反,换相时将产生很大的冲击电流。

④安装电动机。可靠连接电动机和各电气元件金属外壳的保护接地线。

⑤连接电源、电动机等控制板(网孔板)外部的导线。

⑥自检。安装完毕的控制电路板,必须经过认真检查后,才允许通电试车,以防止错接、漏接

造成不能正常运转和短路事故。自检的主要内容见 5.2 节中技能训练的相关内容。

⑦交验。检查无误后可通电试车。试车前应检查与通电试车有关的电气设备是否有不安全的因素存在。若检查出不安全因素,应立即整改,然后方能试车。在试车时,要认真执行安全操作规程的有关规定,一人监护,一人操作。

⑧通电试车前,必须经过指导教师的许可。接通三相电源 L_1、L_2、L_3,指导教师在现场监护。通电试车的步骤及注意事项见 5.2 节技能训练的相关内容。

5. 注意事项

①电动机等设备的金属外壳必须可靠接地。

②接至电动机的导线必须牢固,同时要有良好的绝缘性能。

③故障检测训练前要熟练掌握电路图中各个环节的作用。

【思考题】

①简述图 5-47 所示的按钮控制的双速异步电动机控制电路的工作原理。

②简述图 5-48 所示的时间继电器控制的双速异步电动机控制电路的工作原理,并说明时间继电器三个触点的名称和功能。

5.7　三相异步电动机电气制动控制电路

在第 2 章中已经介绍了三相异步电动机的三种电气制动方法,即能耗制动、反接制动和回馈制动。本节介绍三相异步电动机的能耗制动、反接制动的控制电路。

5.7.1　三相异步电动机能耗制动控制电路

1. 按时间原则控制的单向运行能耗制动控制电路

按时间原则控制的单向运行能耗制动控制电路,如图 5-49 所示。图中的桥式整流器提供能

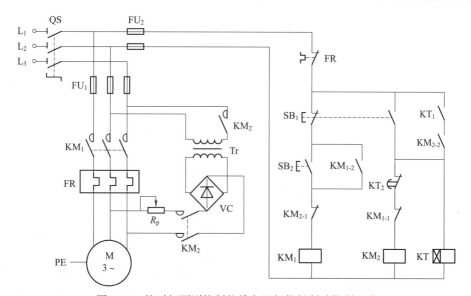

图 5-49　按时间原则控制的单向运行能耗制动控制电路

耗制动所需的直流电源。

电路的工作原理：合上电源开关 QS，按下起动按钮 SB_2，KM_1 的线圈得电，其常闭辅助触点 KM_{1-1} 断开，互锁，保证 KM_2 的线圈不能得电；常开辅助触点 KM_{1-2} 闭合，实现自锁；主触点闭合，电动机得电起动运行。

停止时，按下停止按钮 SB_1，SB_1 的常闭触点断开，KM_1 的线圈断电，其主触点断开，电动机脱离三相电源；常闭辅助触点 KM_{1-1} 闭合，为 KM_2 的线圈得电准备通路；常开辅助触点 KM_{1-2} 分断，解除自锁；SB_1 的常开触点闭合，使 KM_2、KT 的线圈同时得电。KM_2 的线圈得电，其常闭辅助触点 KM_{2-1} 断开，互锁，保证 KM_1 线圈不能得电；常开辅助触点 KM_{2-2} 闭合。KT 的线圈得电，其瞬动触点 KT_1 闭合与 KM_{2-2} 一起实现自锁。KM_2 的主触点闭合，电动机定子两相绕组通入一个直流电，产生一恒定磁场，电动机转子在恒定磁场作用下，转速迅速下降。KT 的线圈得电，开始延时。当定时时间到，KT 延时触点断开，KM_2 的线圈断电，电动机定子绕组断电，同时 KT 的线圈也断电，制动过程结束。

2. 按速度原则控制的单向运行能耗制动控制电路

用速度继电器按速度原则控制的单向运行能耗制动控制电路，如图 5-50 所示。

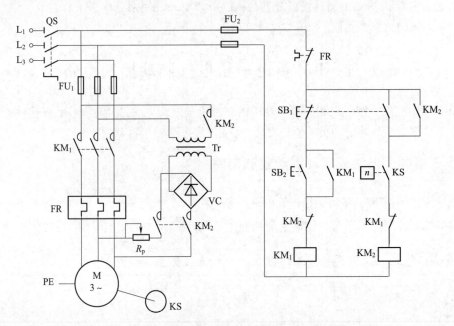

图 5-50　按速度原则控制的单向运行能耗制动的控制电路

电路的工作原理：合上电源开关 QS，按下起动按钮 SB_2，KM_1 的线圈得电并自锁，KM_1 的主触点闭合，电动机接入三相电源得电起动运行，同时 KM_1 的常闭辅助触点断开，实现互锁，确保 KM_2 的线圈不能得电，KM_2 的主触点不会闭合，电动机的定子绕组不会通入直流电源，保证电动机的正常运转。当电动机转速升高到一定值以后，速度继电器 KS 动作，其常开触点闭合，为能耗制动时 KM_2 的线圈得电准备通路。停车时，按下停止按钮 SB_1，其常闭触点先断开，使 KM_1 的线圈断电并解除自锁，其主触点断开，电动机脱离三相电源；KM_1 常闭辅助触点闭合，SB_1 的常开触点闭合，使 KM_2 的线圈得电，在电动机两相定子绕组中经过电阻通入直流电，电动机定子绕组中的旋转磁场变为恒定磁场，转动的转子在恒定磁场的作用下，转速下降，实现制动。当转速下降到一定值以后，速度继电器 KS 的常开触点断开，KM_2 的线圈断电，其主触点断开，制动过程结束。

5.7.2　三相异步电动机电源反接制动控制电路

在 2.3 中已经介绍了三相异步电动机电源反接制动的原理,单向运行电源反接制动的控制电路,如图 5-51 所示。

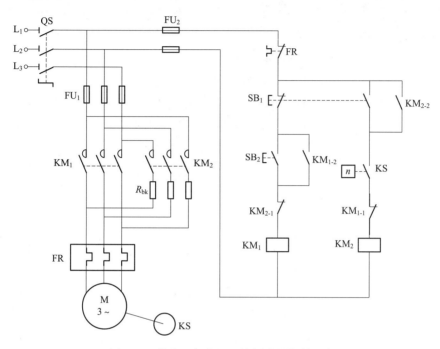

图 5-51　单向运行电源反接制动的控制电路

电路的工作原理:合上电源开关 QS,按下起动按钮 SB_2,KM_1 的线圈得电并自锁,KM_1 的主触点闭合,电动机接入三相电源得电起动运行,同时 KM_1 的常闭辅助触点 KM_{1-1} 断开,实现互锁,确保 KM_2 的线圈不能得电,KM_2 的主触点不会闭合。当电动机转速升高到一定值以后,速度继电器 KS 动作,其常开触点闭合,为电源反接制动时 KM2 的线圈得电准备通路。

停车时,按下停止按钮 SB_1,其常闭触点先断开,使 KM_1 的线圈断电并解除自锁,KM_1 主触点断开,电动机脱离三相电源;KM_1 常闭辅助触点闭合,SB_1 的常开触点闭合,使 KM_2 的线圈得电,其主触点闭合,电动机经 R_{bk} 接入反序的三相电源(即两根相线对调)进行电源反接制动。当转速下降到一定值以后,速度继电器 KS 的常开触点断开,KM_2 的线圈断电,其主触点断开,制动过程结束。

【技能训练】——三相异步电动机制动控制电路的安装与调试

1. 技能训练内容

三相异步电动机能耗制和反接制动控制电路的安装与调试。

2. 技能训练的要求

元器件安装工艺要求及布线工艺要求见 5.2 节中技能训练的相关内容。

3. 设备器材

工具:测电笔、螺丝刀、尖嘴钳、斜口钳、剥线钳、电工刀等常用电工工具,1 套。

仪器:兆欧表、钳形电流表、万用表等,各 1 块。

器材:控制板(网孔板),1 块;三相笼型异步电动机,1 台;自动空气开关,1 个;熔断器,5 个;热继电器,1 个;交流接触器,2 个;复式按钮,2 个;时间继电器,1 个;速度继电器,1 个;变压器及桥式整流块,1 套;可调电阻器,1 个;限流电阻,3 只;端子排、塑铜线、紧固体及编码套管,若干。

4. 技能训练的步骤

①电气元件检查。配齐所有电气元件,并进行校验。

②根据图 5-49 和图 5-51,画出电气元件布置图并固定元器件。

③画出安装接线图。根据图 5-49 和图 5-51 的控制原理图,分别画出时间继电器按时间原则控制的单向运行能耗制动电路及单向运行反接制动控制电路的安装接线图。然后进行控制板(网孔板)配线。

④安装电动机、速度继电器(反接制动)。可靠连接电动机和各电气元件金属外壳的保护接地线。

⑤连接电源、电动机、变压器(能耗制动)、整流器(能耗制动)、电阻器等控制板(网孔板)外部器件的导线。

⑥自检。安装完毕的控制电路板,必须经过认真检查后,才允许通电试车,以防止错接、漏接造成不能正常工作和短路事故。自检的主要内容见 5.2 节中技能训练的相关内容。

⑦交验。检查无误后可通电试车。试车前应检查与通电试车有关的电气设备是否有不安全的因素存在。若检查出不安全因素,应立即整改,然后方能试车。在试车时,要认真执行安全操作规程的有关规定,一人监护,一人操作。

⑧通电试车前,必须经过指导教师的许可。接通三相电源 L_1、L_2、L_3,指导教师在现场监护。能耗制动中时间继电器的整定时间不要调的过长,以免制动时间过长引起定子绕组发热。通电试车的步骤及注意事项见 5.2 节中技能训练的相关内容。

5. 注意事项

①电动机等设备的金属外壳必须可靠接地。

②接至电动机的导线必须牢固,同时要有良好的绝缘性能。

③故障检测训练前要熟练掌握电路图中各个环节的作用。

【思考题】

①在三相异步电动机的能耗制动控制电路中,为什么要在直流回路中串入一个电阻? 它的作用是什么?

②分别简述按时间原则和按速度原则控制的三相异步电动机能耗制动控制电路的工作原理。

③在三相异步电动机的电源反接制动控制电路中,为什么要用速度继电器? 如果不用速度继电器,能不能实现反接制动? 为什么?

④简述三相异步电动机电源反接制动控制电路的工作原理。

习　题

一、填空题

1. 为了保证安全,封闭式负荷开关上设有_____,保证开关在_____状态下开关盖不能开启,而当开关盖开启时又不能_____。

2. 接触器可以按其_____所控制的电路的电流种类分为_____和_____。

3. 接触器是一种适用于_____频繁地接通和分断交、直流主电路及_____的电路。其主要控制对象是_____,也可用于控制其他_____。

4. 交流接触器的铁芯一般用硅钢片叠压而成,是为了减小_____在铁芯中产生的_____,防止铁芯_____;交流接触器的铁芯上短路环的作用是_____。

5. 继电器与接触器比较,继电器触点的_____很小,一般不设_____。

6. 对某一组合开关而不知触点闭合情况,可用_____检测。

7. 主令电器是自控系统中用于发布_____的电器。

8. 低压断路器是具有_____、_____、_____保护的开关电器。

二、选择题

1. 熔断器的额定电流应(　　)所装熔体的额定电流。

　　A. 大于　　　　　　　　　B. 小于　　　　　　　　　C. 等于

2. 熔断管是熔体的保护外壳,用耐热绝缘材料制成,在熔体熔断时兼有(　　)作用。

　　A. 绝缘　　　　　　　　　B. 隔热　　　　　　　　　C. 灭弧

3. 低压断路器具有(　　)保护。

　　A. 短路、过载、失电压/欠电压　　　　　　B. 短路、过载、自锁/互锁

4. 单轮旋转式行程开关为(　　)。

　　A. 自动复位式　　　　　　　　　　　　　B. 非自动复位式

5. (　　)是交流接触器发热的主要部件。

　　A. 触点　　　　　　B. 线圈　　　　　　C. 铁芯　　　　　　D. 衔铁

6. 交流接触器铁芯端面上的短路环有(　　)的作用。

　　A. 增大铁芯磁通　　　B. 减小铁芯振动　　　C. 减小剩磁影响

7. 按复合按钮时,(　　)。

　　A. 常开触点先闭合　　　B. 常闭触点先断开　　　C. 常开、常闭触点同时动作

8. 具有过载保护的接触器自锁控制电路中,实现短路保护的电器是(　　)。

　　A. 熔断器　　　　　　B. 热继电器　　　　　　C. 接触器

9. 具有过载保护的接触器自锁控制电路中,实现欠电压和失电压保护的电器是(　　)。

　　A. 熔断器　　　　　　B. 热继电器　　　　　　C. 接触器

10. 为避免正反转接触器同时得电动作,电路采取(　　)。

　　A. 顺序控制　　　　　　B. 自锁控制　　　　　　C. 互锁控制

11. 操作接触器互锁的正反转控制电路时,要使电动机从正转变为反转,正确的操作方法是(　　)。

A. 直接按下反转起动按钮 B. 必须先按下停止按钮,再按下反转起动按钮

12. 在接触器互锁的正反转控制电路中,其各接触器的互锁触点应是对方接触器的(　　)。

　　A. 常开辅助触点　　　　　B. 常闭辅助触点

13. 在多地控制电路中,各地的起动按钮和停止按钮分别是(　　)。

　　A. 串联、串联　　　　　B. 并联、串联　　　　　C. 并联、并联

14. 要求几台电动机的起动或停止必须按一定的先后次序来完成的控制方式称为(　　)。

　　A. 位置控制　　　　　B. 多地控制　　　　　C. 顺序控制

15. 反接制动常利用(　　)在制动结束时自动切断电源。

　　A. 速度继电器　　　　　B. 热继电器　　　　　C. 中间继电器

三、判断题

1. 热继电器既可以作电动机的过载保护也可以作短路保护。　　　　　　　　　　(　　)

2. 熔断器只能作短路保护。　　　　　　　　　　　　　　　　　　　　　　　(　　)

3. 速度继电器的动作特点是速度越高,动作越快。　　　　　　　　　　　　　(　　)

4. 按钮开关和行程开关都需要人的手去操作才能动作。　　　　　　　　　　　(　　)

5. 开启式负荷开关常配合熔断器作电源开关。　　　　　　　　　　　　　　　(　　)

6. 开启式负荷开关、封闭式负荷开关、组合开关的额定电流要大于实际电路的电流。(　　)

7. 接触器除通断电路外,还有短路和过载保护作用。　　　　　　　　　　　　(　　)

8. 为了消除衔铁振动,交流接触器装有短路环。　　　　　　　　　　　　　　(　　)

9. 低压断路器中电磁脱扣器的作用是实现失电压保护。　　　　　　　　　　　(　　)

10. 低压断路器中热脱扣器的整定电流应大于控制负载的额定电流。　　　　　　(　　)

11. 熔断器的额定电流应大于或等于所装熔体的额定电流。　　　　　　　　　　(　　)

12. 双轮式行程开关在挡铁离开滚轮后能自动复位。　　　　　　　　　　　　　(　　)

13. 点动控制就是点一下按钮就可以起动并连续运转的控制方式。　　　　　　　(　　)

14. 接触器互锁的正反转控制电路中,控制正反转的接触器有时可以同时闭合。　(　　)

15. 自动往复循环控制电路需要对电动机实现自动转换的正、反控制才能达到要求。(　　)

16. 能在两地或多地控制同一台电动机的控制方式称为电动机的多地控制。　　　(　　)

四、综合题

1. 交流接触器的线圈断电后,衔铁不能立即释放,从而使电动机不能及时停止。分析出现这种故障的原因。应如何处理?

2. 试判断图 5-52 所示各控制电路能否实现点动控制? 若不能,说明原因,并加以改正。

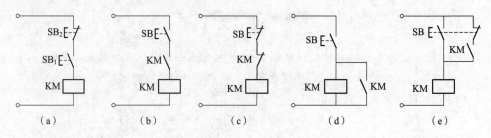

(a)　　　　　(b)　　　　　(c)　　　　　(d)　　　　　(e)

图 5-52　点动控制电路

3. 点动控制电路空操作(即不带负载操作)正常,但带负荷试车时,按下起动按钮电动机嗡嗡响,但不能起动。试问故障原因是什么? 如何进行检查并排除故障?

4. 什么叫"自锁"? 自锁电路由什么部件组成? 如何连接?

5. 在三相异步电动机单向连续运行控制电路中,当电源电压降低到某一值时电动机会自动停转,为什么? 若出现突然断电,恢复供电时电动机能否自行起动运转?

6. 试分析图 5-53 所示各控制电路能否实现自锁控制? 若不能,说明原因,并加以改正。

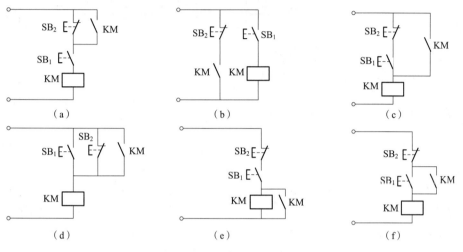

图 5-53　连续运行控制电路

7. 具有双重互锁的正反转控制电路,当接线后按下按钮时发生下列故障,分析其故障(经检查,接线没错)。

(1)按正转按钮,电动机正转;按反转按钮,电动机停止,不能反转。

(2)按正转按钮,电动机正转;按反转按钮,电动机仍正转;按停止按钮,电动机停止。

8. 自动往复循环控制电路在试车过程中发现行程开关不起作用,若开关本身无故障,则可能是什么原因造成的?

9. 某生产机械采用两台电动机拖动,要求主电动机 M_1 先起动,经过 10 s 后,辅助电动机 M_2 自动起动,试设计电气控制电路。

10. 有两台电动机 M_1、M_2,要求 M_1 先起动,经过 10 s 后,才能用按钮起动 M_2,并且 M_2 起动后 M_1 立即停止,试设计电气控制电路。

第6章

电气控制系统分析与检修

内容提要

　　工业生产中所用到的各种电力拖动的机械,虽然它们的拖动方式和电气控制各不相同,但多数是建立在继电器-接触器基本控制电路基础之上的。本章通过机械加工业常用的机床,如车床、平面磨床等的电气控制系统分析,一方面进一步熟悉电气控制系统的组成及各种基本控制电路的应用,使读者掌握分析电气控制系统的方法,培养阅读电气控制图的能力。另一方面,通过几种具有代表性的机械设备电气控制系统及其工作原理的分析,加深对机械设备中机械、液压与电气控制有机结合的理解,掌握分析电气控制系统的方法和处理电气故障的方法。本章首先介绍分析电气控制系统与检修电气故障的一般方法,然后对普通车床和平面磨床的电气控制系统进行分析,并介绍它们的常见故障及检修方法。

6.1　电气控制系统的分析与检修方法

6.1.1　电气控制系统的分析方法

　　生产设备的电气控制系统一般是由若干基本控制电路组合而成,结构相对较复杂。为了能够正确地理解电气控制系统的工作原理和特点,必须采用合理的方法步骤进行分析。

1. 分析电气控制系统的方法

　　对生产设备电气控制系统进行分析时,首先需要对设备整体有所了解,在此基础上,才能有效地针对设备的控制要求,分析电气控制系统的组成与功能。设备整体分析包括如下三个方面:

　　(1)机械设备概况调查

　　通过阅读生产机械设备的有关技术资料,了解设备的基本结构及工作原理、设备的传动系统类型及驱动方式、主要技术性能和规格、运动要求等。

　　(2)电气控制系统及电气元件的状况分析

　　明确系统中所用的电动机的用途、型号规格及控制要求,了解各种电气元件的工作原理、控制作用及功能等。

　　(3)机械系统与电气控制系统的关系分析

　　在了解被控设备所采用的电气控制系统结构、电气元件状态的基础上,还应明确机械系统与电气控制系统之间的连接关系。掌握机械系统与电气控制系统的基本情况后,即可对设备电气控制系统进行具体的分析。

通常在分析电气控制系统时,首先将控制电路进行划分,整体控制电路经"化整为零"后形成简单明了、控制功能单一或由少数简单控制功能组合的局部电路。这样可给分析电气控制系统带来很大的方便。在进行电路划分时,可根据驱动形式,将电路初步划为电动机控制电路部分和液压传动控制部分;根据被控电动机的台数,将电动机控制电路部分再加以划分,使每台电动机的控制电路成为一个局部电路部分;对控制要求复杂的电路部分,也可以进一步细分,使每一个基本控制电路或若干个基本控制电路成为一个局部分析电路单元。

2. 分析电气控制系统的步骤

根据上述电气控制系统的分析方法,对电气控制系统的分析步骤归纳如下。

(1)设备运动分析

分析生产工艺要求的各种运动及其实现方法,对有液压驱动的设备要进行液压系统工作状态分析。

(2)主电路分析

确定动力电路中用电设备的数目、接线情况及控制要求。控制执行件的设置及动作要求,包括交流接触器主触点的位置,各组主触点分、合的动作要求,限流电阻的接入和短接等。

(3)控制电路分析

分析各种控制功能实现的方法及其电路工作原理和特点。经过"化整为零",分析各局部电路的工作原理及各部分的控制关系之后,还必须"集零为整",统观整个电路的保护环节及电气原理图中的其他辅助电路(如检测、信号指示、照明等电路)。检查整个控制电路,看是否有遗漏,特别要从整体角度,进一步检查和理解各控制环节之间的联系,理解电路中每个元件所起的作用。

6.1.2 电气控制电路的常见故障与检修方法

保证电气控制电路、电气元件及电动机等电气设备处于良好的工作状态是保证各种生产机械正常、安全和可靠工作的前提。电气控制电路的日常维护和检修是专业技术人员必须掌握的专业技能。

1. 电气设备的维护和保养

各种电气设备在运行过程中常会产生各种各样的故障,致使设备停止运行而影响生产,严重时还会造成人身或设备事故。引起电气设备故障的原因很多,其中一部分故障是由于电气元件的自然老化所引起的;还有相当一部分是因为忽视了对电气设备的日常维护和保养,导致小毛病发展成大事故;此外,还有一些故障是由于电气维修人员在处理电气故障时的操作不当,或因缺少配件、误判断及误测量而扩大了事故范围。因此,为了保证设备正常运行,减少因电气修理产生的停机时间以及提高劳动生产率,必须十分重视电气设备的维护和保养。另外,还应根据设备和生产的具体情况储备部分必要的电气元件和易损配件。

电力拖动电路和机床电路的日常维护对象有电动机、控制、保护电器及电气控制电路本身,其维护内容如下:

(1)检查电动机

定期检查电动机相绕组之间、绕组对地之间的绝缘电阻;电动机自身转动是否灵活;空载电流与负载电流是否正常;运行中的温升和响声是否在限度之内;传动装置是否配合恰当;轴承是否磨

损、缺油或油质不良;电动机外壳是否清洁。

(2)检查控制和保护电器

检查控制和保护电器的触点系统吸合是否良好,触点接触面有无烧蚀、毛刺和穴坑;各种弹簧是否疲劳、卡住;电磁线圈是否过热;灭弧装置是否损坏;电器的有关整定值是否正确。

(3)检查电气线路

检查电气线路接头与端子板、电器的接线柱接触是否牢靠,有无断落、松动、腐蚀、严重氧化;线路绝缘是否良好;线路上是否有油污或脏污。

(4)检查限位开关

检查限位开关是否能起限位保护作用,重点检查滚轮传动机构和触点工作是否正常。

2. 电气控制电路的故障检修

控制线路是多种多样的,它们的故障又往往和机械、液压、气动系统交错在一起,较难分辨。不正确的检修会造成人身事故,故必须掌握正确的检修方法。一般的检修方法及步骤如下:

(1)检修前的故障调查

当生产机械发生电气故障后,切忌盲目随便动手检修。在检修前,通过问、看、听、摸(见本书2.4节中所述)来了解故障前后的操作情况和故障发生后出现的异常现象,以便根据故障现象判断出故障发生的部位,进而准确地排除故障。

(2)根据电路、设备的结构及工作原理直观查找故障范围

弄清楚被检修电路、设备的结构和工作原理是循序渐进、避免盲目检修的前提。检查故障时,先从主电路入手,看拖动该设备的几个电动机是否正常。然后逆着电流方向检查主电路的触点系统、热元件、熔断器、隔离开关及线路本身是否有故障。接着根据主电路与二次电路之间的控制关系,检查控制回路的线路接头、自锁或联锁触点、电磁线圈是否正常,检查制动装置、传动机构中工作不正常的范围,从而找出故障部位。如能通过直观检查发现故障点,如线头脱落、触点、线圈烧毁等,则检修速度更快。

(3)从控制电路的动作顺序检查故障范围

通过直接观察无法找到故障点时,在不会造成损失的前提下,切断主电路,让电动机停转。然后通电检查控制电路的动作顺序,观察各元件的动作情况。如某元件该动作时不动作,不该动作时乱动作,动作不正常、行程不到位、虽能吸合但接触电阻过大,或有异响等,故障点很可能就在该元件中。当认定控制电路工作正常后,再接通主电路,检查控制电路对主电路的控制效果,最后检查主电路的供电环节是否有问题。

(4)用测量法确定故障点

测量法是检修工作中用来准确确定故障点的一种行之有效的检查方法。常用的测试工具和仪表有校验灯、测电笔、万用表、钳形电流表、兆欧表等,主要通过对电路进行带电或断电时的有关参数如电压、电阻、电流等的测量,来判断电气元件的好坏、设备的绝缘情况以及线路的通断情况。随着科学技术的发展,测量手段也在不断更新。

在用测量法检查故障点时,一定要保证各种测量工具和仪表完好,使用方法正确,还要注意防止感应电、回路电及其他并联支路的影响,以免产生误判断。下面介绍几种常见的用测量法确定故障点的方法。

①电压分阶测量法。测量检查时,首先把万用表的转换开关置于交流电压500 V的挡位上,

然后按图 6-1 所示的方法进行测量。断开主电路,接通控制电路的电源。若按下起动按钮 SB_1 时,接触器 KM 不吸合,则说明控制电路有故障。

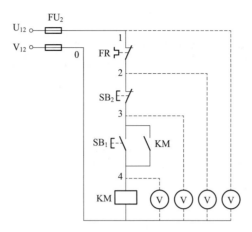

图 6-1 电压分阶测量法

检测时,需要两人配合进行。一人先用万用表测量 0 和 1 两点之间的电压,若电压为 380 V,则说明控制电路的电源电压正常。然后由另一人按下 SB_1 不放,一人把黑表笔接到 0 点上,红表笔依次接到 2、3、4 各点上,分别测量出 0-2、0-3、0-4 各两点之间的电压。根据测量结果即可找出故障点,见表 6-1。

这种测量方法像下(或上)台阶一样依次测量电压,所以称为电压分阶测量法。

表 6-1 电压分阶测量法查找故障点

故障现象	测量状态	0-2	0-3	0-4	故障点
按下 SB_1,KM 不吸合	按下 SB_1 不放	0	0	0	FR 的常闭触点接触不良
		380 V	0	0	SB_2 的常闭触点接触不良
		380 V	380 V	0	SB_1 的触点接触不良
		380 V	380 V	380 V	KM 的线圈断路

②电阻分阶测量法。测量检查时,首先把万用表的转换开关置于倍率适当的电阻挡,然后按图 6-2 所示的方法进行测量。断开主电路,接通控制电路电源。若按下起动按钮 SB_1 时,接触器 KM 不吸合,则说明控制电路有故障。

检测时,首先切断控制电路电源(注意:这与电压分阶测量法不同),然后一人按下 SB_1 不放,另一人用万用表依次测量 0-1、0-2、0-3、0-4 各两点之间的电阻值。根据测量结果即可找出故障点,见表 6-2。

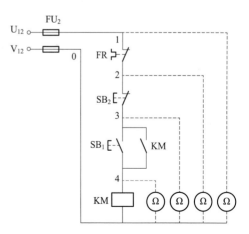

图 6-2 电阻分阶测量法

表6-2　电阻分阶测量法查找故障点

故障现象	测量状态	0-1	0-2	0-3	0-4	故障点
按下 SB_1，KM 不吸合	按下 SB_1 不放	∞	R	R	R	FR 的常闭触点接触不良
		∞	∞	R	R	SB_2 的接触不良
		∞	∞	∞	R	SB_1 的接触不良
		∞	∞	∞	∞	KM 的线圈断路

注：R 为 KM 的线圈电阻值。

③电压分段测量法。首先把万用表的转换开关置于交流电压 500 V 的挡位上，然后按如下方法进行测量。先用万用表测量图 6-3 中 0-1 两点间的电压，若为 380 V，则说明电源电压正常。然后一人按下起动按钮 SB_2，若接触器 KM_1 不吸合，则说明电路有故障。这时另一人可用万用表的红、黑两根表笔逐段测量相邻两点 1-2、2-3、3-4、4-5、5-6、5-0 之间的电压。根据测量结果即可找出故障点，见表 6-3。

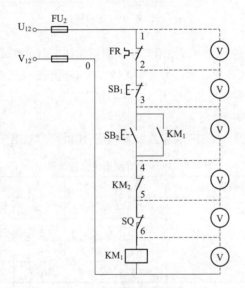

图 6-3　电压分段测量法

表6-3　电压分段测量法查找故障点

故障现象	测量状态	1-2	2-3	3-4	4-5	5-6	6-0	故障点
按下 SB_1，KM_1 不吸合	按下 SB_1 不放	380 V	0	0	0	0	0	FR 的常闭触点接触不良
		0	380 V	0	0	0	0	SB_1 的触点接触不良
		0	0	380 V	0	0	0	SB_2 的触点接触不良
		0	0	0	380 V	0	0	KM_2 的常闭触点接触不良
		0	0	0	0	380 V	0	SQ 常闭触点接触不良
		0	0	0	0	0	380 V	KM_1 的线圈断路

④电阻分段测量法。测量检查时，首先切断电源，然后把万用表的转换开关置于倍率适当的电阻挡，并逐段测量图 6-4 中的相邻两点 1-2、2-3、3-4、4-5、5-6、6-0 之间的电阻（测量时由一人按

下 SB_2）。如果测得某两点间电阻值很大（∞），即说明该两点间接触不良或导线断路，见表 6-4。

电阻分段测量法的优点是安全，缺点是测量电阻值不准确时，易造成判断错误。为此应注意以下几点：用电阻测量法检查故障时，一定要先切断电源；所测量电路若与其他电路并联，必须将该电路与其他电路断开，否则所测电阻值不准确；测量大电阻电气元件时，要将万用表的电阻挡转换到适当挡位。

⑤短接法。机床电气设备的常见故障为断路故障，如导线断路、虚连、虚焊、触点接触不良、熔断器熔断等。对这类故障有一种更为简便可靠的方法，就是短接法。检查时，用一根绝缘良好的导线，将所怀疑的断路部位短接，若短接到某处电路接通，则说明该处断路。短接法分为局部短接法和长短接法。

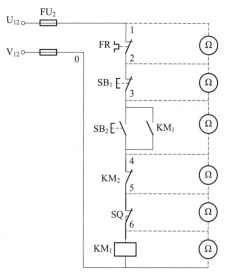

图 6-4　电阻分段测量法

表 6-4　电阻分段测量法查找故障点

故障现象	测量点	电阻值	故障点、
按下 SB_1，KM_1 不吸合	1-2	∞	FR 的常闭触点接触不良或误动作
	2-3	∞	SB_1 的常闭触点接触不良
	3-4	∞	SB_2 的常开触点接触不良
	4-5	∞	KM_2 的常闭触点接触不良
	5-6	∞	SQ 的常闭触点接触不良
	6-0	∞	KM_1 的线圈断路

a. 局部短接法。检查前，先用万用表测量图 6-5 中的 1-0 两点间的电压，若电压正常，可一人按下起动按钮 SB_2 不放，然后另一人用一根绝缘良好的导线分别短接相邻两点 1-2、2-3、3-4、4-5、5-6（注意：不要短接 6-0 两点，以免造成短路故障），当短接到某两点时，接触器 KM_1 吸合，即说明断路故障就在该两点之间，见表 6-5。

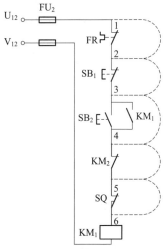

图 6-5　局部短接法

表6-5　局部短接法查找故障点

故障现象	短接点标号	KM₁动作情况	故障点
按下 SB₁，KM₁不吸合	1-2	KM₁吸合	FR 常闭触点接触不良或误动作
	2-3	KM₁吸合	SB₁的常闭触点接触不良
	3-4	KM₁吸合	SB₂的常开触点接触不良
	4-5	KM₁吸合	KM₂的常闭触点接触不良
	5-6	KM₁吸合	SQ 的常闭触点接触不良

　　b. 长短接法。长短接法是指一次短接两个或多个触点来检查故障的方法。如图 6-6 所示，当 FR 的常闭触点和 SB₁的常闭触点同时接触不良时，若用局部短接法短接，如 1-2 两点，按下 SB₂，KM₁仍不能吸合，则可能造成错误判断。而用长短接法将 1-6 两点短接，如果 KM₁吸合，则说明 1-6 这段电路上有断路故障，然后再用局部短接法逐段找出故障点。

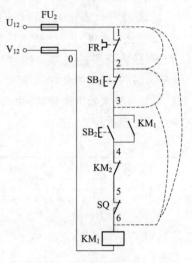

图 6-6　长短接法

　　长短接法的另一个作用是可把故障点缩小到一个较小的范围。例如，第一次先短接 3-6 两点，KM₁不吸合，再短接 1-3 两点，KM₁吸合，说明故障在 1-3 范围内。可见长短接法和局部短接法结合使用，很快就可找出故障点。

　　用短接法检查故障时必须注意以下几点：第一，用短接法检查时，是用手拿绝缘导线带电操作的，所以一定要注意安全，避免触电事故。第二，短接法只适用于查找压降极小的导线及触点之类的断路故障。对于压降较大的电器，如电阻、线圈、绕组等断路故障，不能采用短接法，否则会出现短路故障，损坏电源或其他电气元件。第三，对于工业机械的某些要害部位，必须保证在电气设备或机械部件不会出现事故的情况下，才能使用短接法。

　　总之，电动机控制线路的故障不是千篇一律的，即使是同一种故障现象，发生的部位也不一定相同。所以在采用故障检修的一般步骤和方法时，不要生搬硬套，而应按不同的故障情况灵活处理，力求迅速准确地找出故障点，判明故障原因，及时正确排除故障。

　　(5) 机械故障检查

　　在电力拖动中有些信号是机械机构驱动的，如机械部分的联锁机构、传动装置等发生故障，即使电路正常，设备也不能正常运行。在检修中，应注意机械故障的特征和现象，找出故障点，并排除故障。

【思考题】

　　①如何分析电气控制系统？在分析电气控制系统时，什么是"化整为零"和"集零为整"？

　　②电气设备的日常维护和保养包括哪些内容？

　　③如何进行电气控制电路的故障检修？

　　④用测量法确定故障点中，电压分阶测量法与电压分段测量法、电阻分阶测量法与电阻分段测量法、局部短接法与长短接法有什么不同？

6.2　CA6140 型普通车床电气控制系统

车床是一种应用极为广泛的金属切削机床,能够车削内圆、外圆、端面、螺纹、螺杆等,并可以装上钻头或铰刀等进行钻孔和铰孔的加工。本节以 CA6140 型普通车床为例,介绍车床电气控制系统的分析方法。

6.2.1　CA6140 型普通车床主要结构与运动形式

CA6140 型普通车床有两个主运动部分:一个是主轴(卡盘)的旋转运动;另一个是刀架的直线运动,称为进给运动。车床工作时,绝大部分功率消耗在主轴的旋转运动上。

1. CA6140 型普通车床的结构

CA6140 型普通车床主要由有床身、主轴箱、进给箱、溜板箱、刀架、尾架、光杠和丝杠等组成,如图 6-7 所示。

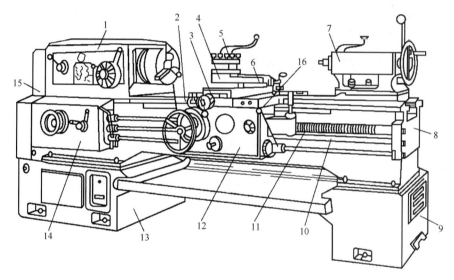

图 6-7　CA6140 型普通车床的结构

1—主轴箱;2—纵溜板;3—横溜板;4—转盘;5—方刀架;6—小溜板;7—尾架;8—床身;9—右床座;
10—光杠;11—丝杠;12—溜板箱;13—左床座;14—进给箱;15—挂轮箱;16—操纵手柄

2. 运动形式

车床运动形式有切削运动和辅助运动。切削运动包括工件的旋转运动(主运动)和刀具的直线进给运动(进给运动),除此之外的其他运动皆为辅助运动。

(1)主运动

主运动是指主轴通过卡盘带动工件旋转,主轴的旋转轴是由主轴电动机经传动机构拖动,根据工件材料性质、车刀材料及几何形状、工作直径、加工方式及冷却条件的不同,要求主轴有不同的切削速度。另外,为了加工螺钉,还要求主轴能够正反转。主轴的变速是由主轴电动机经 V 带传递到主轴变速箱实现的(由机械部分实现正反转和调速)。CA6140 型普通车床的主轴正转速度有 24 种(10 ~ 1 400 r/min),反转速度有 12 种(14 ~ 1 580 r/min)。

（2）进给运动

车床的进给运动是刀架带动刀具纵向或横向直线运动,溜板箱把丝杠或光杠的转动传递给刀架部分,变换溜板箱外的手柄位置,经刀架部分使车刀做纵向或横向进给。刀架的进给运动也是由主轴电动机拖动的,其运动方式有手动和自动两种。

（3）辅助运动

辅助运动指刀架的快速移动、尾座的移动以及工件的夹紧与放松等。

3. 电力拖动的方式及控制要求

①主轴电动机一般选用三相笼型异步电动机。为满足加工螺纹的要求,主运动和进给运动采用同一台电动机拖动。用齿轮差速原理进行调速,通过齿轮箱里的拨片来回拨动实现正反转。

②主轴要能够正反转,以满足螺纹加工要求。

③主轴电动机的起动、停止采用按钮操作。

④溜板箱的快速移动,应由单独的快速移动电动机来拖动并采用点动控制。

⑤为防止切削过程中刀具和工件温度过高,需要切削液进行冷却,因此要配有冷却泵。

⑥电路必须有过载、短路、欠电压、失电压保护。

⑦具有安全的局部照明装置。

6.2.2　CA6140 型普通车床电气控制系统分析

CA6140 型普通车床的电气控制原理图,如图 6-8 所示。

1. 主电路分析

图 6-8 所示的主电路中,共有三台电动机:M_1 为主轴电动机,带动主轴旋转和刀架进给运动;M_2 为冷却泵电动机,用来输送切削液;M_3 为刀架快速移动电动机。

将钥匙开关 SB 向右旋转,再合上断路器 QF 将三相电源引入。主轴电动机 M_1 由交流接触器 KM_1 控制,热继电器 FR_1 作为过载保护,熔断器 FU_1 作为总短路保护。冷却泵电动机 M_2 由交流接触器 KM_2 控制,热继电器 FR_2 作为过载保护。刀架快速移动电动机 M_3 由交流接触器 KM_3 控制,因为是点动控制,故未设置过载保护。

2. 控制电路分析

由控制变压器 TC 二次侧提供 110 V 电压,在车床正常工作时,位置开关 SQ_1 的常开触点是闭合的(机床传送带罩保护);只有在床头传送带罩被打开时,SQ_1 的常开触点才断开,以切断控制电路的电源,确保人身安全。钥匙开关 SB 和位置开关 SQ_2 的常闭触点在车床正常工作时是断开的,使 QF 的线圈不得电,断路器 QF 能合闸。当打开配电盘壁龛门时,位置开关 SQ_2 闭合,QF 线圈得电,断路器 QF 自动断开切断电源,保证维修人员的安全。

（1）主轴电动机控制

按下 SB_2(绿色的起动按钮),交流接触器 KM_1 的线圈得电,KM_1 的常开辅助触点(6-7)闭合自锁,KM_1 的主触点闭合,主轴电动机 M_1 起动运转,同时 KM_1 的常开辅助触点(10-11)闭合,为冷却泵电动机起动做好准备。

（2）冷却泵电动机控制

在主轴电动机起动运转后,KM_1 的常开辅助触点(10-11)已闭合,这时将旋钮开关 SA_1 闭合,交流接触器 KM_2 的线圈得电,KM_2 的主触点吸合,冷却泵电动机 M_2 起动运转,提供冷却液;将 SA_1 断

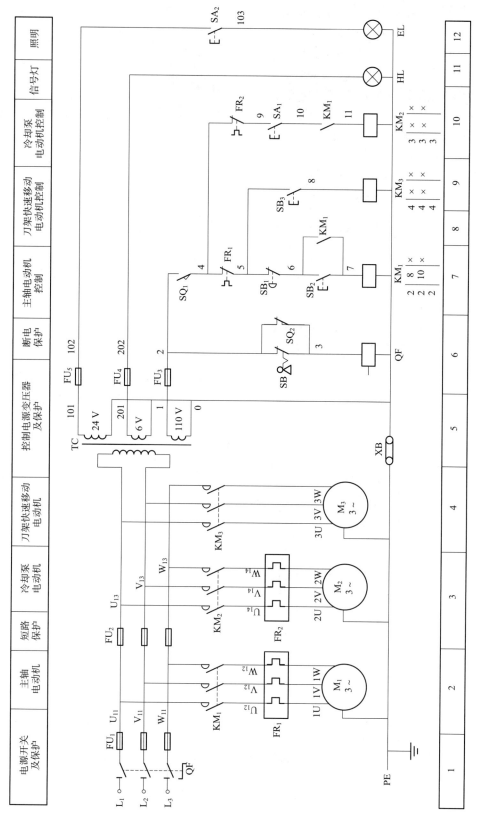

图 6-8 CA6140 型普通车床的电气控制原理图

开,KM_2 的线圈失电复位,冷却泵电动机停止。

当按下 SB_1(红色蘑菇形的停止按钮)时,KM_1 断电释放,其主触点和自锁触点都断开,电动机 M_1 断电停止运行。当 M_1 停止时,KM_1(10-11)已断开,M_2 随即停止,所以 M_1 和 M_2 之间存在联锁关系。

(3)刀架快速移动电动机控制

刀架快速移动电动机 M_3 采用点动控制,按下按钮 SB_3、交流接触器 KM_3 的线圈得电,KM_3 的主触点闭合,M_3 得电起动;松开 SB_3,KM_3 断电释放,M_3 断电停止。

(4)照明和信号灯电路

接通电源,控制变压器输出电压,HL 直接得电发光,作为电源信号灯。EL 为照明灯,将旋钮开关 SA_2 闭合则 EL 亮,将 SA_2 断开则 EL 灭。

6.2.3　CA6140 型普通车床常见电气故障检修

CA6140 型普通车床的工作过程是由电气与机械、液压系统紧密结合实现的,在维修中不仅要注意电气部分能否正常工作,还要注意它与机械和液压部分的协调关系。表 6-6 是 CA6140 型普通车床常见电气故障及检修方法。

表 6-6　CA6140 型普通车床常见电气故障及检修方法

故障现象	故障原因	故障检修
三台电动机均不能起动,且无电源指示和照明	设备供电电源不正常,控制变压器 TC 一次侧回路有开路现象	(1)因控制变压器 TC 的二次侧电路没有电源指示与照明,可以暂时排除二次侧存在故障的可能性,而把故障的可能部位定位在控制变压器 TC 的一次侧。 (2)合上 QF→用万用表测量 TC 一次侧的 U_{13} 与 V_{13} 之间的电压,测量电压若为 0 V→断定 TC 一次侧有开路现象→用万用表测量 U_{11}、V_{11} 及 W_{11} 两两之间的电压→若测得电压均为 380 V,则三相电源正常。 (3)故障范围可以确定在 U_{11}→FU_2→U_{13}→TC 一次侧线圈→V_{13}→FU_2→V_{11} 回路里。 (4)切断 QF,用万用表依次测量以上所指的故障回路的器件与线号间的直流电阻值,若测量到某处的阻值为无穷大,则说明该点断路。 **注意**:在测量 TC 一次侧绕组直流电阻时,因线圈有一定阻值,故此时万用表量程应选择在 $R×10$ 或 $R×100$ 挡,以免造成判断失误
三台电动机均不能起动,但有电源指示,照明灯工作正常	控制变压器二次侧 FU_3 对应回路里有故障;L_3 电源缺相;控制变压器 TC 二次侧提供 110 V 电源的绕组出现故障	(1)用万用表测量三相交流电源电压是否正常,确定 L_3 电源是否缺相。 (2)用电阻测量法或电压测量法,判断 TC 二次侧 110 V 电源绕组的两个线号 1 与 0 之间是否有开路故障。 (3)若用万用表测量 TC 的二次侧的电压 U_{1-0} = 110 V,且操作控制回路的按钮或开关均不能起动三台电动机,则可把故障范围确定在控制回路中。 (4)用电阻测量法,即依次用万用表电阻挡测量:FU_3(1-2)→SQ_1(2-4)→FR_1(4-5);SB_3(5-8)→KM_3(8-0);FR_2(4-9)→SA_1(9-10)→KM_1(10-11)→KM_2(11-0);控制变压器 TC 的 0 号线端→0 号线→KM_1、KM_3、KM_2 的 0 号线端回路。若测量中某点的电阻 $R = ∞$,则说明此处有开路或接触不良的故障

续表

故障现象	故障原因	故障检修
主轴电动机与冷却泵电动机不能起动,刀架快速移动电动机能起动,且有电源指示,照明灯工作正常	接触器 KM₁ 线圈支路中有故障;接触器 KM₁ 的线圈损坏或有机械故障	(1)若测量 KM₁ 线圈的直流电阻约为 1 200 Ω(以实测值为准),则说明 KM₁ 线圈无故障。 (2)若用外力压合接触器可动部分,无异常阻力且触点能正常闭合,可以基本排除 KM₁ 的机械故障。 (3)故障范围可确定在 FR₁(4-5)→SB₁(5-6)→SB₂(6-7)→KM₁(7-0)→0 号线→TC 的 0 号接线端的回路里。 　　对以上所示的回路用万用表依次测量进行故障排查。若测量中某两点的电阻 $R = \infty$,则说明此处有开路

【技能训练】——CA6140 型普通车床电气故障检修

1. 技能训练的内容

根据 CA6140 型普通车床的电气原理图,在模拟 CA6140 型普通车床上排除电气故障。故障现象为:主轴电动机点动时,合上 SA₁ 时,冷却泵电动机跟着主轴电动机点动,照明、电源指示及刀架快速移动电动机均正常。

2. 技能训练的要求

①必须穿戴好劳保用品并进行安全文明操作。

②能正确地操作模拟 CA6140 型普通车床。

③能根据故障现象在电气原理图上准确标出最小的故障范围。

④能依据电路原理图快速查找到模拟 CA6140 型普通车床上的对应器件及导线。

⑤正确使用电工工具和仪表。

⑥用电阻测量法快速检测出故障点,并安全修复。

⑦充分发挥小组学习的作用,对故障现象及可能存在的原因及排除方法做全面的讨论。

3. 设备器材

工具:测电笔、螺丝刀、尖嘴钳、斜口钳、剥线钳、电工刀等常用电工工具,1 套。

仪器:万用表,1 块。

设备:模拟 CA6140 型普通车床及配套电路图,1 套。

4. 技能训练的步骤

①在教师指导下,分析理解 CA6140 型普通车床的电气控制原理图,由电气接线图和电气元件布置图出发,在车床上通过测量等方法找出实际走线路径。

②学生观摩在 CA6140 型普通车床人为设置一个故障点,教师示范检修。教师边讲解边操作示范。

③学生练习一个故障点的检修。在教师指导下逐步完成一个指定电气故障的排除过程。故障排除的一般过程为:故障现象的确认→故障原因分析→故障部位的分析→故障部位的检测→故障部位的修复→故障修复后的再次试车等六步故障排除法。

a. 故障现象的确认。仔细观察和记录实训指导教师正确操作 CA6140 型普通车床的步骤,查看和确认在有故障情况下车床的故障现象,记录故障排除所需的相关线索。记录故障现象。

b. 故障原因分析。根据机床的电气控制原理图、机床的运动形式、工作要求及故障现象进行故障原因的全面分析,必要时通过检测性的通电试车排除不可能的原因,缩小故障范围。写出故障原因。

- _____。
- _____。
- _____。

c. 故障部位的分析。根据故障原因分析,排除不可能的原因,确定"最小的故障范围"。写出最小的故障范围。

_____。

d. 故障部位的检测。设备断电的情况下,利用万用表的电阻挡对"最小的故障范围"逐一检测,直到检查出电路的故障点。电气故障主要表现为:接触不良、电路开路、短路、接错线、元件烧毁等。考虑到实训教学设备的反复使用率,一般不设置破坏性的短路故障。另外,使用中的电气设备接错线也是不可能的,故机床上的电气故障主要是开路故障。确定的故障部位如下:

_____。

e. 故障部位的修复。对检查出的故障部位进行修复。如用带绝缘的导线将断开的线路段进行可靠连接。确认故障是否已修复,切记不要进行异号线短接。

_____。

f. 故障修复后的再次试车。修复故障后,清理修复故障时留在现场的工具、导线、木螺钉等电工材料,恢复维修时开启箱、盖、门等防护设施,告知线路或设备上作业的其他工作人员准备再次通电试车,使通电试车没有其他安全隐患,查看无误后,通电试车,直到测试出该模拟机床的所有功能均正常为止。为确保通电试车的安全性,通常在试车前还会做普及性的安全性能检测,如被控电动机的绝缘性能检测、三相绕组的电阻平衡度的检测、线路之间绝缘性能的检测、设备金属外壳与导线之间的绝缘性能检测、设备金属外壳的接地性能的检测、更换损坏的部件等,这些都要根据现场的维修需要及设备在生产中的重要性做出必要的检测,以发现其他故障隐患,延长设备的使用寿命。

- 故障修复做了哪些事? _____。
- 是否做好了再次试车的全部检查? _____。
- 试车的所有功能是否正常? _____。

④试车成功后,待教师对该任务的训练情况进行评价,并口试回答教师提出的问题后,方可进行设备的断电和短接线的拆除。

⑤完成一个故障排除后,学生可再用类似的方法排除教师设置的其他故障。

5. 注意事项

①设备应在指导教师指导下操作,安全第一。

②进行排故训练时,尽量采用不带电检修。若带电检修,则必须有指导教师在现场监护。

③必须安装好各电动机及金属支架接地线。

④在故障排除训练中若听到异常声响或闻到异味时,应立即断电,查明故障原因并及时修复。

⑤发现熔断器的熔体熔断时,应找出故障原因并排除故障,更换同规格的熔体后方可再次通电。

⑥在检修设置故障中,不要随便互换线端处号码管。

⑦实训结束后,断开电源开关,拔出电源插头。

【思考题】

①简述 CA6140 型普通车床的主要结构,CA6140 型车床有哪些运动形式?

②CA6140 型普通车床的电力拖动的特点与控制要求有哪些?

③CA6140 型普通车床照明灯采用多少伏电压?为什么要用这个电压等级?

④简述 CA6140 型普通车床电气控制电路的工作原理。

⑤CA6140 型普通车床的主轴电动机因过载而自动停车后,再次工作时,操作者按起动按钮,但电动机不能起动,试分析可能的故障原因。

⑥CA6140 型普通车床中,位置开关 SQ_2 的作用是什么?怎样操作能实现打开配电壁龛门进行带电检修?

6.3　M7130 型平面磨床电气控制系统

磨床是用砂轮对工件的表面进行磨削加工的一种精密机床。磨床种类很多,有平面磨床、外圆磨床、内圆磨床及螺纹磨床等,其中平面磨床是磨削平面的机床,应用最为普遍。本节以 M7130 型平面磨床为例,分析其电气控制电路,介绍其常见电气故障的排除方法。

6.3.1　M7130 型平面磨床的主要结构及运动形式

1. M7130 型平面磨床的主要结构

M7130 型平面磨床的外形如图 6-9 所示。在床身中装有液压传动装置,工作台通过活塞杆由液压驱动做往复运动,床身导轨由自动润滑装置进行润滑。工作台表面有 T 形槽,用以固定电磁吸盘,再用电磁吸盘来吸持加工工件。工作台往复运动的行程长度可通过调节装在工作台正面槽中的换向撞块的位置来改变。换向撞块通过碰撞工作台往复运动换向手柄来改变油路方向,以实现工作台往复运动。

在床身上固定有立柱,沿立柱的导轨上装有滑座,砂轮箱能沿滑座的水平导轨做横向移动。砂轮轴由装入式砂轮电动机直接拖动。在滑座内部也装有液压传动机构。

滑座可在立柱导轨上做上下垂直移动,并可由垂直进刀手轮操作。砂轮箱的水平轴向移动可由横向移动手轮操作,也可由液压传动做连续或间断横向移动。连续移动用于调节砂轮位置或整修砂轮,间断移动用于进给。

2. M7130 型平面磨床的运动形式

M7130 型平面磨床工作示意图如图 6-10 所示。砂轮的旋转是主运动。进给运动有垂直进给(即滑座在立柱上的上下运动)、横向进给(即砂轮箱在滑座上的水平运动)和纵向进给(即工作台沿床身的往复运动)。工作台每完成一次往复运动时,砂轮便做一次间断性的横向进给;当加工完整个平面后,砂轮箱做一次间断性的垂直进给。

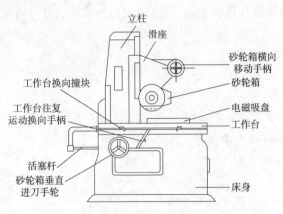

图 6-9　M7130 型平面磨床的外形

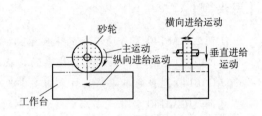

图 6-10　M7130 型平面磨床工作示意图

3. 电力拖动方式及控制要求

①砂轮由一台笼型异步电动机拖动,由于砂轮的转速一般不需要调节,所以对砂轮电动机没有电气调速的要求,也不需要反转。

②平面磨的纵向和横向进给运动一般采用液压传动,所以需要由一台液压泵电动机驱动液压泵,对液压泵电动机也没有电气调速、反转和降压起动的要求。

③需要一台冷却泵电动机供给冷却液。冷却泵电动机与砂轮电动机也具有联锁关系,即要求砂轮电动机起动后才能开动冷却泵电动机。

④平面磨床往往采用电磁吸盘来吸持工件。电磁吸盘要有退磁电路,同时,为防止在磨削加工时因电磁吸盘吸力不足而形成工件飞出,还要求有弱磁保护环节。

⑤具有各类常规的电气保护环节,如短路保护和电动机的过载保护。

⑥具有安全的局部照明装置。

6.3.2　M7130 型平面磨床电气控制系统分析

M7130 型平面磨床的电气控制线路图如图 6-11 所示,其电气设备安装在床身后部的壁龛盒内,控制按钮安装在床身前部的电气操纵盒上。电气控制电路分为主电路、控制电路、电磁吸盘控制电路及照明电路等几部分。

1. 主电路分析

电动机 M_1 拖动砂轮的旋转;电动机 M_2 拖动冷却泵,供给磨削加工时需要的冷却液;电动机 M_3 拖动液压油泵,供出压力油,经液压传动机构来完成工作台往复运动并实现砂轮的横向自动进给,且承担工作台的润滑工作。其中,M_1、M_2 由接触器 KM_1 控制,由于冷却泵箱和床身是分开安装的,所以在 KM_1 的主触点闭合的同时,还需将插接器 X_1 的插头插入其插座才能给 M_2 供电;M_3 由接触器 KM_2 控制。

三台电动机共用一组熔断器 FU_1 做短路保护。M_1、M_2 由热继电器 FR_1 做长期过载保护,M_3 由热继电器 FR_2 做过载保护。

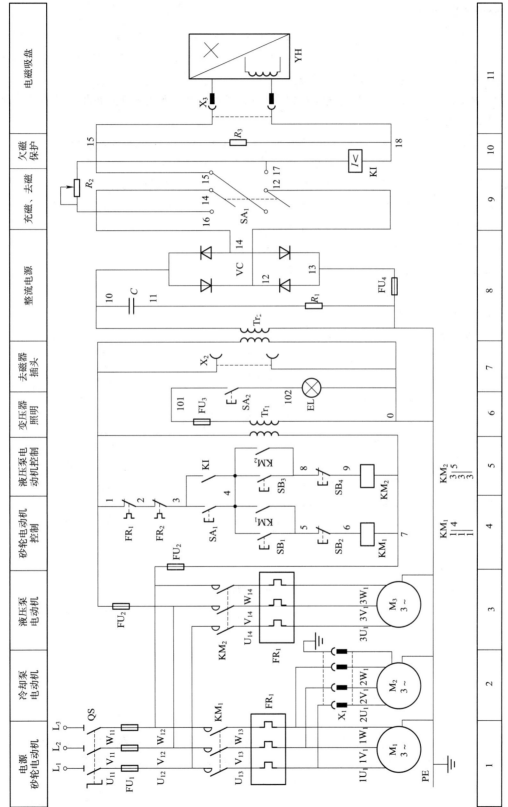

图 6-11　M7130 型平面磨床电气控制电路图

2. 控制电路分析

由按钮 SB_1、SB_2 与接触器 KM_1 构成砂轮电动机 M_1 和冷却泵电动机 M_2 的单向起动和停止的控制电路；由按钮 SB_3、SB_4 与接触器 KM_2 构成液压泵电动机 M_3 的起动和停止的控制电路。各电动机的起动必须在下述条件之一成立时才可进行。

①电磁吸盘 YH 工作，且欠电流继电器 KI 线圈通电吸合，表明吸盘电流足够大，足以将工件吸牢时，其触点 KI(3-4)闭合。

②若电磁吸盘 YH 不工作，转换控制开关 SA_1 置于"退磁"位置，其触点 SA_1(3-4)闭合。

在以上两种情况下，按下 SB_1，接触器 KM_1 的线圈通电，其常开触点 KM_1(4-5)闭合，实现自锁；其主触点闭合，砂轮电动机 M_1 和冷却泵电动机 M_2 起动运行（在插接器连接后）。按下 SB_2，KM_1 的线圈断电，其常开主触点、辅助触点断开，M_1、M_2 均断电，停止。按下 SB_3，接触器 KM_2 的线圈通电，其常开触点 KM_2(4-8)闭合，实现自锁；其主触点闭合，液压泵电动机 M_3 起动运行。按下 SB_4，KM_2 的线圈断电，其常开主触点、辅助触点断开，M_3 断电，停止。

3. 电磁吸盘的结构、工作原理及控制电路

（1）电磁吸盘的结构、工作原理

电磁吸盘是用来吸持工件进行磨削加工的。整个电磁吸盘是钢制的箱体，在它中部凸起的芯体上绕有电磁线圈，如图 6-12 所示。电磁吸盘的线圈通以直流电，使芯体被磁化，磁感线经钢制吸盘体、钢制盖板、工件、钢制盖板、钢制吸盘体闭合，将工件牢牢吸住。电磁吸盘的线圈不能用交流电，因为通过交流电会使工件产生振动并且使铁芯发热。钢制盖板由非导磁材料构成的隔磁层分成许多条，其作用是使磁感线通过工件后再闭合，不直接通过钢制盖板闭合。电磁吸盘与机械夹紧装置相比，它的优点是不损伤工件，操作快速简便，磨削中工件发热可自由伸缩、

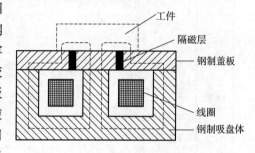

图 6-12　电磁吸盘的结

不会变形。缺点是只能对导磁性材料的工件（如钢、铁）吸持，对非导磁性材料的工件（如铜、铝）没有吸力。

（2）电磁吸盘控制电路

电磁吸盘控制电路由整流装置、控制装置及保护装置等部分组成。

电磁吸盘的整流装置由变压器 Tr_2 和桥式全波整流器 VC 组成，输出为 110 V 的直流电压，对电磁吸盘供电。

电磁吸盘由转换开关 SA_1 控制，SA_1 有充磁、断电和退磁三个位置。

①当 SA_1 置于"充磁"位置时，触点 SA_1(3-4)断开，触点 SA_1(14-15)和 SA_1(12-17)接通，电磁吸盘获得 DC 110 V 的电压，其中，18 号线为正极，15 号线为负极，同时欠电流继电器 KI 的线圈与电磁吸盘 YH 的线圈串联。当通过 YH 线圈的电流足够大时，欠电流继电器 KI 动作，触点 KI(3-4)闭合，表明电磁吸盘的吸力足以将工件吸牢，此时可以操作控制电路的按钮 SB_1 和 SB_3，起动电动机 M_1、M_2 对工件进行磨削加工。当加工完成后，按下停止按钮 SB_2 和 SB_4，M_1、M_2 停转。为使工件易于从电磁吸盘上取下，需对工件进行退磁，其方法是将 SA_1 扳至"退磁"位置。

②当 SA_1 置于"退磁"位置时，触点 SA_1(14-16)、SA_1(12-15)及 SA_1(3-4)接通，电磁吸盘中通

过反方向的电流,并在电流中串入可变电阻 R_2,用以限制并调节反向去磁电流的大小,达到既能退磁又不致反向磁化的目的。退磁结束后,将 SA_1 扳至"断电"位置。

③当 SA_1 置于"断电"位置时,SA_1 的所有触点都断开,电磁吸盘断电,便可取下工件。若对工件的退磁要求较高时,还要将取下的工件用交流退磁器退磁。交流退磁器是平面磨床的一个附件,使用时将交流退磁器的插头插在床身的插座 X_2 上,再将工件放在退磁器上即可退磁。

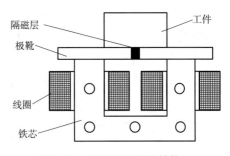

图 6-13　交流退磁器的结构

交流退磁器的结构如图 6-13 所示,交流退磁器是由硅钢片制成其铁芯,铁芯上套有线圈并在线圈中通入交流电,在铁芯柱上装有极靴,在两个极靴间隔有隔磁层。退磁时,将工件在极靴平面上来回移动若干次,即可达到退磁要求。

(3)电磁吸盘的保护环节

电磁吸盘具有欠电流保护、过电压保护及短路保护等。

电磁吸盘的欠电流保护:当平面磨床在磨削过程中出现断电事故或吸盘电流减小时,会使电磁吸力减小或消失,导致工件飞出,造成工件、设备及人身事故。针对这些情况,在电磁吸盘的线圈电路中串入欠电流继电器 KI。只有当电磁吸盘的直流电压符合设计要求,吸盘具有足够吸力时,欠电流继电器 KI 才吸合动作,其触点 KI(3-4)闭合,为磨削加工做好准备,否则欠电流继电器 KI 释放,其常开触点 KI(3-4)断开,接触器 KM_1、KM_2 的线圈断电,M_1、M_2、M_3 因控制回路断电而停止,这样就避免了工件因吸不牢而被高速旋转的砂轮碰击飞出的事故。

电磁吸盘线圈的过电压保护:电磁吸盘的线圈匝数较多,电感较大,通电工作时线圈中存储较大的磁场能。当线圈断电时,由于电磁感应,在线圈两端将产生较大的感应电动势。为此,在电磁吸盘线圈两端设有放电装置,该磨床在电磁吸盘两端并联了电阻 R_3,作为放电电阻。

电磁吸盘的短路保护:在整流变压器 Tr_2 的二次侧或整流输出端装有熔断器 FU_4 做短路保护。

此外,在整流装置中还设有 R_1C 串联支路并联在 Tr_2 的二次侧,用以吸收交流电路产生的过电压和直流电路通断时在 Tr_2 的二次侧产生的浪涌电压,从而实现整流装置的过电压保护。

4. 照明电路分析

由照明变压器 Tr_1 将 380 V 的交流电压降为 AC 36 V 的安全电压,并由开关 SA_2 控制 EL。在 Tr_1 的二次侧接有熔断器 FU_3 做短路保护。

6.3.3　M7130 型平面磨床常见电气故障检修

1. 平面磨床中的电动机都不能起动的故障原因及排除故障方法

①欠电流继电器 KI 的触点 KI(3-4)接触不良,接线松动脱落或有油垢,导致电动机的控制线路中的接触器不能通电吸合,电动机不能起动。将转换开关 SA_1 置于"充磁"位置,检查继电器触点 KI(3-4)是否接通,不通则修理或更换触点,可排除故障。

②转换开关的触点 SA_1(3-4)接触不良、接线松动脱落或有油垢,控制电路断开,使各电动机无法起动。将转换开关 SA_1 置于"退磁"位置,拔掉电磁吸盘的插头,检查触点 SA_1(3-4)是否接通,不通则修理或更换转换开关。

2. 砂轮电动机的热继电器 FR₁ 脱扣的故障原因及排除故障方法

①砂轮电动机的前轴瓦磨损,电动机发生堵转,产生很大的堵转电流,使得热继电器脱扣,应修理或更换轴瓦。

②砂轮进刀量太大,电动机堵转,产生很大的堵转电流,使得热继电器动作,因此需要选择合适的进刀量。

③更换后的热继电器的规格和原来的不符或未调整,应根据砂轮电动机的额定电流选择和调整热继电器。

3. 电磁吸盘没有吸力的故障原因及排除故障方法

①检查熔断器 FU_1、FU_2 或 FU_4 熔丝是否熔断,若熔断应更换熔丝。

②检查插接器 X_3 的插头插座接触是否良好,若接触不良应进行修理。

③检查电磁吸盘电路。检查欠电流继电器的线圈是否断开,电磁吸盘的线圈是否断开,若断开应进行修理。

④检查整流装置。若桥式整流装置中的相邻二极管都烧成短路,短路的二极管和整流变压器的温度都较高,则输出电压为零,致使电磁吸盘吸力很小甚至没有吸力;若整流装置中的两个相邻二极管发生断路,输出电压也为零,则电磁吸盘没有吸力,此时应更换整流二极管。

4. 电磁吸盘吸力不足的故障原因及排除故障方法

①交流电源电压低,导致整流后的直流电压相应下降,致使电磁吸盘吸力不足。

②桥式整流装置故障。桥式整流装置的一个二极管发生断路,使直流输出电压为正常值的一半。断路的二极管和相对臂的二极管温度比其他两臂的二极管温度低。

③电磁吸盘的线圈局部短路,空载时整流输出电压较高而接电磁吸盘时电压下降很多(低于 110 V),这是由于电磁吸盘没有密封好,冷却液流入,引起绝缘损坏。应更换电磁吸盘线圈。

5. 电磁吸盘退磁效果差,退磁后工件难以取下的故障原因及排除故障方法

①退磁电路电压过高。此时应调整 R_2,使退磁电压为 5 ~ 10 V。

②退磁回路断开,使工件没有退磁。此时应检查转换开关 SA_1 接触是否良好,电阻 R_2 有无损坏。

③退磁时间掌握不好。不同材料的工件,所需退磁时间不同,应掌握好退磁时间。

【技能训练】——M7130 型平面磨床电气故障检修

1. 技能训练的内容

依据 M7130 型平面磨床的电气原理图,在模拟 M7130 型平面磨床上排除电气故障。故障现象为:在电磁吸盘退磁时,各电动机均能正常工作,但电磁吸盘在充磁时,各电动机均不能正常工作,只有照明灯正常工作。

2. 技能训练的要求

①必须穿戴好劳保用品并进行安全文明操作。

②能正确地操作模拟 M7130 型平面磨床。

③能根据故障现象在电气原理图上准确标出最小的故障范围。

④能依据电路原理图快速查找到模拟机床上的对应器件及导线。

⑤正确使用电工工具和仪表。

⑥用电阻测量法快速检测出故障点,并安全修复。

⑦充分发挥小组学习的作用,对故障现象及可能存在的原因及排除方法做全面的讨论。

3. 设备器材

工具:测电笔、螺丝刀、尖嘴钳、斜口钳、剥线钳、电工刀等常用电工工具,1 套。

仪器:万用表,1 块。

设备:模拟 M7130 型平面磨床及配套电气控制原理图,1 套。

4. 技能训练的步骤

①六步故障排除法的训练:

a. 记录故障现象:_____

_____。

b. 写出故障原因:

● _____。

● _____。

● _____。

c. 写出最小的故障范围:_____

_____。

d. 确定故障部位:_____。

e. 确认故障是否已修复?_____。

f. 故障修复后再试车:

●故障修复做了哪些事?_____。

●是否做好了再次试车的全部检查?_____。

●试车的所有功能是否正常?_____。

②试车成功后,待教师对该任务的训练情况进行评价,并口试回答教师提出的问题后,方可进行设备的断电和短接线的拆除。

③完成一个故障排除后,学生可再用类似的方法排除教师设置的其他故障。

5. 注意事项

①通电检查时,最好将电磁吸盘拆除,用 110 V,100 W 的白炽灯做负载,一是便于观察整流电路的直流输出情况,二是因为整流二极管为电流元件,通电检查必须要接入负载。

②通电检查时,必须熟悉电气原理图,弄清机床线路走向及元件所在位置。检查时要核对好导线线号,而且要注意安全防护和监护。

③用万用表测电磁吸盘线圈电阻值时,因吸盘的直流电阻较小,要先调好零,选用低阻值挡。

④用万用表测直流电压时,要注意选用的量程和挡位,还要注意检测点的极性。选用量程可根据说明书所注电磁吸盘的工作电压和电气原理图中图注选择。

⑤用万用表检查整流二极管,应断电进行。测试时,应拔掉熔断器 FU_4 并将 SA_1 置于中间位置。

⑥检修整流电路时,不可将二极管的极性接错。若接错一只二极管,将会发生整流器和电源变压器的短路事故。

【思考题】

①简述平面磨床的主要结构及运动形式,分析 M7130 型平面磨床的电气控制系统。

②在平面磨床的控制中,用电磁吸盘吸持工件有什么好处?请叙述将工件从电磁吸盘上取下来的操作步骤。

③电磁吸盘为何用直流供电而不能采用交流供电?

④M7130 型平面磨床有哪些保护措施?它们是通过哪些电气元件实现的?

⑤电磁吸盘没有吸力的原因有哪些?吸力不足的原因有哪些?

⑥电磁吸盘退磁效果差,退磁后工件难以取下的原因是什么?怎样解决?

参 考 文 献

[1] 刘子林. 电机与电气控制[M]. 3 版. 北京:电子工业出版社,2014.

[2] 曾令琴. 电机与电气控制技术[M]. 北京:人民邮电出版社,2014.

[3] 李明. 电机与电力拖动[M]. 北京:电子工业出版社,2015.

[4] 许翏. 电机与电气控制技术[M]. 3 版. 北京:机械工业出版社,2016.

[5] 田淑珍. 电机与电气控制技术[M]. 2 版. 北京:机械工业出版社,2016.

[6] 唐惠龙,牟宏钧. 电机与电气控制技术项目式教程[M]. 北京:机械工业出版社,2017.

[7] 赵红顺,莫莉萍. 电机与电气控制技术[M]. 北京:高等教育出版社,2019.

[8] 赵承荻,王玺珍. 电机与电气控制技术[M]. 北京:高等教育出版社,2019.

[9] 蒋祥龙,李震球. 电气控制技术项目化教程[M]. 北京:机械工业出版社,2020.